结构力学
新方法

郭仁俊　袁　鸿●编著

暨南大学出版社
JINAN UNIVERSITY PRESS
中国·广州

图书在版编目（CIP）数据

结构力学新方法/郭仁俊，袁鸿编著．—广州：暨南大学出版社，2023.7
ISBN 978 - 7 - 5668 - 3626 - 7

Ⅰ．①结…　Ⅱ．①郭…②袁…　Ⅲ．①结构力学—研究　Ⅳ．①O342

中国国家版本馆 CIP 数据核字（2023）第 015061 号

结构力学新方法
JIEGOU LIXUE XIN FANGFA
编著者：郭仁俊　袁　鸿

出 版 人：张晋升
责任编辑：曾鑫华　彭琳惠
责任校对：刘舜怡　林玉翠
责任印制：周一丹　郑玉婷

出版发行：暨南大学出版社（511443）
电　　话：总编室（8620）37332601
　　　　　营销部（8620）37332680　37332681　37332682　37332683
传　　真：（8620）37332660（办公室）　37332684（营销部）
网　　址：http：//www.jnupress.com
排　　版：广州市新晨文化发展有限公司
印　　刷：广州市友盛彩印有限公司
开　　本：787mm×1092mm　1/16
印　　张：15.75
字　　数：355
版　　次：2023 年 7 月第 1 版
印　　次：2023 年 7 月第 1 次
定　　价：49.80 元

（暨大版图书如有印装质量问题，请与出版社总编室联系调换）

前　言

本书命名"结构力学新方法"。所谓"新"，就是基于线性弹性理论，以几何法为核心的结构分析方法。新方法是结构力学推出矩阵位移法以来的一次重大改革，是结构位移计算由烦琐、抽象、难以感受，到易算、具体、形象直观的显著改变。与以虚功法为核心的传统方法相比，新方法具有以下推广价值：

（1）开辟了结构分析的又一途径。求内力、位移多了一种选择；可以与传统方法优势互补、相互验算；能显著提高力学分析能力。

（2）理论知识简单。对受弯杆件位移，可用简单图形的面积、面积矩叠加求出；对轴力杆件位移，只需作简单的代数计算；新方法可以通过自学或聆听较少课时掌握。

（3）容易计算。用位移演示，可预先判断所求位移的方向和正负号；借助 Excel 表，使位移计算更容易。

（4）能快速手绘位移图。尤其对框架等高次超静定结构，能迅速计算指定截面位移或绘制位移图，对科研、教学、结构设计、工程施工非常实用。

（5）用几何法的划分直段法，解决了拱结构因轴线方程复杂、截面有变化而造成的难以积分的问题。

（6）用几何法改进后的直接力法和直接位移法，其计算理论完整统一，物理概念更清晰，内力、位移计算更便捷。

（7）通过手控 Excel 计算，解决了矩阵位移法在教学中过于依赖计算机程序和求解不透明的问题，有利于加深对方法本身的理解。

（8）新方法为相关学科（混凝土结构、钢结构、工程力学、桥梁工程等）的内力、位移计算提供了理论依据和计算方法。

本书内容：第 1 章为结构力学的研究对象、任务，结构计算简图，平面杆件结构的分类，荷载的分类；第 2 章为几何不变体系的基本组成规则，几何组成分析，几何组成与静定性的关系；第 3 章介绍用平衡条件（截面法）求各类静定结构的支座反力、截面内力，内力图的绘制；第 4 章推导出求静定结构位移的几何法，介绍各类结构在不同外因作用下的位移计算；第 5 章为用几何法改进后的力法（直接力法），介绍各类超静定结构的内力计算；第 6 章为用直接力法改进后的位移法（直接位移法），介绍超静定梁、刚架、桁架的位移、内力计算；第 7 章为矩阵位移法，介绍结构刚度方程的建立及手控 Excel 计算方法。书后附录有虚功法及第 4~7 章相关计算的 Excel 模板，方便读者自学和练习。

在编写方面，采取在理论分析的基础上给出计算方法，然后通过足够的示例，说明各类结构在不同外因作用下内力、位移的计算过程。所有算例都进行了验算，增加了可读性、正确性，有助于读者对新方法的理解。

本书可作为土建、水利和道桥等专业的补充教材，也可以作为力学和土木工程科技人员的参考用书。

本书在编写过程中，得到广东工业大学汪新教授、同济大学赵斌教授、西安科技大学任建喜教授、太原理工大学路国运教授、西安理工大学高兑现教授、西安工业大学何晖教授等众多学者的大力支持和热情帮助，在此一并表示衷心感谢！

科学面前，容不得半点虚假。可以负责任地说，新方法具有理论易懂、计算简便、影响面广、实用性强的显著优点，深信随着不断推广，将会成为广泛应用的结构分析方法。

作者水平有限，尽管经过反复审核、验算，仍然难免有错；作为新的结构分析方法，也会有不足和需要改进的地方。敬请读者和专家提出宝贵意见，以利改进提高。作者联系方式：2276205845@ qq. com、190737627@ qq. com。

作　者
2023 年 3 月

目　录

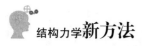

主要符号表

A 面积	h 截面高度
c 支座广义位移	F_P 集中荷载
M 力矩，力偶矩，结构坐标系下杆端弯矩	F_H 水平推力
F_Q 剪力，结构坐标系下杆端剪力	F_N 轴力，结构坐标系下杆端轴力
f 矢高	l 杆件长度，跨度
$\boldsymbol{F}_P$ 结点荷载向量	$\boldsymbol{K}$ 结构刚度矩阵
$\boldsymbol{\Delta}$ 结点位移向量	$\boldsymbol{k}^e$ 整体坐标系下单元刚度矩阵
$\boldsymbol{I}$ 单位矩阵	$\overline{\boldsymbol{k}}^e$ 局部坐标系下单元刚度矩阵
$\boldsymbol{T}$ 坐标转换矩阵	i 线刚度
F_{AH}、F_{AV} A 处沿水平、竖直方向的分力	t 温度
F_{Ax}、F_{Ay} A 支座沿 x、y 方向的反力	I 惯性矩
W 体系计算自由度，功	V 体系内部计算自由度
k 曲率	A_k 曲率面积
S_k 曲率面积矩	R 广义反力
Z 广义未知位移	M^F 固端弯矩
F_Q^F 固端剪力	F_N^F 固端轴力
ω 挠度、侧移	$\boldsymbol{F}$ 综合结点荷载向量
$\boldsymbol{F}_E$ 等效结点荷载向量	$\boldsymbol{F}_D$ 直接结点荷载向量
q 均布荷载集度	p 分布荷载集度
u 水平位移，轴向变形伸缩量	Δ 线位移、广义位移
v 竖向位移	θ 角度
α 线膨胀系数，角度	β 角度
γ 切应变，角度	φ 角位移，转角
μ 剪应力分布不均匀系数	X_i 多余未知力
δ 单位力引起的广义位移	r 单位位移引起的广义反力
$\overline{x}$ 单元坐标系下杆件轴向坐标轴	$\overline{y}$ 单元坐标系与杆轴垂直的坐标轴
x 坐标轴，结构坐标系坐标轴	y 坐标轴，结构坐标系坐标轴
$\overline{F}_Q$ 单元坐标系下杆端剪力	$\overline{M}$ 单元坐标系下杆端弯矩
$\overline{F}_N$ 单元坐标系下杆端轴力	$\boldsymbol{\lambda}^e$ 单元定位向量
E 弹性模量	G 切变模量
α 轴向变形刚度系数	

第 1 章　绪 论

1.1　结构力学的研究对象、任务及特点

在工程范畴内，由建筑材料按照合理方式组成，能承担预定任务并符合经济原则的物体或体系，称为工程结构（简称结构）。结构在建筑物或构筑物中起着支承荷载的骨架作用。在土木和水利工程中，房屋中的梁、柱、基础以及桥梁、挡土墙、闸门、水坝等都是结构的实例。当不考虑材料的微小应变时，结构本身及各部分之间都不会发生相对运动，且直接或间接与地基联结，并将其所受的荷载传到地基。

组成结构的单个部分称为构件，按其在三个互相垂直方向的相对大小，可分为杆件、板（壳）和块体。当构件长度远大于其他两个尺度（宽度和高度）时，称为杆件；当构件厚度远小于其他两个尺度，其为一平面板状物体时，称为薄板，其为曲面外形时，称为薄壳；三个方向的尺度大约为同一量级的构件，称为块体。

按照几何特征的不同，结构可分为三种类型：

1. 杆件结构（又称杆系结构）

杆件结构是由若干杆件组成的结构。若结构的所有杆件轴线以及作用于结构的荷载都在同一平面，则为平面杆件结构，否则为空间杆件结构。实际上，所有杆件结构都是空间结构，但为了简化计算，常常将某些空间特征不明显的结构分解为若干平面结构，如图 1-1b 所示平面结构就是图 1-1a 所示厂房中的一个横向承重排架。而对于某些具有明显空间特征的结构，如图 1-2 所示空间桁架，则不能分解为平面结构，而应按空间结构考虑。

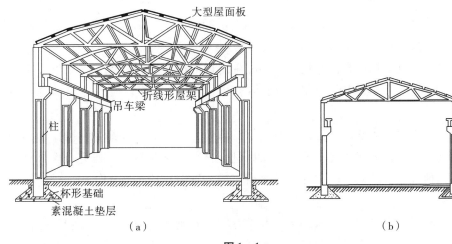

大型屋面板

折线形屋架

吊车梁

柱

杯形基础

素混凝土垫层

（a）　　　　　　　　　　　　　　　（b）

图 1-1

2. 薄壁结构

薄壁结构是指仅由薄板（图1-3a）或仅由薄壳（图1-3b）或由薄板与薄壳一起组成的结构。矩形水池、薄壳屋顶、筒仓等都是薄壁结构的工程实例。

3. 实体结构

由块体组成的结构，称为实体结构。图1-4所示挡土墙、块式基础等均属于实体结构。

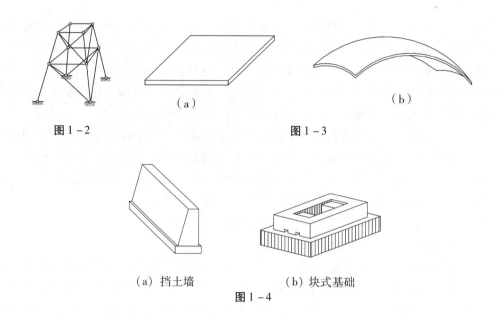

图1-2   图1-3

（a）挡土墙   （b）块式基础

图1-4

结构力学的研究对象主要为平面杆件结构。

结构力学的任务是研究结构的组成规律和合理形式，以及结构在外因作用下的强度、刚度、稳定性的原理和计算方法。其中，研究结构的组成规律，是为了保证结构能够维持平衡并承担荷载；研究结构的合理形式，是为了有效地利用材料，使其性能得到充分的发挥；计算强度和稳定性的目的是使结构满足经济与安全的双重要求；计算刚度则是保证结构不致发生过大的变形，以满足正常使用的要求。

计算结构强度、刚度和稳定性，必须先确定内力和变形，才能按照强度、刚度条件进行验算。因此，求解结构在外因作用下的杆件内力和位移，便成为本书着重讨论的内容。

结构力学与材料力学、弹性力学有密切的联系，它们的任务都是讨论变形体系的强度、刚度和稳定性，但在研究对象上有所区别。材料力学基本上是研究单个杆件，结构力学主要是研究杆件结构，而弹性力学则研究各种薄壁结构和实体结构，同时对杆件也作更精确的分析。

结构力学是一门专业基础课，在专业学习中占有重要的地位。学习它一方面要用到数学、理论力学、材料力学等前修课程的知识；另一方面又要为混凝土结构、钢结构、结构抗震设计等后续专业课程学习奠定必要的力学基础。学习结构力学要"抓住重点、灵活分析、多做练习"。全书有重点，各章也有重点。例如，平衡条件、位移条件、叠加原理就是全书的重点，几何不变体系的组成规则则是第 2 章的重点。对重点内容要熟练掌握、真正理解。求解结构力学问题，如几何体系的组成分析、各类结构的内力、位移计算等，作法往往不是唯一的，这就需要善于思考、灵活分析。掌握、消化结构力学的基本概念、原理和计算方法，则需要做一定数量的练习题。可以说，多做练习对于学好结构力学十分必要。

1.2　结构的计算简图

1.2.1　计算简图的概念

为了对结构进行受力分析，需要先选定结构的计算简图。所谓计算简图，就是对实际结构略去次要因素后得到的简化图形，它是代替实际结构进行受力分析的力学模型。这是因为实际结构是很复杂的，要完全按照结构的真实情况进行力学分析，将很难办到，同时也不必要。

例如，图 1 - 5a 为一根中间悬吊有重物，两端搁置在砖墙上的横梁。尽管结构十分简单，但若要按照实际情况分析，首先无法确定梁两端的反力分布情况。由于墙宽比梁的长度小很多，因此可假定反力为均匀分布，并用墙宽中点的合力代替；此外，将梁用其轴线代替；考虑到由于支承面的摩擦，梁不能自由移动，但温度改变时仍可伸缩，故将一端视为固定铰支座，另一端视为活动铰支座；再忽略悬挂重物绳索的宽度，将重物视作梁上的集中力。这样，图 1 - 5a 所示实际结构便可抽象和简化为图 1 - 5b 所示的计算简图。

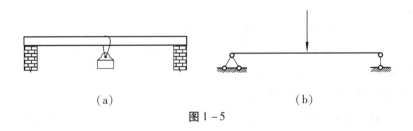

（a）　　　　　　　　　　　　（b）

图 1 - 5

上述简化既体现了梁受集中力作用的特性，又使梁的反力、内力计算得到简化。可见，选取计算简图应遵循以下原则：①尽可能正确地反映结构的实际情况，以使计算结果精确可靠；②忽略某些次要因素，力求使计算简便。

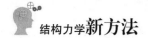

1.2.2　结构简化的内容

工程中的结构一般都是空间结构，如果根据结构的组成特点及荷载的传递路径等，在一定的近似程度上能够分解成若干个独立的平面结构，就可以把对整体空间结构的分析转化为对平面结构的分析，使计算简化，这就是结构体系的简化。某些空间结构（如梁板结构、框架结构、单层工业厂房等）简化为平面结构的讨论，将在后续的专业课程中进行。结构力学则主要讨论平面杆件结构的简化。

平面杆件结构的简化通常包括：①杆件的简化；②结点的简化；③支座的简化；④荷载的简化。

1. 杆件的简化

组成平面杆件结构的各个杆件，其长度远大于截面的宽度和高度，无论杆件的材料、截面形状、所受荷载、两端约束有何不同，其变形都符合平面截面假设，而且截面内力只沿杆件长度方向变化。这样，在受力分析时，无需知道杆件的截面形状，只要用形心表示出截面的位置，便可求出其内力。至于截面应力，则可按照材料力学的方法确定。因此，在结构计算简图中，杆件可以用各截面形心的连线——轴线来代替。

2. 结点的类型及简化

在杆件结构中，各杆件相互联结的地方称为结点。确定计算简图时，通常将杆件和杆件联结的区域简化为铰结点和刚结点两种理想情况。

（1）铰结点

铰结点的特征是：与结点相联结的所有杆端都可以绕结点自由转动，但不能有相对线位移。工程中，通过螺栓、铆钉、楔头、焊接等方式联结的结点，各杆端虽不能绕结点任意转动，但联结不是很牢固或联结处刚性不大，各杆之间仍可能有微小的相对转动，计算时常作为铰结点处理（图 1-6a），由此引起的误差在多数情况下是允许的。

铰结点只能传递力，不能传递力矩。

（2）刚结点

刚结点的特征是：汇交于结点的各杆端之间不能发生任何相对转动和相对线位移。工程中，现浇钢筋混凝土梁与柱联结的结点以及其他联结方法使其刚度很大的结点，计算简图中常简化为刚结点（图 1-6b）。

刚结点不但能传递力，而且能传递力矩。

有时还会遇到在结构同一个结点处，部分杆件之间为刚性联结、部分为铰联结的组合结点。如图 1-6c 所示结点，结点 A 处 1、2 杆为刚结，3 杆与 1、2 杆则为铰结。

（a）　　　（b）　　　（c）

图 1-6

3. 支座的类型及简化

工程中，将结构与基础或其他支承物联系起来，用以固定结构位置的装置叫支座。在计算简图中，平面杆件结构的支座通常归纳为以下四种类型：

（1）活动铰支座

图 1 - 7a 是活动铰支座的构造简图，它容许结构在支承处绕圆柱铰 A 转动和沿平行于支承平面 $m - n$ 的方向移动，但不能沿垂直于支承平面的方向移动。根据这一约束特点，在计算简图中，可以用一根垂直于支承平面的链杆 AB 来表示（图 1 - 7b）。此时，结构可以绕铰 A 转动；此外，链杆 AB 又绕铰 B 转动。当转动很微小时，A 点移动方向与 AB 垂直。显然，链杆 AB 对结构的约束与活动铰支座完全相同。活动铰支座反力 F_A 通过铰 A 中心与支承平面垂直，即反力的方向和作用点已知，大小未知。

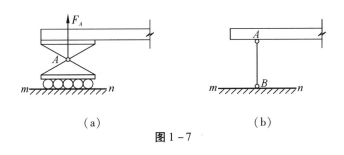

（a）　　　　　　　　（b）

图 1 - 7

（2）固定铰支座

图 1 - 8a 是固定铰支座的构造简图，它容许结构在支承处绕铰 A 转动，但不能有水平和竖直方向的移动。在计算简图中，这种支座可以用相交于 A 点的两根支承链杆来表示（图 1 - 8b、c）。固定铰支座反力 F_A 作用点通过铰 A 中心，但大小和方向未知，通常用两个方向确定的分力（如水平分力 F_{Ax}、竖向分力 F_{Ay}）来表示。

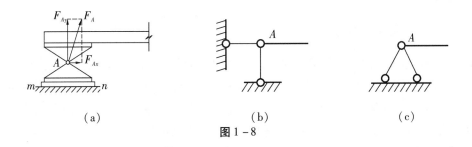

（a）　　　　　　　（b）　　　　　　　（c）

图 1 - 8

（3）固定支座

图 1 - 9a 是固定支座的构造简图，它是将杆件一端嵌固在支承物中，使该端不能产生转动和移动，图 1 - 9b 是固定支座的计算简图。显然，这种支座反力大小、方向、作用点都未知，有三个未知量，通常用水平反力 F_{Ax}、竖向反力 F_{Ay} 和反力偶矩 M_A 表示。

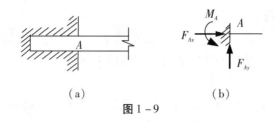

图 1-9

（4）定向支座

定向支座（又称滑动支座）的构造简图如图 1-10a 所示，它是将杆件端部的上、下面用辊轴夹着，并嵌入支承物中，使结构在支承处不能有转动和垂直于支承面的移动，但可以沿杆轴方向有不大的位移。在计算简图中，可用垂直于支承面的两根平行链杆表示（图1-10b）。定向支座的反力为一个垂直于支承面的集中力 F_{Ay} 和一个力偶矩 M_A。

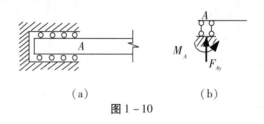

图 1-10

4. 荷载的简化

作用于结构杆件上的荷载总是分布在一定范围（某一部分面积或体积）内，而在计算简图中，杆件是用轴线表示的，因此，荷载也要简化为作用于杆轴上的力。当荷载作用范围与结构本身相比很小时，可以简化为集中力，例如悬挂在梁上的重物，梁作用于柱或墙上的力等。当荷载作用范围较大时，则可简化为沿杆轴方向的分布荷载，如杆件自重，楼板作用于梁的力等。

1.2.3 结构简化示例

图1-11a 是现浇式钢筋混凝土厂房的一个横向承重结构。施工时，先浇注基础部分，再浇注厂房柱和屋架梁，最后形成一个整体。确定结构计算简图时，梁、柱各用其轴线代替，梁与柱联结处用刚结点表示，柱与基础的联结为固定支座，吊车梁作用于牛腿的力用集中力表示。于是可得到图 1-11b 所示的平面刚架计算简图。

值得指出的是，要恰当地作出某一实际结构的计算简图，是一个综合性较强的问题，需要有结构计算的丰富经验，以及对结构整体和各部分构造、受力情况的正确了解和判断。有时，对同一个结构，在初步设计时，可以先选取次要因素忽略较多、较粗略，但便于分析的图形，而在最后设计中再采用次要因素忽略较少、精确度高的计算简图，但计算会变得复杂。对一些新型结构，往往还要通过模型实验或现场实测，才能获得较合理的计算简图。不过，对于常用的结构型式，初学者可以直接利用前人积累的经验，采用已有的计算简图。

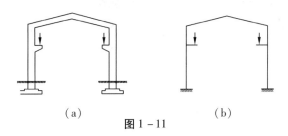

（a）　　　　　　　　　（b）

图 1 - 11

1.3　平面杆件结构的分类

平面杆件结构按其组成特征和受力特点可分为以下几类：

1. 梁

梁是一种受弯构件（图 1 - 12），其轴线通常为直线，可以是单跨的，也可以是多跨的。

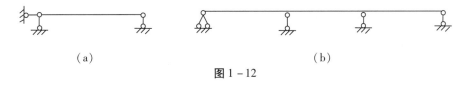

（a）　　　　　　　　　　　　　　　　（b）

图 1 - 12

2. 刚架

刚架是由若干杆件主要用刚结点联结的结构（图 1 - 13），刚架各杆为受弯杆件，截面内力有弯矩、剪力和轴力。

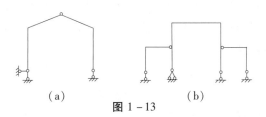

（a）　　　　　　　　　（b）

图 1 - 13

3. 桁架

桁架是由若干根直杆在两端用理想铰联结而成的结构（图 1 - 14），当桁架只受结点荷载时，各杆只产生轴力。

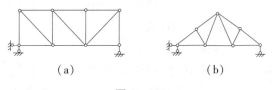

（a）　　　　　　　　　（b）

图 1 - 14

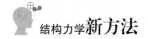

4. 拱

拱是由轴线为曲线的杆件组成，且在竖向荷载作用下支座处会产生水平反力（又称水平推力）的结构（图1-15），杆件截面内力一般有弯矩、剪力和轴力。由于水平推力的存在，拱内弯矩比同跨度、同荷载的梁的弯矩小很多。

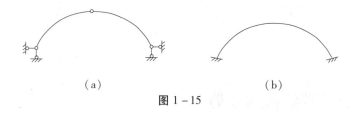

（a）　　　　　　　　　　　（b）

图 1-15

5. 组合结构

组合结构是由轴力杆和受弯杆组合在一起的结构（图1-16），轴力杆只承受轴力，受弯杆则同时承受弯矩、剪力和轴力。

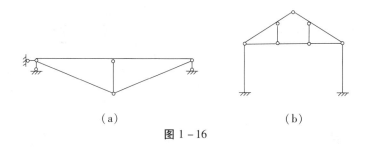

（a）　　　　　　　　　　　（b）

图 1-16

按照计算方法的不同，平面杆件结构又可分为静定结构和超静定结构。静定结构是指在任意荷载作用下，结构的全部反力和任一截面的内力都可以由静力平衡条件求得唯一确定的值。超静定结构则是结构的全部反力和内力除应用静力平衡条件外，还必须考虑变形条件才能求得。判定一个结构是静定的还是超静定的，将在下一章讨论。

1.4　荷载的分类

荷载是作用于结构上的主动力，它使结构产生内力和位移。工程中，作用于结构上的荷载是多种多样的，按照不同的划分角度，荷载主要有如下几类：

（1）按作用时间的久暂，荷载可分为恒载和活载。恒载（又称永久荷载）是指长期作用在结构上的荷载，如结构自重、土压力等。活载（又称可变荷载）是指暂时作用在结构上的荷载，如室内人群、风荷载、雪荷载等。

（2）按作用位置是否变化，荷载可分为固定荷载和移动荷载。固定荷载是指在结构上作用位置是不变动的荷载，如恒载、雪荷载等。移动荷载是指在结构上可移动的活载，如列车、汽车、吊车等对结构的作用。

（3）按作用范围的大小，荷载可分为集中荷载和分布荷载。若荷载作用面积比结构可承受荷载的面积小很多时，常将荷载简化为作用于一点的荷载，即集中荷载，如次梁对主梁的压力、吊车轮传给吊车梁的压力等。若荷载连续地分布在整个结构或结构某一部分上（不能看成集中荷载时），则为分布荷载，如屋面雪荷载、梁的自重、风荷载等。

（4）按作用性质的不同，荷载可分为静力荷载和动力荷载。静力荷载是指缓慢地作用到结构上，不致使结构产生显著的冲击或振动，因而惯性力的影响可以略去不计的荷载，如构件的自重、一般的楼面活荷载等。动力荷载是指随时间而急剧变化的荷载，它将引起结构的显著振动，产生不容忽视的加速度，因而必须考虑惯性力的影响，如打夯机产生的冲击荷载、地震作用等。

基于分类的出发点不同，荷载还有其他的分类方法，这里不一一列举。

应该指出，除荷载外，结构还会因温度改变、支座移动、制造误差、材料收缩等因素产生内力和变形。

第2章 平面体系的几何组成分析

2.1 概述

工程中，结构必须是整体及其各部分之间都不致产生相对运动的体系，这样才能承受任意荷载并维持平衡。图 2 – 1a 所示体系，当受到任意荷载作用时，若不考虑材料的微小变形，其几何形状与位置均能保持不变，这样的体系称为几何不变体系。而图 2 – 1b 所示体系，即使在很小的荷载 F_P 作用下，也将发生机械运动而不能保持原有的几何形状，这样的体系称为几何可变体系。显然，几何可变体系是不能用来作为结构的。因此，在设计结构和选取其计算简图时，必须首先判别它是否几何不变，从而决定能否采用。

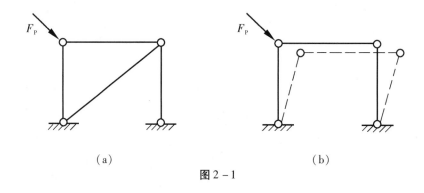

(a)   (b)

图 2 – 1

为了判别体系是否几何不变而对其几何组成进行的分析，称为几何组成分析，又称机动分析。对体系进行几何组成分析的目的在于：

（1）判别体系是否几何不变，从而决定它能否作为结构；

（2）研究几何不变体系的组成规律，以保证所设计的结构能承受荷载并维持平衡；

（3）用于区分静定结构和超静定结构，指导结构的受力分析。

杆件结构是由若干杆件相互联结而成的体系。在几何组成分析中，由于不考虑材料的变形，因此可以把一根梁、一根链杆或体系中已知是几何不变的部分看作一个刚体。平面体系中的刚体（即平面刚体）又称为刚片。

本章只讨论平面体系的几何组成分析。

2.2　平面体系的自由度

由于几何不变体系的各部分之间不能产生相对运动，因此分析平面体系的几何组成时，可以从体系平面运动的自由度和受到的约束两个方面来研究。

2.2.1　自由度

自由度是指体系运动时可以独立变化的几何参变量的数目，或者说确定体系位置所需要的独立坐标数目。

在平面内，确定一个点的位置需要 x、y 两个坐标，如图 2-2a 所示。所以一个点的自由度为 2。

一个刚片在平面内运动时，其位置可由它上面任一点 A 的两个坐标 x、y 和过 A 点的任一直线 AB 的倾角 φ 来确定，如图 2-2b 所示。因此一个刚片在平面内的自由度为 3。

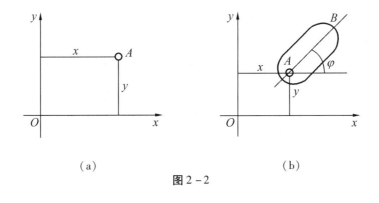

（a）　　　　　　　　　　　　（b）

图 2-2

2.2.2　约束

若在某个几何可变体系中加入一些限制运动的装置，它的自由度将减少，这种限制体系运动的装置称为约束，也称联系。凡减少一个自由度的装置称为一个约束。最常见的约束是链杆和铰。

如图 2-3a 所示，用一根链杆将刚片的 A 点与地基相联，则该刚片不能沿链杆方向移动，确定刚片的位置只需两个独立坐标参数：链杆的倾角 φ_1 及刚片上过 A 点任一直线的倾角 φ_2，其自由度由 3 减少为 2，故一根链杆为一个约束。在图 2-3b 中，用一个光滑的圆柱铰把刚片Ⅰ和Ⅱ在 A 点联结起来，这种联结两个刚片的圆柱铰称为单铰。用单铰联结前，两个刚片的自由度为 6；联结后，刚片Ⅰ和Ⅱ各自可绕 A 点独立转动（2 个自由度），同时还有随 A 点的移动（2 个自由度），自由度总数为 4。因此一个单铰相当于两个约束。

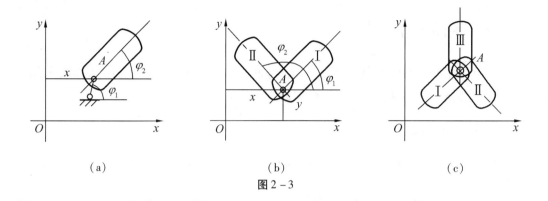

（a）　　　　　　　　　　（b）　　　　　　　　　　（c）

图 2-3

有时用一个圆柱铰同时联结三个或三个以上的刚片，这种铰称为复铰。如图 2-3c 所示，三个刚片原有 9 个自由度，用复铰联结后，各自可绕 A 点转动（3 个自由度），再加上各刚片随 A 点的移动（2 个自由度），共 5 个自由度，从而减少 4 个自由度。可见，联结三个刚片的复铰相当于两个单铰的作用。类似地分析可知，联结 n 个刚片的复铰相当于（n-1）个单铰的作用。在图 2-4 所示的几种情况中，圆柱铰联结的刚片数依次为 4、3、2，换算成单铰数则为 3、2、1。

此外，固定支座将使一根杆件不能产生任何移动和转动，相当于 3 根链杆约束。

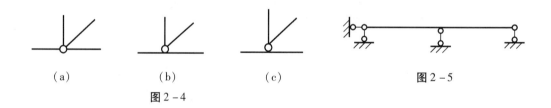

（a）　　　　　　　（b）　　　　　　　（c）　　　　　　　　　图 2-5

图 2-4

如果在体系中增加一个约束，而体系的自由度并不因此而减少，则此约束称为多余约束。例如，平面中的一根梁为一个刚片，有 3 个自由度，用一根水平链杆和两根竖向链杆与基础相联，就可以固定不动，其真实自由度为零。但在图 2-5 所示梁中，多加了一根竖向链杆，体系仍为几何不变，即真实自由度还是为零。因此，三根竖向链杆中有一根是多余约束。现把竖向链杆中的任一根视作多余约束去掉，剩余链杆便是体系几何不变所必需的约束，称为必要约束。可见，只有必要约束才能减少体系的自由度，而多余约束对保持体系几何不变是不必要的，但从改善结构的受力和使用方面考虑，有时是需要的。

2.2.3　平面体系的计算自由度

平面体系通常由若干刚片彼此用铰联结，再用支座链杆与基础相联而成。设体系的刚片数为 m，单铰数（包括复铰换算的单铰）为 h，支座链杆数（包括固定支座、固定铰支座换算的链杆）为 r，则各刚片均不受约束时，体系的自由度总数为 $3m$，受到的约束总数为 $(2h+r)$，假设每个约束都能减少一个自由度，则体系受约束后的自由度为：

$$W=3m-2h-r \qquad\qquad (2-1)$$

注意，式中 h 代表的单铰数目不包括刚片与支座链杆联结的铰。

以图 2-6 为例，链杆 BD、EF、FG 均可视作刚片；AED 部分由两个直杆刚结在一起，彼此之间无任何相对运动，故可作为一个刚片；同样 CGD 部分也作为一个刚片，刚片总数 $m=5$。结点 E、F、G 均为联结两个刚片的单铰，结点 D 为联结三个刚片的复铰，换算后的单铰数 $h=5$，支座链杆数 $r=4$。由式（2-1）可得

$$W=3\times5-2\times5-4=1$$

自由度数是 1，故为几何可变体系。

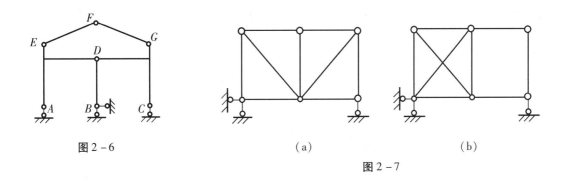

图 2-6　　　　　　　　　（a）　　　　　　　　　（b）

图 2-7

然而 W 并不一定是体系的真实自由度数，因为真实自由度数还与体系中是否有多余约束有关。如图 2-7 所示的两个体系，它们均为 $m=9$，$h=12$，$r=3$，由式（2-1）求得自由度数都是 $W=0$。但只有图 2-7a 所示体系是几何不变，而图 2-7b 所示体系，左边部分有多余约束，右边部分又缺少必需的约束，虽然 $W=0$，但体系是几何可变的。又如，图 2-5 所示梁是静止不动的，真实自由度数为零，但按式（2-1）求得 $W=-1$。可见，W 并不能反映体系自由度的真实情况，为此称为计算自由度。不过当 $W>0$ 时，可以判断体系缺少必需的约束数目。

完全由两端用铰联结的杆件所组成的体系，称为铰结链杆体系。这类体系的 W 值，除用式（2-1）计算外，还可用更简便的公式计算。若以 j 代表体系的铰结点数，b 代表杆件数，r 代表支座链杆数，则各铰结点不受约束时的自由度数为 $2j$，设每根杆件都起一个约束的作用，则体系的约束总数为 $(b+r)$，于是可得体系的计算自由度数为：

$$W=2j-(b+r) \qquad\qquad (2-2)$$

仍以图 2-7 所示铰结链杆体系为例，按式（2-2）计算，$j=6$，$b=9$，$r=3$，于是

$$W=2\times6-(9+3)=0$$

可见两个公式计算结果相同。

若不考虑体系与基础的联结，即 $r=0$，则体系本身在平面内有 3 个自由度，此时只

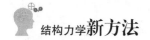

需检查体系本身各部分之间相对运动的自由度（简称为内部自由度），用 V 表示。显然，在式（2-1）和式（2-2）中，用 $V+3$ 代替 W，并取 $r=0$，可得到一般体系和铰结链杆体系内部计算自由度为：

$$一般体系：V=3m-2h-3 \qquad (2-3)$$
$$铰结链杆体系：V=2j-b-3 \qquad (2-4)$$

几何不变体系要求每个刚片都不能发生运动，因此体系的真实自由度是零。当体系中存在能够发生运动的刚片时，该刚片自由度就大于零，体系必然为几何可变。

综上可知，计算自由度 W（或 V）仅仅表示体系自由度总数与约束总数之差。若平面体系按式（2-1）~式（2-4）计算，求得的结果为：

（1）W（或 V）>0，表明体系缺少必要约束，不满足必要条件，无论有无多余约束，都是几何可变体系；

（2）W（或 V）$=0$，表明体系具有几何不变的最少约束，但不知是否有多余约束，因此不能判别体系是否几何不变；

（3）W（或 V）<0，表明体系具有多余约束，但不知是否缺少必要约束，因此也不能判别体系是否几何不变。

总之，只要 W（或 V）>0，体系就不满足几何不变的必要条件，一定是几何可变的；而 W（或 V）$\leqslant 0$，虽然满足几何不变的必要条件，但仍无法确定是否几何不变，这就需要根据几何不变体系的基本组成规则来判断。

2.3　几何不变体系的基本组成规则

1.　三刚片规则

三个刚片用不在同一直线上的三个单铰两两相联，所组成的体系几何不变，且无多余约束。

图 2-8a 所示体系是按三刚片规则组成的，现证明它是无多余约束的几何不变体系。

由式（2-3）知 $V=0$，故体系具有几何不变的最少约束，如能证明体系是几何不变的，那它也一定没有多余约束。现分析如下：假定刚片 Ⅰ 不动，并暂时把铰 C 拆开。由于刚片 Ⅱ 与刚片 Ⅰ 用铰 A 相联，故刚片 Ⅱ 只能绕铰 A 转动，其上的 C 点只能在以 A 为圆心、AC 为半径的圆弧上运动；类似地，刚片 Ⅲ 与刚片 Ⅰ 用铰 B 相联，其上的 C 点也只能在以 B 为圆心、BC 为半径的圆弧上运动。由于刚片 Ⅱ、Ⅲ 是用铰 C 联结在一起的，即 C 点既是刚片 Ⅱ 上的点，也是刚片 Ⅲ 上的点，故只能在两个圆弧的交点处不动。这表明各刚片之间不可能发生任何相对运动，体系是几何不变的，且无多余约束。

2.　两刚片规则

两个刚片用一个铰及一根不过该铰的链杆相联，所组成的体系几何不变，且无多余约束；或者两个刚片用三根既不全平行也不全相交于一点的链杆相联，所组成的体系几何不变，且无多余约束。

两刚片规则的第一种情形的正确性是容易证明的。如图 2-8b 所示，刚片 Ⅱ、Ⅲ用铰 C 和不过 C 点的链杆 AB 相联，若将链杆视作刚片，就得到与图 2-8a 相同的情况，显然体系是几何不变的，且无多余约束。

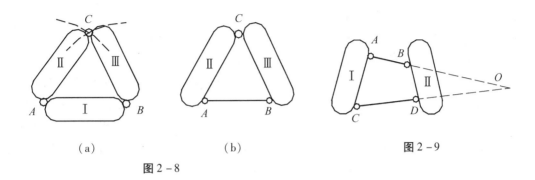

图 2-8

图 2-9

为了证明两刚片规则的第二种情形的正确性，需要先介绍虚铰的概念。

图 2-9 所示为两个刚片用两根链杆相联，假定刚片 Ⅰ 不动，则刚片 Ⅱ 在运动时，链杆 AB 将绕 A 点转动，B 点将沿与 AB 杆垂直的方向运动；同时链杆 CD 将绕 C 点转动，D 点也将沿着与 CD 杆垂直的方向运动；刚片 Ⅱ 则绕 AB 杆与 CD 杆延长线的交点 O 转动，若刚片 Ⅱ 不动，刚片 Ⅰ 也将绕 O 点转动。不同的时刻 O 点位置将不同，故 O 点称为刚片 Ⅰ、Ⅱ 的相对转动瞬心。上述运动就好像刚片 Ⅰ、Ⅱ 在 O 点用一个铰相联一样，因这个铰的位置在两根链杆轴线的延长线上，而且随着链杆的运动而变动，故称为虚铰。可见，两个刚片用两根链杆相联，其作用相当于一个单铰。

图 2-10 所示为两个刚片用三根既不全平行也不全相交于一点的链杆相联的几种情况。由于三根链杆不全平行，因此其中必有两根链杆（图 2-10 中的 1、2 杆）相交于一点，相当于一个铰；三根链杆又不全相交一点，因此剩下的一根链杆（图 2-10 中的 3 杆）也不会过该交点，这与两刚片规则中的第一种情形相同。故所组成的体系几何不变，且无多余约束。

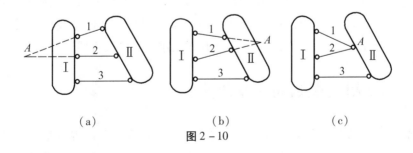

图 2-10

3. 二元体规则

在一个刚片上增加一个二元体，所组成的体系几何不变，且无多余约束。

二元体是指用两根不在同一直线上的链杆联结一个新结点的装置。

下面结合图 2 – 11 说明二元体规则的正确性。大刚片（图中阴影部分）本身是几何不变的，A、B 两点用链杆 1、2 在结点 C 联结（即增加一个二元体）。若将链杆 1、2 视作两个刚片，它们和大刚片符合三刚片规则，故增加二元体后体系为几何不变，且无多余约束。

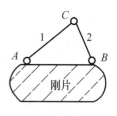

图 2 – 11

由二元体的性质可知，在一个体系上增加或拆除二元体，都不会改变原体系的几何不变性或可变性。因为在平面内一个结点有两个自由度，而不共线的两根链杆刚好减少新结点的两个自由度，所以也就不会改变原体系的几何组成性质。这就是说，原体系若是几何不变的，增加或拆除二元体后所得体系仍是几何不变的；原体系若是几何可变的，增加或拆除二元体后所得体系仍是几何可变的。于是，用二元体规则分析某一体系时，可以从体系的一个简单几何不变部分开始，用增加二元体的办法判别；也可以在原体系上用拆除二元体的方法分析。

如图 2 – 12 所示桁架，若以铰结三角形 1 – 2 – 3 为基础（由三刚片规则可知，它是几何不变的，且无多余约束），增加 2 – 4、3 – 4 杆组成的二元体，得到结点 4，仍为几何不变体系；再以此为基础，依次增加二元体，得到结点 5、6、…，最后组成如图 2 – 12

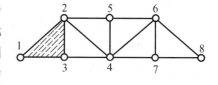

图 2 – 12

所示的原体系。由二元体规则可知，原体系几何不变，且无多余约束。也可以从结点 8 开始，依次拆除二元体，最后剩下铰结三角形 1 – 2 – 3，故原体系几何不变，且无多余约束。

三个基本组成规则描述了最简单且无多余约束的几何不变体系的组成方式，既规定了体系几何不变所必需的最少约束数目，又规定了各约束应遵循的布置方式。如果体系完全符合基本组成规则，就一定是无多余约束的几何不变体系。如果体系除了符合基本组成规则，还有另外的约束，便是有多余约束的几何不变体系，这些另外的约束数目就是体系的多余约束数目。

三个基本组成规则之间有其内在的联系，如图 2 – 11 所示体系，它符合二元体规则，也符合三刚片规则，若将链杆 1 视作刚片，它与大刚片的联结又符合两刚片规则。可见，三个基本组成规则实质上是同一个规则的不同表述。只是在几何组成分析时，有些情况用两刚片规则较方便，有些情况用二元体规则或三刚片规则较方便。

2.4　基本组成规则的充分条件

上一节的三个基本组成规则都有其限制条件，它们是体系几何不变且无多余约束的必要条件和充分条件。其中，三刚片要用三个单铰两两相联；两刚片要用三根链杆或者一个铰和一根链杆相联；一个新结点要用两根链杆相联等，这些都是必要条件。而联结三刚片的三个铰不能共线；联结两刚片的三根链杆不能全平行也不能全相交于一点，或者联结两刚片的铰和链杆不能共线；二元体的两根链杆不能共线，这些则是充分条件。必要条件不满足，体系将因缺少必要约束成为几何可变。下面说明，若充分条件不满足，体系同样也是几何可变。

图 2–13 所示三个刚片用三个单铰 A、B、C 两两相联，满足几何不变的必要条件，但从约束布置来看，链杆 AC 和 BC 都是水平的，对限制 C 点水平位移具有多余约束，而限制 C 点竖向位移又缺少约束，故 C 点可沿竖向移动。从运动角度来看，若刚片Ⅲ不动，刚片Ⅰ、Ⅱ将分别绕铰 A、铰 B 转动，由于铰 C 位于以 AC 和 BC 为半径的两个相切圆弧的公切线上，因此可沿公切线做微小运动。不过发生微小运动后，A、B、C 三铰便不再共线，运动也就不会继续。因体系的改变发生在运动开始的瞬间，故称为瞬变体系。

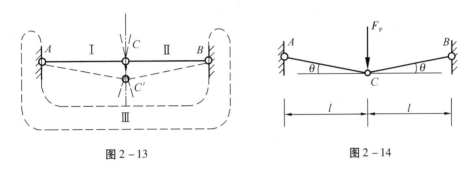

图 2–13　　　　　　　　　　　　　　图 2–14

现通过图 2–14 说明瞬变体系为什么不能用作结构。设体系在 C 点受 F_P 作用，由平衡条件求得 AC 杆和 BC 杆的轴力为：

$$F_N = \frac{F_P}{2\sin\theta}$$

当 $\theta \to 0$ 时，若 $F_P \neq 0$，则 $F_N \to \infty$；若 $F_P = 0$，则 F_N 为不定值。这表明，瞬变体系在荷载作用下，内力将会无限大。当 θ 很小时，即使在很小的荷载作用下，也将使杆件产生很大的内力。可见，不但瞬变体系不能用作结构，就是接近瞬变的体系也应避免用作结构。

在图 2–13 所示体系中，如将刚片Ⅰ、Ⅱ视作链杆，就成为在刚片Ⅲ上用两根共线的链杆联结一个新结点 C 的情形；如果将刚片Ⅰ、Ⅲ视作由铰 A 和链杆Ⅱ联结而成，就成为两刚片用一个铰和通过此铰的一根链杆相联。这两种约束布置，因不满足二元体的充分条件以及两刚片用一个铰及一根链杆相联的充分条件，导致体系为瞬变体系。

如图 2–15a 所示，两个刚片用三根全平行但长度不等的链杆相联，此时，两刚片可以发生与链杆垂直方向的相对移动，但经过一个微小运动后，三根链杆便不再全平行，也不会全相交于一点，体系成为几何不变体系，故原体系属于瞬变体系。若三根链杆互相平行且等长（图 2–15b），两刚片之间的相对运动可一直继续下去，这种刚体运动能够持续发生的体系称为常变体系。必须指出，当平行且等长的三杆是从刚片异侧联出时（图 2–15c），体系仍为瞬变体系。

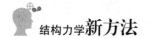

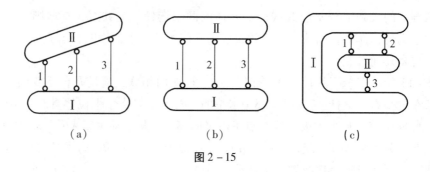

图 2 - 15

图 2 - 16a 所示为两个刚片用三根延长后交于一点的链杆相联，此时，两个刚片可以绕 A 点做相对转动，但发生微小转动后，三杆就不再全相交于一点，从而不再继续发生相对转动，因此为瞬变体系；若三根链杆直接相交于一点（图 2 - 16b），则为常变体系。

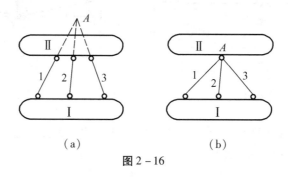

图 2 - 16

综上所述，凡是不满足三个基本组成规则限制条件的体系，不是瞬变体系就是常变体系。瞬变体系和常变体系均属于几何可变体系，不能作为工程中的结构。

2.5　几何组成分析示例

判别一个体系是否几何不变，可先求体系的计算自由度，若 W（或 V）>0，则体系几何可变；若 W（或 V）≤ 0，再作几何组成分析。不过对于不太复杂的体系，常常不用求 W（或 V），而直接进行几何组成分析。

对体系进行几何组成分析，通常采用"按照规则，灵活搭拆"的方法。这里，"规则"就是几何不变体系的三个基本组成规则，"灵活搭拆"可按以下作法进行。

1. 拆

如果体系有二元体，可优先逐个拆除；或者体系与基础的联结符合两刚片规则，可以拆除基础和与之相连的约束，只分析体系本身。

2. 搭

二元体规则是在一个刚片上搭接一个新结点；两刚片规则是在一个刚片上搭接一个

刚片；三刚片规则是在一个刚片上搭接两个刚片。因此，可先选体系中某个几何不变部分（如铰结三角形、一根梁等），并以此为基础，按基本组成规则，搭接成大刚片；再选别的几何不变部分搭接成大刚片；然后观察这些大刚片是否符合三刚片规则或两刚片规则。

3. 灵活

体系是由刚片和约束组成的，分析时，可以将刚片与约束的角色灵活转换。例如，一根链杆可以作为一个约束，也可以看作一个刚片；不共线的两根链杆用铰联结可作为二元体，也可看成两个刚片，还可以当作一个铰；一根梁（直杆、曲杆、折杆）、一个几何不变部分、大地等都可以看成一个刚片；反之，只用两个铰与其他部分相联的一个几何不变部分也可以看作一根链杆，等等。通过灵活转换各刚片与约束的角色，观察它们能否满足某基本组成规则，进而判定体系几何不变还是可变。

下面举例说明。

例 2-1　试对图 2-17a、b 所示体系作几何组成分析。

解：对图 2-17a 所示体系，先拆除联结结点 A 的二元体；然后把大地连同固定铰支座 D 看作刚片 Ⅰ，杆件 BC 看作刚片 Ⅱ；刚片 Ⅰ、Ⅱ 用链杆 1、2、3 联结，符合两刚片规则。结论：原体系几何不变，且无多余约束。

对图 2-17b 所示体系，把大地连同支座 B 看作刚片 Ⅰ，T 形杆件 ACD 看作刚片 Ⅱ，折杆 DEB 看作一根链杆；原体系由刚片 Ⅰ、Ⅱ 通过链杆 1、2、3 联结，符合两刚片规则。结论：体系几何不变，且无多余约束。

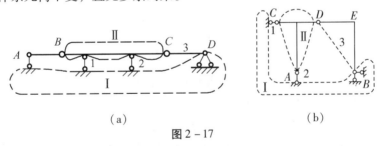

(a)　　　　　　　(b)

图 2-17

例 2-2　试对图 2-18a、b 所示体系作几何组成分析。

解：对图 2-18a 所示体系，先由结点 K 拆除二元体。对剩下部分，以铰结三角形 ABF 为基础，增加二元体 $AG-FG$，得到 $AFGB$，视作大刚片 Ⅰ；再以三角形 DEH 为基础，按结点 G、C 的顺序增加二元体，扩大为 $CGHE$，视作大刚片 Ⅱ；刚片 Ⅰ、Ⅱ 通过铰 G 和链杆 BC 联结，符合两刚片规则。结论：体系几何不变，且无多余约束。

对图 2-18b 所示体系，虚线所围部分为几何不变，视作大刚片 Ⅰ；将铰结三角形 ABF 视作刚片 Ⅱ；刚片 Ⅰ、Ⅱ 之间除用三根既不全平行、也不全相交于一点的链杆 1、2、3 相联外，还有一根链杆 4。故体系几何不变，有 1 个多余约束。

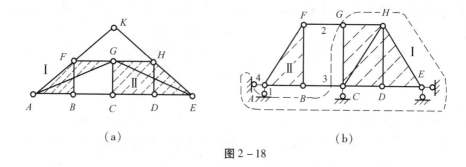

(a)   (b)

图 2 – 18

例 2 – 3　试对图 2 – 19a 所示体系作几何组成分析。

解：图 2 – 19a 所示铰结体系，其本身与基础符合两刚片规则，只需分析体系本身，如图 2 – 19b 所示。按结点 1、7、5、2、8 的顺序依次拆除二元体。剩下 4 – 3 – 6 – 9 – 10 部分，如图 2 – 19c 所示。该部分组成结点 6 的两杆共线，不符合二元体规则。故原体系几何瞬变。

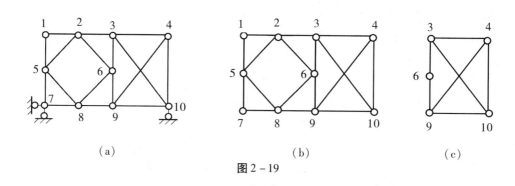

(a)   (b)   (c)

图 2 – 19

例 2 – 4　试对图 2 – 20a 所示体系作几何组成分析。

解：由式（2 – 2）求得计算自由度为：

$$W = 2j - (b + r) = 2 \times 6 - (8 + 4) = 0$$

体系满足几何不变的必要条件。为判别体系是否几何不变，还需进行几何组成分析。体系本身与基础不符合两刚片规则，也无二元体可拆除，可试以"搭"的方式分析。若把三角形 ACD 与 CBE 看作刚片 I 和 II，把基础连同支座 A 看作刚片 III，如图 2 – 20b 所示。刚片 I、II 由铰 C 联结、刚片 I、III 由铰 A 联结，但找不到刚片 II、III 之间的单铰，无法得出分析结果。为此另选搭接方式。若把杆件 DF 看作刚片 I，三角形 CBE 看作刚片 II，基础看作刚片 III，如图 2 – 20c 所示。可得各刚片之间的约束如下：

刚片 I、III——由链杆 AD 和 F 点支座链杆联结，虚铰在两根链杆的延长线 $O_{I,III}$ 处。

刚片 II、III——由链杆 AC 和 B 点支座链杆联结，虚铰在 B 点。

刚片 I、II——由链杆 CD 和链杆 EF 联结，虚铰在两根链杆的延长线 $O_{I,II}$ 处。

三个虚铰不在同一直线上，符合三刚片规则。故体系几何不变，且无多余约束。

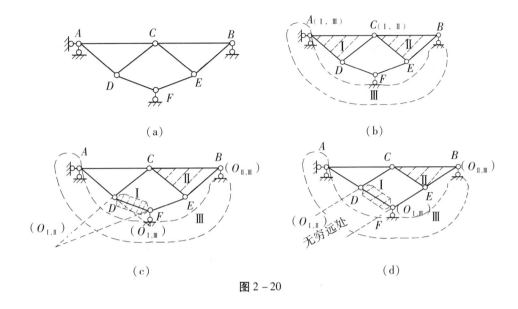

图 2-20

本例中，如果体系如图 2-20d 所示那样，联结刚片 Ⅰ、Ⅲ 的虚铰 $O_{Ⅰ,Ⅲ}$ 在 F 点，刚片 Ⅱ、Ⅲ 的虚铰 $O_{Ⅱ,Ⅲ}$ 在 B 点，刚片 Ⅰ、Ⅱ 的虚铰 $O_{Ⅰ,Ⅱ}$ 在无穷远处（杆 CD 与 EF 平行），且其方向与点 B、点 F 的连线相同，可看作三个虚铰在同一直线上，此时体系是瞬变的。

在几何组成分析时，虚铰在无穷远处的情况常会遇到。为了正确判断体系是否几何不变，现将三刚片体系中虚铰位于无穷远处的几种情况归纳如下：

（1）一个虚铰在无穷远处

图 2-21a 所示为刚片 Ⅰ、Ⅱ 的虚铰 $O_{Ⅰ,Ⅱ}$ 在无穷远处。若组成虚铰 $O_{Ⅰ,Ⅱ}$ 的两杆与另外两个铰 $O_{Ⅰ,Ⅲ}$ 和 $O_{Ⅱ,Ⅲ}$ 的连线不平行，则体系几何不变（图 2-21a），否则为几何瞬变（图 2-21b）。

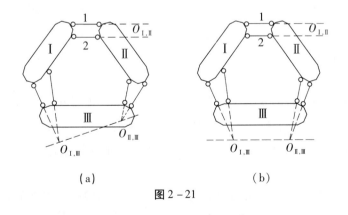

图 2-21

（2）两个虚铰在无穷远处

图 2-22 所示为虚铰 $O_{Ⅰ,Ⅲ}$ 和 $O_{Ⅱ,Ⅲ}$ 在无穷远处。此时，若组成无穷远虚铰的两对平

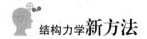
结构力学**新方法**

行杆件互不平行，则体系几何不变（图2－22a）。若组成无穷远虚铰的两对平行杆件互相平行，但不全等长，则体系几何瞬变（图2－22b）。若组成无穷远虚铰的两对平行杆件互相平行且等长，则体系几何常变（图2－22c）。

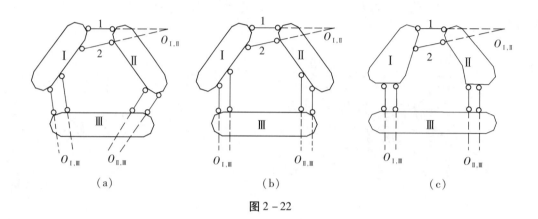

图2－22

（3）三个虚铰在无穷远处

三个刚片用三对平行链杆两两相联，即三个虚铰均在无穷远处时，体系一般是瞬变的，但三个虚铰的三对链杆各自等长且都在每个刚片同一侧时，则是几何常变体系。

2.6　几何组成与静定性的关系

几何组成分析除了可以判别体系是否几何不变外，还可以通过体系的几何组成与静力学解答之间的关系判定体系是否静定。

1. 几何常变体系

几何常变体系在任意荷载作用下不能维持平衡而将发生运动，即平衡条件不能成立。例如，图2－23a所示几何可变体系，在图示荷载作用下，无法由平衡条件列出$\sum F_x=0$的方程，因此无静力学解答。

2. 几何瞬变体系

如图2－23b所示几何瞬变体系，在荷载F_P作用下，由$\sum M_A=0$可求得B支座反力F_{Bx}为无穷大，也就是无静力学解答。在某些特殊荷载作用下，如F_P的作用线与AB杆杆轴重合时，内力为不定值，即静力学解答有无穷多个，此时体系是超静定的。

3. 无多余约束的几何不变体系

图2－23c所示为一个无多余约束的几何不变体系。取杆件AB为隔离体，外力与支座反力构成平面一般力系，由平衡方程可求得三个支座反力，再用截面法可求出任一截面的内力，对于确定的荷载必然有确定的解答。可见，无多余约束的几何不变体系有唯一的静力学解答，体系是静定的。

22

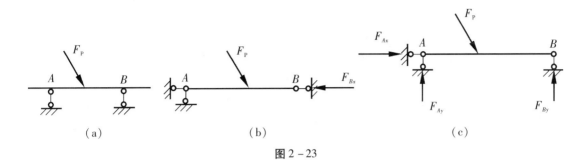

图 2-23

4. 有多余约束的几何不变体系

图 2-24a 所示有一个多余约束的几何不变体系，若取杆件 *AB* 为隔离体，则外力与支座反力构成平面一般力系，只能建立三个独立的平衡方程，无法求出四个支座反力，也无法计算截面内力。假设去掉多余约束（*C* 处支座链杆），以相应的力 X_1 代替（图 2-24b），此时体系仍为几何不变，不论 X_1 为何值，力系都能满足静力平衡条件。因此，单靠平衡方程无法求得唯一确定的解答，体系是超静定的。

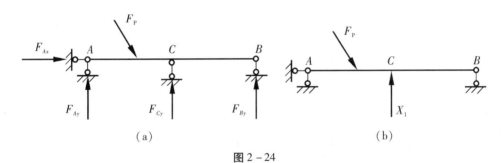

图 2-24

由上可见，对于几何不变体系，无论有无多余约束，都能够承受任意荷载并维持平衡。一般地，一个几何不变体系由 *m* 个刚片用 *h* 个单铰、*r* 根支座链杆联结而成。由于每个刚片都是静止平衡的，因此可建立 $3m$ 个平衡方程。每个单铰有两个约束力，每根支座链杆有一个反力，共有（$2h+r$）个未知力。当体系为几何不变且无多余约束时，自由度为零，即 $W=3m-(2h+r)=0$，于是有 $3m=2h+r$。此时平衡方程数目等于未知力数目，必有一组唯一确定的解答，体系是静定的。当体系为几何不变并有多余约束时，$W=3m-(2h+r)<0$，即 $3m<2h+r$，此时平衡方程数目少于未知力数目，解答有无穷多组。因此仅靠平衡条件无法求得唯一确定的静力学解答，体系是超静定的。

综上所述，只有无多余约束的几何不变体系才有唯一确定的静力学解答，是静定的。或者说，静定结构的几何组成特征是几何不变体系且无多余约束，其静力学特征是对于给定的荷载，仅由静力平衡条件就能求出全部反力和内力，而且是唯一确定的解答。因此，根据体系的几何组成分析可以判定：凡按照几何不变体系的基本组成规则组成的体系，都是静定结构，在此基础上还有多余约束的体系，便是超静定结构。

第 **3** 章 静定结构的受力分析

静定结构的受力分析包括：求支座反力，计算指定截面的内力，绘制内力图，对各类结构受力性能进行分析。在静定结构内力计算中，静力平衡条件、叠加原理是最基本的知识。

3.1 静定结构受力分析基础

本节结合图 3–1 所示的单跨水平梁（悬臂梁、简支梁和外伸梁）介绍静定梁受力分析的基本方法，它们也是其他各类静定结构受力分析的基础。

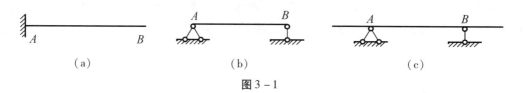

图 3–1

3.1.1 求支座反力

计算平面静定结构的支座反力，属于平面一般力系问题，它们均可由静力平衡条件求解。当结构的支座反力不超过三个时，可用平面一般力系的三个独立方程求出，能够做到一个方程只含一个未知力；超过三个时，通过结构整体及各部分的平衡条件，一般也能做到一个方程只含一个未知力。

单跨静定梁的支座反力只有三个，可用截面法求出，作法是：取全梁为隔离体；画出梁的受力图，即标出支座反力假设方向及梁上荷载；由平衡方程式（3–1）计算反力：

$$\sum F_x = 0 \qquad \sum F_y = 0 \qquad \sum M_0 = 0 \qquad (3-1)$$

计算时，将所求反力（反力矩）放在等号左边，在等号右边依次写出荷载的相关项。如果是投影方程，等号右边各力与所求反力假设指向相反者取正号（反向为正）；如果是力矩方程，等号右边各力矩与所求反力矩假设转向相反者取正号（反向为正）。若计算结果为正，则所求未知力的实际方向与假设相同；为负，则相反，并在计算结果后面标出实际方向。

在以上计算中，等号右边各项正负号与所求未知力假设方向有反向为正的规律，这一规律其实就是将式（3–1）各已知力移项到等号右边的结果。按照反向为正规律，可以边写计算式边求结果。例如图 3–2 所示梁，支座反力假设指向如图所示，按反向为正规律计算如下：

由 $\sum F_x = 0$ 得：$F_{Ax} = 0$

由 $\sum M_B = 0$ 得：$8 \times F_{Ay} = 8 \times 10 - 16 + 2 \times 4 \times 2$　　　即 $F_{Ay} = 10\text{kN}$（↑）

由 $\sum F_y = 0$ 得：$F_{By} = 8 - F_{Ay} + 2 \times 4 = 6\text{kN}$　　（↑）

求支座反力通常是为了求杆件内力，当不用反力也能求出内力时，可不求。

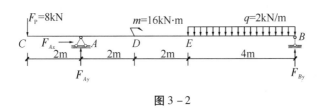

图 3 - 2

3.1.2　求截面内力

在任意荷载作用下，梁横截面有：轴力 F_N、剪力 F_Q、弯矩 M。内力正负号规定为：轴力使截面受拉为正（简称受拉），剪力绕截面顺时针转动为正（简称顺针），弯矩使梁下侧纤维受拉为正（简称下拉）。

计算内力的方法也是截面法。计算时，用手或纸遮住拟求截面外力较多的一侧，留下部分即为隔离体（所有外力都必须已知）；将拟求内力写在等号左边；将隔离体外力写在等号右边，且与所求内力正方向相反者取正号，相同取负号；计算结果为正，则内力为正，否则为负。

仍以图 3 - 2 所示梁为例，若求 A 截面右侧剪力 F_{QA}^{R} 和弯矩 M_A，则将它们写在等号左边，然后遮住梁的 A 截面右侧部分（外力较多），等号右边各外力与所求内力正方向相反时取正号，可得：

$$F_{QA}^{R} = -8 + 10 = 2\text{kN}（顺针）\qquad M_A = -8 \times 2 = -16\text{kN} \cdot \text{m}（上拉）$$

可见，求内力同样符合反向为正的规律。

3.1.3　绘制内力图

表示结构各截面内力数值的图形，称为内力图。内力图通常取与杆件轴线平行且等长的线段为基线，用垂直于基线的竖标（纵坐标）表示相应截面的内力，并按一定比例绘制而成。内力图可以清晰地反映内力沿杆件的变化规律。土木工程中，习惯将弯矩图绘在杆件纤维受拉一侧，不必注明正负号；剪力图、轴力图则要标明正负号，正值常绘在基线上方。

绘制内力图的基本方法是根据内力方程式作图，即以基线为 x 轴，变量 x 表示截面位置；用截面法列出内力与 x 的函数关系；根据函数式画内力图。但更为方便的作法是利用内力与荷载的微分关系和区段叠加法绘制，说明如下。

1. 利用微分关系作内力图

如图 3 - 3a 所示直杆，由微段（图 3 - 3b）平衡条件可得到内力与荷载的微分关系为：

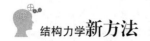

$$\frac{dF_Q(x)}{dx} = -q(x) \qquad \frac{dM(x)}{dx} = F_Q(x) \qquad \frac{d^2M(x)}{dx^2} = -q(x) \qquad (3-2a)$$

$$\frac{dF_N(x)}{dx} = -p(x) \qquad\qquad\qquad\qquad\qquad\qquad (3-2b)$$

式（3-2）的几何意义是：剪力图在某点的切线斜率等于该点的横向荷载集度，但符号相反；弯矩图在某点的切线斜率等于该点的剪力；弯矩图在某点的二阶导数（曲率）等于该点的横向荷载集度，且符号相反；轴力图在某点的切线斜率等于该点的轴向荷载集度，且符号相反。

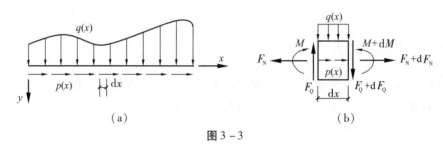

图 3-3

根据以上微分关系，可得水平直杆内力图规律如下：

（1）若区段上 $q(x)=0$，则 F_Q 图是与基线平行的直线，M 图为直线图形。当杆端：

$F_Q=0$ 时，F_Q 图与基线重合，M 图为一条水平直线（—）；

$F_Q>0$ 时，F_Q 图在基线上方，M 图自左向右为一条下斜直线（\）；

$F_Q<0$ 时，F_Q 图在基线下方，M 图自左向右为一条上斜直线（/）。

（2）若区段上 $q(x)$ 为常数，F_Q 图为斜直线，M 图为一条二次曲线。而且：

$q(x)$ 指向上时，F_Q 图自左向右为上斜直线（/），M 图为向上凸的抛物线（∩）；

$q(x)$ 指向下时，F_Q 图自左向右为下斜直线（\），M 图为向下凸的抛物线（∪）。

（3）集中力（F_P）作用处，F_Q 图有突变，突变方向自左向右与 F_P 指向一致，突变量等于 F_P；M 图有转折，转折尖角与 F_P 指向一致。

（4）集中力偶（m）作用处，F_Q 图无变化，M 图有突变，突变量等于 m，且 m 为逆时针转动时，M 图自左向右向上突变；反之，向下突变。

（5）$F_Q(x)=0$ 时，M 有极值，自左向右 F_Q 由正变负时，M 为极大值；反之，为极小值。

上述规律对绘制内力图或校核计算结果十分有用。

2. 用力矢平移绘剪力图

力学中把矢量表示的力称为力矢。根据上述剪力图的规律，可归纳出用力矢平移绘剪力图的作法：

（1）将矢量表示的杆端剪力沿基线向另一端平移，向右平移时，箭尾在基线上，向左平移时，箭头在基线上；

（2）平移中遇到同方向集中力则矢量相加后再平移，遇到同方向均布力则边矢量相加边平移，遇到力偶或与其垂直的力则平移力矢无变化；

（3）画出力矢移动轨迹图，在箭尾→箭头→平移前进方向为顺时针转的区段标"＋"号，逆时针转的区段标"－"号。或者说，向右（左）平移时箭头（尾）移动轨迹图在基线上方标"＋"号，在基线下方标"－"号，即得 F_Q 图。

3. 用叠加法作弯矩图

结构由几个荷载引起的某一量值（反力、内力、应力、变形），等于各个荷载单独引起的该量值的代数和，这就是叠加法。应用叠加法计算时，结构必须满足小变形条件。用叠加法作弯矩图是结构计算中常用的作法，具体说明如下。

对图 3 - 4a 所示梁，先将荷载分成 m_A、m_B 一组和 F_P 一组，绘出每组荷载作用下的弯矩图（图 3 - 4b、c）；然后将二图同一截面的弯矩叠加，即得全部荷载作用下的弯矩图（图 3 - 4d）。所谓叠加，就是将各组荷载作用下，同一截面的弯矩竖标相加（在基线同侧时）或抵消（在基线两侧时）。实际作图时，只需直接绘出两端弯矩 m_A、m_B，将其竖标顶点用虚线相连，并暂以此为基线，叠加简支梁在 F_P 作用下的弯矩图即可，如图3 - 4d 所示。

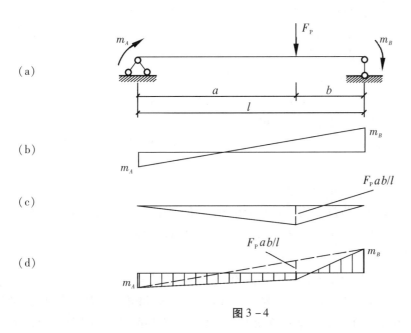

图 3 - 4

上述叠加法可以推广到直杆任一区段弯矩图的绘制。例如图 3 - 5a 所示梁，设 A、B 点弯矩 M_A、M_B 已知，若要绘 AB 段弯矩图，就先在 A、B 处标出 M_A、M_B，并将竖标顶点用虚线相连，然后以此为基线，叠加跨度、荷载都与 AB 段相同的简支梁（称为相应简支梁）在均布荷载 q 作用下的弯矩图（相应简支梁中点弯矩为 $ql_{AB}^2/8$），即得 AB 段弯矩图，如图 3 - 5b 所示。又如用叠加法绘制梁 CD 段弯矩图，可将 C、D 点弯矩 M_C、M_D 竖标顶点用虚线相连，暂以此为基线，叠加相应简支梁在力偶 m 作用下的弯矩图（相应简支梁在 m 作用处左侧弯矩为 $-ma/l_{CD}$，右侧为 mb/l_{CD}），即得 CD 段弯矩图（图 3 - 5c）。这种绘制直杆某段弯矩图的方法称为区段叠加法。

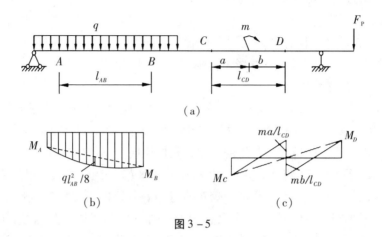

图 3 - 5

需要指出：叠加时，先绘直线图，再叠加曲线图；若是两个直线图，先绘整个区段斜率不变的图，再叠加有转折或有突变的直线图。先绘的图用虚线，叠加后的图用实线。此外，叠加时必须是同一截面垂直于杆件轴线的两个弯矩竖标相加或相减。

综上所述，内力图的绘制可归纳如下：

（1）求支座反力。用反向为正规律计算，不影响求内力的反力不计算。

（2）绘剪力图。可用力矢平移绘图，也可以分段根据剪力图规律绘图。

（3）绘弯矩图。以外力不连续点（如集中力、集中力偶作用点，分布荷载集度突变点）为分段点，求出分段点弯矩值；然后逐段根据弯矩图规律或区段叠加法绘图。

例 3 - 1 试作图 3 -6a 所示简支梁的内力图。

解：（1）求支座反力。将反力假设方向标在图 3 -6a 支座处，按反向为正规律计算：

$$\sum M_A = 0, \quad 8 \times F_{By} = 10 \times 4 \times 2 + 40 \times 6 + 16$$

求得：$F_{By} = 42 \text{kN}$（↑）

$$\sum F_y = 0, \quad F_{Ay} = 10 \times 4 + 40 - 42 = 38 \text{kN}（↑）$$

（2）绘剪力图。从 A 端将 F_{Ay} 向右平移；在 AC 段与 q 矢量相加、D 点与 F_P 矢量相加、B 点与 F_{By} 矢量相加；在力矢移动轨迹图上，箭尾→箭头→前进方向为顺时针转时标" + "号，否则标" - "号，即得如图 3 -6b 所示的剪力图。

（3）作弯矩图。将梁分为 AC、CB 两段，$M_A = 0$；$M_B = - 16 \text{kN} \cdot \text{m}$（上拉）。取 AC 段为隔离体，由反向为正规律求得：

$$M_C = 38 \times 4 - 10 \times 4 \times 2 = 72 \text{kN} \cdot \text{m}（下拉）$$

在基线上标出 M_A、M_C、M_B，用虚线连接 M_A、M_C 及 M_C、M_B 的竖标顶点，在 AC 段叠加 q 作用下的弯矩图（中点往下叠加 $\dfrac{10 \times 4^2}{8}$），在 CB 段叠加 F_P 作用下的弯矩图（中点向下叠加 40kN）。所得 M 图如图 3 -6c 所示。

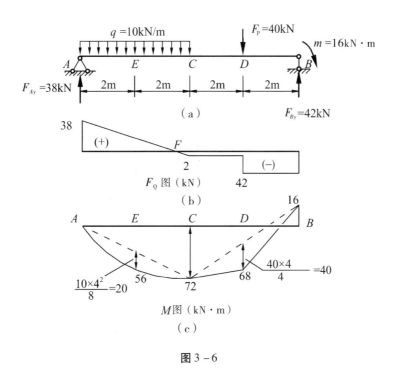

图 3-6

为了求得梁的最大弯矩 M_{max}，需要求出剪力为零的截面位置（图 3-6b 中 F 截面），设该截面距支座 A 为 x，则由 $F_{QF} = 38 - 10x = 0$ 得：

$$x = 3.8\text{m}$$

于是可得：

$$M_{max} = F_{Ay}x - qx^2/2 = 72.2\text{kN} \cdot \text{m}$$

例 3-2　试绘制图 3-7a 所示外伸梁的内力图。

解：（1）求反力。将反力假设方向标在图 3-7a 支座处，按反向为正规律计算：

由 $\sum M_B = 0$，$10 \times F_{Ay} = 20 \times 8 + 10 \times 4 \times 4 + 10$　求得：$F_{Ay} = 33\text{kN}$（↑）

由 $\sum F_y = 0$，$F_{By} = -33 + 20 + 10 \times 4 = 27\text{kN}$（↑）

（2）绘剪力图。按力矢平移绘图。从左端起将 F_{Ay} 平移；到 C 点与 20kN、DE 段与 10kN/m、B 点与 F_{By} 矢量相加；对力矢移动轨迹图在箭尾→箭头→前进方向顺时针部分标" + "，否则标" − "，所得 F_Q 图如图 3-7b 所示。

（3）绘弯矩图。将梁分为 AD、DE、EB、BF 四段。$M_A = 0$，$M_B = M_F = 10\text{kN} \cdot \text{m}$。

取 AD 段，求得 $M_D = 92\text{kN} \cdot \text{m}$；取 EF 段，求得 $M_E = 64\text{kN} \cdot \text{m}$。将以上弯矩标在基线上。用虚线连接 M_A、M_D 竖标顶点，叠加集中力（20kN）作用下的弯矩图；用虚线连接 M_D、M_E 竖标顶点，叠加均布荷载（10kN/m）作用下的弯矩图；EB 段用实线连接 M_E、M_B 竖标顶点，BF 段用实线连接 M_B、M_F 竖标顶点。

全梁的 M 图如图 3-7c 所示。

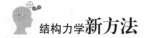

（4）求 $M_{\max}$。设剪力为零的截面（G 截面）到 D 点的距离为 x：

$$F_{QG} = F_{QD} - 10x = 13 - 10x = 0$$

求得 $x = 1.3\text{m}$。

故有：$M_{\max} = M_D + F_{QD}x - qx^2/2 = 92 + 13 \times 1.3 - 10 \times 1.3^2/2 = 100.45\text{kN} \cdot \text{m}$

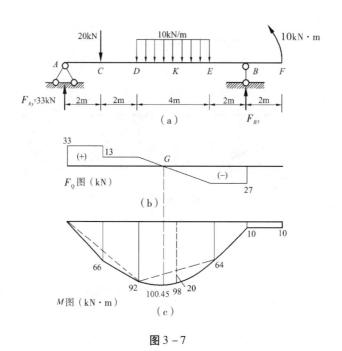

图 3-7

3.2 静定梁

3.2.1 单跨斜梁

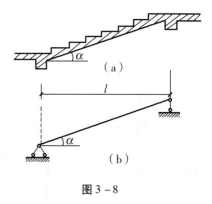

图 3-8

单跨斜梁也是单跨静定梁的一种，梁式楼梯的楼梯梁、雨篷中的斜杆、屋面斜梁等都是单跨斜梁的工程实例。图 3-8a、b 为楼梯梁的示意图及计算简图。

单跨斜梁的内力计算和内力图绘制，与单跨水平梁相同，但应注意斜梁的特点。

首先，由于斜梁倾角的存在，其内力除有剪力、弯矩外，通常还有轴力。绘制内力图时，基线仍然平行于斜梁轴线，各内力的竖标也与基线（梁轴线）垂直。

其次，斜梁承受的均布荷载可有：①与轴线垂直的荷载 q_1（图 3-9a），如屋面斜梁的风荷载；②沿水平方向分布的荷载 q_2（图 3-9b），如斜梁上的可变荷载；③沿斜梁倾斜方向分布的荷载 q_3（图 3-9c），如斜梁自重。计算时应分清是哪种情况。

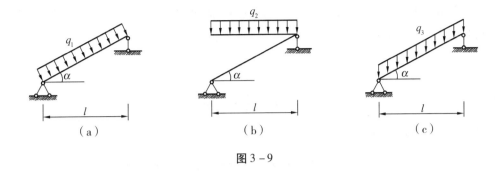

图 3 - 9

现以图 3 - 10a 所示简支斜梁为例说明计算过程。

（1）求反力。取斜梁整体为隔离体，各反力假设指向见支座处，由式（3 - 1）求得：

$$F_{Ax} = 0 \qquad F_{Ay} = ql/2 \; (\uparrow) \qquad F_{By} = ql/2 \; (\uparrow)$$

（2）求内力。以支座 A 为原点，x 轴水平向右，任一截面 K 的位置用 x、α 表示。取 K 截面以左为隔离体（图 3 - 10b），由 $\sum F_n = 0$、$\sum F_\tau = 0$ 及 $\sum M_K = 0$ 可得截面内力：

$$F_{NK} = -\left(\frac{ql}{2} - qx\right)\sin\alpha \qquad (0 \leqslant x \leqslant l) \tag{a}$$

$$F_{QK} = \left(\frac{ql}{2} - qx\right)\cos\alpha \qquad (0 \leqslant x \leqslant l) \tag{b}$$

$$M_K = \frac{ql}{2}x - \frac{q}{2}x^2 \qquad (0 \leqslant x \leqslant l) \tag{c}$$

（3）作内力图。由以上三式可绘出 F_N、F_Q、M 图，如图 3 - 10d、e、f 所示。

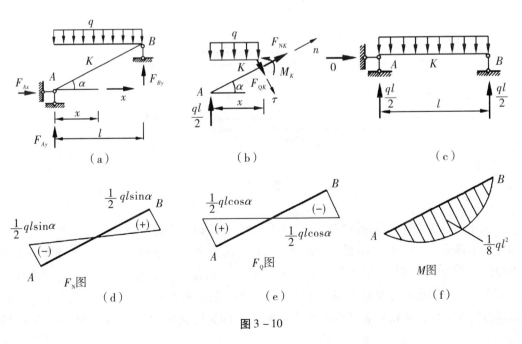

图 3 - 10

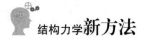

（4）讨论。画出斜梁的相应简支梁（即荷载、跨度均与斜梁相同），如图 3 – 10c 所示，其对应 K 截面的内力表达式为：

$$F_{QK}^0 = \frac{ql}{2} - qx \qquad\qquad (d)$$

$$M_K^0 = \frac{ql}{2}x - \frac{q}{2}x^2 \qquad\qquad (e)$$

将式（d）（e）分别代入式（a）（b）（c）可得：

$$F_{NK} = -F_{QK}^0 \sin\alpha \quad F_{QK} = F_{QK}^0 \cos\alpha \quad M_K = M_K^0 \qquad (f)$$

由式（f）知，在沿水平方向分布的竖向荷载作用下，斜梁的弯矩与相应简支梁的弯矩相等，最大弯矩值位于斜梁中点处，其值为 $ql^2/8$。注意：这里 l 是指斜梁的水平投影长度。式（f）对竖向集中力作用的情况同样适用。

3.2.2 多跨静定梁

多跨静定梁是由若干根梁用铰相联，并用若干支座与基础相联而成的静定结构，在桥梁工程及屋盖的檩条中可以见到。图 3 – 11a 为一公路桥的多跨静定梁，图 3 – 11b 是其计算简图。

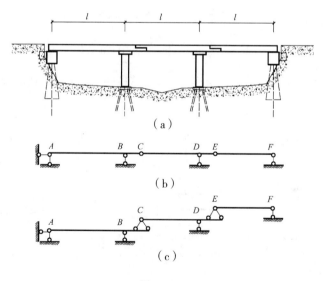

图 3 – 11

从几何组成来看，多跨静定梁有的部分能够与基础独立地维持几何不变性，这部分称为基本部分，如图 3 – 11b 的 AC 部分。而有的部分则必须依赖基本部分才能维持几何不变性，称为附属部分，如图 3 – 11b 中的 CE、EF 部分。为了清晰地显示各部分之间的支承关系，将附属部分与基本部分之间的铰用相应的链杆代替，基本部分画在下层，附属部分画在上层，便得到各杆件的传力关系图，称为层叠图，图 3 – 11c 就是图 3 – 11b

的层叠图。基本部分和附属部分的基本特征是：若附属部分被破坏或撤除，基本部分仍为几何不变体；反之，基本部分被破坏，则与其相联的附属部分必然随之倒塌。

从受力分析来看，当荷载仅作用于基本部分时，只有基本部分受力，附属部分不受影响；当荷载作用于附属部分时，不仅附属部分受力，而且与其相联的基本部分也要受力。由于多跨静定梁的支座反力多于三个，计算时可绘出层叠图，先求出最上层附属部分的支座反力和铰结处约束力（用 F_Q 加铰结点下标表示）；再将该约束力反向作用到与其相联的基本部分上（用 F'_Q 加铰结点下标表示），求出下一层的反力、约束力；直到求出最底层的支座反力。这样，不用解联立方程就能求出全部反力和约束力。这种先附属部分，后基本部分的计算顺序（简称"先附属，后基本"），同样适用于由基本部分和附属部分组成的其他静定结构。

约束力和支座反力求出后，即可按上节方法逐段绘制内力图。

例 3-3 试计算图 3-12a 所示多跨静定梁。

解：（1）作层叠图。AB 部分为基本部分，画在下层。BD、DF 部分均要通过铰与左边部分相联才能维持平衡，依次画在上层，如图 3-12b 所示。

（2）求支座反力。各支座反力假设指向见图 3-12a。梁上只有竖向荷载，由 $\sum F_x = 0$ 可知，支座 A 水平反力 F_{Ax} 及各铰结处水平约束力都为零，故梁轴力为零。按"先附属，后基本"的顺序，由反向为正规律求反力和约束力（各约束力指向均假设向上）。

DF 部分：由 $\sum M_D = 0$，$2F_{Ey} = 20$，即 $F_{Ey} = 10$kN（↑）

由 $\sum F_y = 0$，$F_{QD} = -F_{Ey} = -10$kN（↓）

BD 部分：D 端受 $F'_{QD} = -10$kN（↑）作用，由 $\sum M_B = 0$，求得 $F_{Cy} = -20$kN（↓）

由 $\sum F_y = 0$，$F_{QB} = -F_{Cy} + F'_{QD} = 10$kN（↑）

AB 部分：B 端受 $F'_{QB} = 10$kN（↓）作用，由 $\sum M_A = 0$，$M_A = 5 \times 2 \times 1 + (10 + 10) \times 4 = 90$kN·m（上拉）

由 $\sum F_y = 0$，$F_{Ay} = 5 \times 2 + 10 + 10 = 30$kN（↑）

（3）绘制 F_Q 图。将 F_{Ay} 向右平移，并与遇到的同方向力矢量相加，在力矢移动的轨迹图，按箭尾→箭头→前进方向为顺时针部分标"+"，否则标"-"，即得 F_Q 图，如图 3-12c 所示。

（4）绘制 M 图。将梁分为 AH、HB、BD、DE、EF 五段。取 AH 段为隔离体，由力矩方程求得 $M_H = -40$kN·m；铰结点 B、D 处 $M_B = M_D = 0$；另由 EF 段求得 $M_E = M_F = -20$kN·m。

AH 段为二次曲线，用虚线连接 M_A、M_H 竖标顶点，叠加 5kN/m 作用下的弯矩图。对 HB 段，用实线连接 M_H、M_B 竖标顶点；对 BD 段，直接作出相应简支梁在 F_{Cy} 作用下的弯矩图；对 DE、EF 段，用实线连接 M_D、M_E 和 M_E、M_F 竖标顶点。

多跨静定梁的 M 图如图 3-12d 所示。

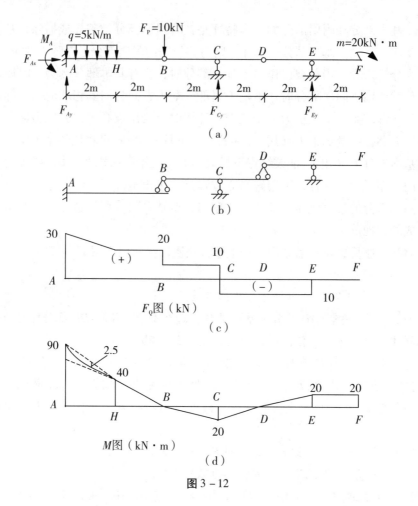

图 3-12

例 3-4　三跨静定梁如图 3-13a 所示，各跨跨度均为 l，受均布荷载 q 作用。①试调整铰 C、D 的位置，使 AB 跨、EF 跨跨中截面正弯矩与支座 B、E 处负弯矩绝对值相等；②计算此时全梁的最大正弯矩。

解：（1）求铰 C、D 的位置。CD 段为附属部分；AC、DF 段为基本部分。设铰 C、D 分别距支座 B、E 为 x，由 CD 段求得 C、D 处约束力为：$F_{QC} = F_{QD} = q(l-2x)/2$（↑），如图 3-13b 所示。$AC$、$DF$ 段荷载、梁长均相同，现取 AC 段求 x 值。

取 BC 段为隔离体，C 点受 $F'_{QC} = q(l-2x)/2$（↓）作用，由 $\sum M_B = 0$ 得：

$$M_B = -qx^2/2 - F'_{QC} \cdot x = -q(l-x)x/2 \tag{a}$$

AB 跨跨中 H 截面的弯矩为（用叠加法求，无须求反力）：

$$M_H = ql^2/8 - |M_B|/2 \tag{b}$$

根据题意要求有：$M_H = |M_B|$

即

$$ql^2/8 - |M_B|/2 = |M_B| \tag{c}$$

由式（c）求得：

$$|M_B| = ql^2/12 \qquad\qquad (d)$$

将式（a）代入式（d）得：

$$ql^2/12 = -q(l-x)x/2 \qquad\qquad (e)$$

求解上式得：

$$x = \frac{3-\sqrt{3}}{6}l = 0.2113l$$

根据 x 值由式（a）求出 M_B，即可绘出梁的 M 图，如图 3 – 13c 所示。

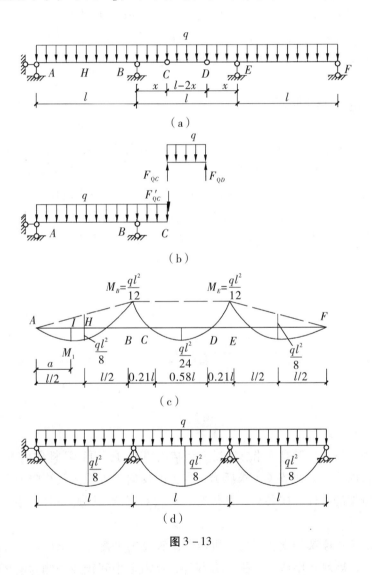

图 3 – 13

（2）求最大弯矩。由图 3 – 13c 可知，CD 段中点截面弯矩为：$ql^2/8 - |M_B|$，而 AB 段中点截面弯矩为：$ql^2/8 - |M_B|/2$，显然 AB 段中点弯矩大于 CD 段中点弯矩。因此，全梁最大正弯矩在 AB 跨内，且该截面（I 处）剪力为零。

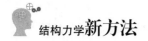

取 AB 段研究，由 $\sum M_B = 0$ 求得 A 支座反力为：

$$F_{Ay} = (ql^2/2 - |M_B|)/l = 5ql/12$$

设截面 I 距离 A 支座为 a，则有 $F_{QI} = F_{Ay} - qa = 5ql/12 - qa = 0$，求得

$$a = 0.4167l$$

于是可得全梁的最大正弯矩为

$$M_I = F_{Ay}a - qa^2/2 = 0.0868ql^2$$

若将 M_I 与图 3-13d 所示三跨简支梁的最大弯矩比较，前者比后者要减少 30.6%，这是因为多跨静定梁中设置了带伸臂梁的基本部分，减小了附属部分 CD 的跨度，同时 B、E 支座处的负弯矩也部分地抵消了基本部分跨中荷载产生的正弯矩。因此多跨静定梁要比相应多跨简支梁省材料，但构造要复杂一些。

3.3　静定平面刚架

刚架是由梁和柱主要用刚结点组成的结构。刚结点把梁和柱刚结在一起，能够增大结构的刚度，使内部空间较大，便于使用。在受力方面，刚结点能够承受和传递弯矩，结构内力分布比较均匀，峰值较小，节约材料。因此，在工程中应用广泛。

常见的静定平面刚架有悬臂刚架（图 3-14a）、简支刚架（图 3-14b）、三铰刚架（图 3-14c）以及由基本部分与附属部分组成的组合刚架（图 3-14d）。

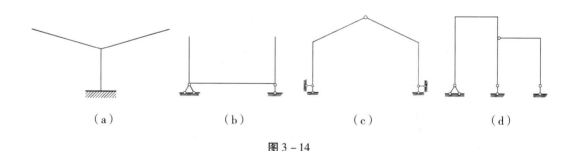

$$（a）\qquad（b）\qquad（c）\qquad（d）$$

图 3-14

对刚架受力分析，一般是先求支座反力和结点约束力，再计算杆件内力、绘内力图，基本方法仍是截面法。前两节关于求反力、内力的反向为正规律及绘内力图的作法也同样适用。由于刚架的杆件方向各异，几何组成也相对复杂，因此，对刚架计算还需要作如下说明。

悬臂刚架、简支刚架的支座反力，可由三个独立的平衡方程求出。三铰刚架有四个支座反力，计算时除利用整体三个平衡方程外，还需取中间铰任一侧为隔离体，列出力矩平衡方程。计算组合刚架的反力，应遵循"先附属，后基本"的顺序。

刚架杆件内力有轴力 F_N、剪力 F_Q、弯矩 M。为了明确内力所在截面的位置，在内力符号后面引用两个脚标：第一个表示内力所在截面，第二个表示该截面所属杆件的另一

端。内力正负号规定：轴力以使截面受拉为正；剪力以绕截面顺时针转动为正；弯矩以使水平杆、斜杆下侧纤维受拉为正，竖杆右侧纤维受拉为正。

刚架 M 图用区段叠加法绘制。F_N 图则根据杆端轴力值绘出。F_Q 图用力矢平移绘制，即从箭尾→箭头→平移前进方向为顺时针区段标"＋"号，逆时针区段标"－"号。此外，斜杆上有荷载作用时，F_Q 值可由杆端内力及杆件荷载列出平衡方程计算并绘图。

F_Q、F_N 图可绘在杆件任一侧，但要注明正负号；M 图绘在杆件纤维受拉一侧，不必标正负号。

例 3 - 5　试计算图 3 - 15a 所示简支刚架，绘制内力图。

解：（1）求反力。支座反力假设指向如图 3 - 15a 所示。

由 $\sum F_x = 0$，$F_{Ax} = 5 \times 4 + 10 = 30 \text{kN}$（←）

用 $\sum M_A = 0$，$4 \times F_{By} = 5 \times 4 \times 2 + 10 \times 6 + 10$，求得 $F_{By} = 27.5 \text{kN}$（↑）

由 $\sum F_y = 0$，$F_{Ay} = -F_{By} = -27.5 \text{kN}$（↓）

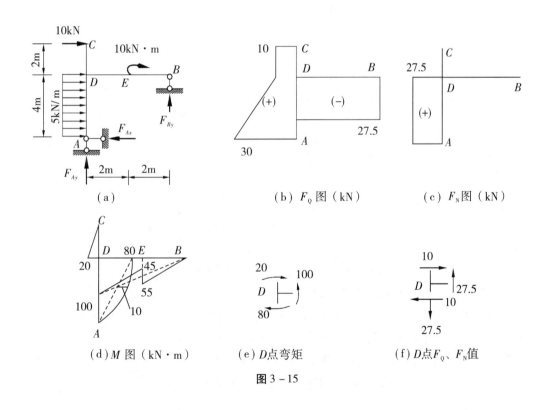

图 3 - 15

（2）绘 F_Q 图。

AC 杆，将 F_{Ax} 向上平移；在 AD 段与均布力矢量相加、C 点与 10kN 叠加；力矢平移时箭尾→箭头→前进方向为顺时针转，在轨迹图上标"＋"号。

DB 杆，将 $F_{Ay} = -27.5 \text{kN}$（↓）平移到 D 点然后向右平移；到 E 点（10kN·m），

力矢值不变，到 B 点与 F_{By} 叠加；力矢平移时箭尾→箭头→前进方向为逆时针转，轨迹图上标"−"号。

简支刚架 F_Q 图如图 3 − 15b 所示。

（3）绘 F_N 图。F_N 图与基线平行。由 C、B 点可知，DC 杆、DB 杆 F_N 图为零。对 AD 杆，F_{Ay} 指向向下，截面受拉，大小为 27.5kN，绘出与基线平行的线，标"＋"号，即得 F_N 图（图 3 − 15c）。

（4）绘 M 图。

DC 杆：由截面法求得 $M_{DC} = -20$ kN · m（左拉），$M_{CD} = 0$，将两个弯矩竖标顶点直线相连。

AD 杆：$M_{AD} = 0$，取 AD 杆为隔离体，由截面法求得 $M_{DA} = 80$ kN · m（右拉），将两端弯矩顶点用虚线相连，叠加均布荷载（5kN/m）作用下的弯矩图。

DB 杆：由截面法求得 $M_{DB} = 100$ kN · m（下拉），支座 B 处 $M_{BD} = 0$。用虚线将 M_{DB}、M_{BD} 的竖标顶点相连，叠加集中力偶（10kN · m）作用下的弯矩图。

整个结构的 M 图如图 3 − 15d 所示。

（5）校核。从观察和计算两方面校核，观察校核就是查看内力图规律是否满足。例如集中力作用处 F_Q 图有无突变，M 图有无转折；均布荷载作用区段 F_Q 图是否为斜直线，M 图是否为抛物线；铰结点弯矩是否为零，等等。经观察，各内力图均满足与荷载的微分关系。

计算校核通常是验算刚结点、某杆件或结构某一部分是否满足平衡条件。现取结点 D 验算，各杆端弯矩如图 3 − 15e 所示，求得：$\sum M_D = 100 - 80 - 20 = 0$，满足力矩平衡条件；$D$ 点各杆端 F_Q、F_N 值标于图 3 − 15f，由投影方程求得 $\sum F_x = 10 - 10 = 0$ 及 $\sum F_y = 27.5 - 27.5 = 0$，均满足力投影平衡条件。

例 3 − 6 试作图 3 − 16a 所示三铰刚架的内力图。

解：（1）反力假设指向如图 3 − 16a 所示。取结构整体为隔离体，按反向为正规律计算。

由 $\sum M_A = 0$ 有 $10 \times F_{By} = 6 \times 5 \times 7.5$，求得：$F_{By} = 22.5$ kN（↑）

由 $\sum F_y = 0$ 有 $F_{Ay} = 6 \times 5 - F_{By} = 7.5$ kN（↑）

取 AC 部分为隔离体，由 $\sum M_C = 0$ 有：$6 \times F_{Ax} = 5 \times 7.5$，即 $F_{Ax} = 6.25$ kN（→）

考虑结构整体平衡，由 $\sum F_x = 0$ 求得：$F_{Bx} = 6.25$ kN（←）

为方便绘制斜杆 CE 的内力图，再取 BC 部分为隔离体，由 $\sum F_x = 0$、$\sum F_y = 0$ 求得：
$$F_{Cx} = 6.25\text{kN （→）}, \quad F_{Cy} = 7.5\text{kN （↑）}$$

（2）绘 F_Q 图。

竖杆 AD：将 F_{Ax} 向上平移，箭尾→箭头→前进方向为逆时针转，力矢平移轨迹图标"−"号。

竖杆 BE：将 F_{Bx} 向上平移，箭尾→箭头→前进方向为顺时针转，力矢平移轨迹图标"＋"号。

斜杆 DC：取 AD 杆为隔离体（图 3 – 16e），由投影方程有：

$$F_{QDC} = F_{Ay}\cos\alpha - F_{Ax}\sin\alpha = 7.5\cos\alpha - 6.25\sin\alpha$$

注意到 $\sin\alpha = 0.371$，$\cos\alpha = 0.928$，上式可得：$F_{QDC} = 4.64\text{kN}$，即 DC 杆 F_Q 图为正。

斜杆 CE：F_Q 图为斜直线，需求两个截面剪力。由铰 C 约束反力在杆件截面方向投影可得：

$$F_{QCE} = F_{Cy}\cos\alpha + F_{Cx}\sin\alpha = 7.5 \times 0.928 + 6.25 \times 0.371 = 9.28\text{kN}$$

取 BE 杆为隔离体（图 3 – 16f），由投影方程有：

$$F_{QEC} = -F_{By}\cos\alpha + F_{Bx}\sin\alpha = -18.56\text{kN}$$

将 F_{QCE}、F_{QEC} 标在基线两端，用直线相连，即得 CE 杆剪力图。

整个刚架的 F_Q 图如图 3 – 16b 所示。

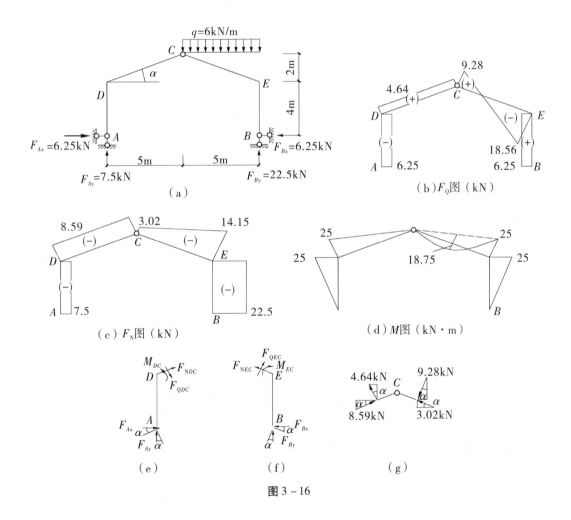

图 3 – 16

（3）作轴力图。斜杆 CE 有 q 作用，F_N 图为斜直线，其余杆 F_N 图与基线平行。

AD 杆：F_{Ay} 指向截面 A，$F_N = -7.5\text{kN}$（压力）

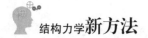

BE 杆：F_{By} 指向截面 B，$F_N = -22.5 \text{kN}$（压力）

DC 杆：取 AD 杆为隔离体（图 3－16e），由截面法求得：

$$F_{NDC} = -F_{Ax}\cos\alpha - F_{Ay}\sin\alpha = -8.59 \text{kN （压力）}$$

CE 杆：由铰 C 约束反力在杆件轴线方向投影求得：

$$F_{NCE} = F_{Cy}\sin\alpha - F_{Cx}\cos\alpha = 7.5 \times 0.371 - 6.25 \times 0.928 = -3.02 \text{kN （压力）}$$

再取 BE 杆为隔离体（图 3－16f），由截面法求得：

$$F_{NEC} = -F_{By}\sin\alpha - F_{Bx}\cos\alpha = -14.15 \text{kN （压力）}$$

将各杆杆端轴力标于基线上，顶点用直线相连即得 F_N 图，如图 3－16c 所示。

（4）作弯矩图。AD、DC、BE 杆 M 图均为直线。已知 $M_{AD} = M_{CD} = M_{BE} = 0$，由截面法求得 $M_{DA} = -25 \text{kN·m}$（左拉），$M_{DC} = -25 \text{kN·m}$（上拉），$M_{EB} = 25 \text{kN·m}$（右拉）。

将以上弯矩标在相应杆端，各杆件两端竖标顶点用直线相连。

CE 杆 M 图为抛物线，已知 $M_{CE} = 0$，由结点 E 力矩平衡可知 $M_{EC} = -25 \text{kN·m}$（上拉），用虚线连接 M_{CE} 与 M_{EC} 竖标顶点，再叠加 q 作用下的弯矩图，中点弯矩为：

$$\frac{6 \times 5^2}{8} - \frac{25}{2} = 6.25 \text{kN·m （下拉）}$$

整个刚架的 M 图如图 3－16d 所示。

（5）校核。观察 M 图可知，各杆均满足弯矩与荷载的微分关系。

计算校核结点 C 是否满足投影方程。将图 3－16b、c 中的 F_{QCD}、F_{NCD}、F_{QCE}、F_{NCE} 标于结点 C（图 3－16g），将它们代入投影方程 $\sum F_x = 0$、$\sum F_y = 0$，可知均满足平衡条件。

例 3－7 试作图 3－17a 所示组合刚架的弯矩图。

解： 刚架 $ACDB$ 为基本部分，两侧为附属部分。按"先附属，后基本"的顺序绘 M 图。

EFG 部分：对 EF 杆，$M_{EF} = 0$，由截面法求得 $M_{FE} = -18 \text{kN·m}$（左拉），将 M_{EF}、M_{FE} 竖标顶点连线，再叠加均布荷载（4kN/m）作用下的弯矩图。

对 FG 杆，$M_{GF} = 0$，由刚结点性质可知，$M_{FG} = M_{FE} = -18 \text{kN·m}$（上拉），将 M_{FG}、M_{GF} 竖标顶点直接相连。

HIJ 部分：对 IJ 杆，区段无横向力，弯矩图为零。

对 HI 杆，$M_{HI} = 0$，$M_{IH} = M_{IJ} = 0$，直接绘出 HI 杆在均布荷载（4kN/m）作用下的弯矩图。

ACDB 部分：EFG 部分通过 G 点作用于 AC 杆的水平力 $F_{Gx} = 12 \text{kN}$（→），C 点受水平力 10kN 作用，由 $\sum F_x = 0$ 求得 $F_{Ax} = -22 \text{kN}$（←），$M_{AC} = 0$，由截面法求得 $M_{GA} = 66 \text{kN·m}$（右拉）、$M_{CA} = 86 \text{kN·m}$（右拉），将 M_{AC}、M_{GA}、M_{CA} 竖标顶点依次用直接相连。

对 BD 杆，杆件无横向力，弯矩图为零。

对 CD 杆，C 点为刚结点，有 $M_{CD} = M_{CA} = 86 \text{kN·m}$（下拉），$D$ 点受力偶 20kN·m 作

用，有 $M_{DC}=20\text{kN}\cdot\text{m}$（上拉），杆件无横向力，将两端弯矩竖标顶点直接连线。

整个刚架 M 图如图 3-17b 所示。

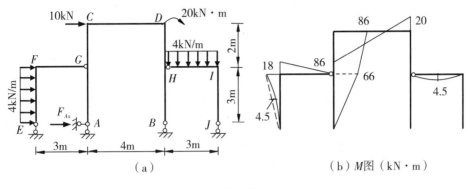

（a）

（b）M图（kN·m）

图 3-17

3.4　静定平面桁架

3.4.1　桁架的基本概念

桁架结构在土木工程中应用非常广泛，房屋中的屋架、钢桁架桥、施工支架等都是桁架结构的工程实例。图 3-18a 所示为一钢筋混凝土屋架示意图，图 3-18b 是其计算简图。

（a）　　　　　　　　　　　（b）

图 3-18

为了简化计算，又能反映桁架结构的主要受力特征，通常对实际桁架的计算简图采用如下假定：

（1）各杆联结的结点都是绝对光滑且无摩擦的理想铰；

（2）各杆轴线都是直线，并在同一平面内且通过铰结点中心；

（3）荷载和支座反力都作用在结点上，并位于桁架平面内。

符合上述假定的桁架，称为理想平面桁架。可见，理想平面桁架是由同一平面内若干直杆在其两端用铰联结而成的几何不变体系。

在理想桁架中，各杆均为两端铰结的直杆，在结点荷载作用下，杆件内力只有轴力，截面应力分布均匀且能同时达到极限值，材料得到充分利用。与截面应力不均匀的梁相

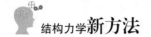

比，桁架可节省用料、减轻自重，并能跨越更大的跨度。

实际桁架与理想桁架并不完全相同。首先，实际桁架的结点是各杆由铆接、焊接或螺栓联结而成，具有一定的刚性，各杆之间不可能像理想铰那样毫无摩擦地自由转动；其次，各杆轴线也不可能绝对平直，在结点处也不是完全相交于一点；再次，在自重、风荷载等非结点荷载作用下，杆件还会产生弯曲应力，等等。这些都使实际桁架的内力与理想情况求得的内力有一定误差。通常把按理想桁架求出的内力（杆件轴力）称为主内力，与之相应的应力称为主应力；而把上述因素引起的内力（主要是弯矩）称为次内力，与之相应的应力称为次应力。理论分析和实验表明，当杆件长细比 $l/r > 100$ 时，次应力可忽略不计。对于必须考虑次应力的桁架，可将其各结点视作刚结点，与刚架一样采用矩阵位移法计算。本节只讨论以理想桁架为计算简图的内力计算。

桁架各杆按照所在位置，分为弦杆和腹杆。桁架上下边缘的杆件称为弦杆，上边缘为上弦杆，下边缘为下弦杆。上下弦杆之间的杆件称为腹杆，腹杆又分为斜杆和竖杆。弦杆上相邻两结点间的区间称为节间，其间距 d 称为节间长度。两支座间的水平距离 l 称为跨度。支座连线至桁架最高点的距离 H 称为桁高，如图 3-19 所示。

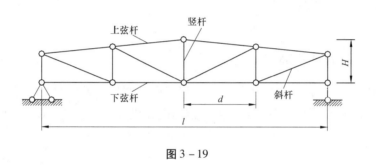

图 3-19

按照不同的特征，静定平面桁架分类如下：

（1）按照桁架外形，可分为平行弦桁架、折弦桁架和三角形桁架（图 3-20a、b、c）。

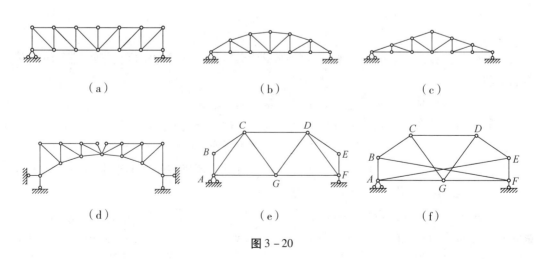

（a）　　　　　　　（b）　　　　　　　（c）

（d）　　　　　　　（e）　　　　　　　（f）

图 3-20

（2）按照在竖向荷载作用下有无水平支座反力（又称水平推力），可分为梁式桁架，又称无推力桁架（图 3 - 20a、b、c）和拱式桁架，又称有推力桁架（图 3 - 20d）。

（3）按照几何组成方式，可分为简单桁架，它是由基础或一个基本铰结三角形开始，依次增加二元体所组成的桁架（图 3 - 20a、b、c）；联合桁架，它是由几个简单桁架按几何不变体系的基本组成规则所联成的桁架（图 3 - 20d、e）；复杂桁架，它是不属于上述两类桁架的其他静定桁架（图 3 - 20f）。

静定桁架的支座反力计算与梁和刚架的支座反力计算相同。桁架杆件内力只有轴力，规定以受拉为正。计算内力可选取桁架某一部分为隔离体，然后列出含有杆件未知内力的平衡方程并求解。如果只选取一个结点为隔离体，则称为结点法（也可称为单结点法）；如果隔离体包含两个或两个以上的结点，则称为截面法（也可称为多结点法）。

3.4.2 结点法

在结点荷载作用下，取桁架一个结点为隔离体时，隔离体上的力是一平面汇交力系，可以列出两个独立的平衡方程。因此，用结点法一次只能求两个杆件的内力。设 j、b、r 依次代表桁架的结点数、杆件数、支座链杆数，由静定桁架的计算自由度可有 $2j = b + r$，即方程式数目等于未知力数目，故所有内力及反力总可以用结点法求出。由几何组成分析可知，简单桁架是从基本铰结三角形开始，

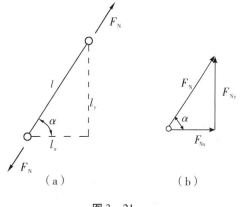

图 3 - 21

依次增加二元体组成的。如果按照与几何组成相反的顺序，从最后一个结点开始，用结点法一个结点一个结点地倒算回去，这样，每个结点的未知力都不会超过两个，也就能求出所有杆件内力，从而避免求解结点间的联立方程。计算时，假定杆件受拉，若计算结果为正，则为拉力，反之为压力。

为方便计算，常需要把斜杆的轴力 F_N 分解为水平分力 F_{Nx} 和竖向分力 F_{Ny}。设斜杆长度为 l，其水平和竖向投影长度分别为 l_x 和 l_y，则 F_N、F_{Nx}、F_{Ny} 与 l、l_x、l_y 分别构成两个相似三角形（图 3 - 21），由相似比可有：

$$F_N/l = F_{Nx}/l_x = F_{Ny}/l_y \qquad (3-3)$$

式中，F_N、F_{Nx}、F_{Ny} 只有一个是独立的，任知其一，便可求出其余两个。

例 3 - 8 试用结点法计算图 3 - 22a 所示桁架各杆内力。

解：（1）求支座反力。由整体平衡条件 $\sum F_y = 0$、$\sum M_A = 0$ 及 $\sum F_x = 0$ 求得：

$F_{Ay} = 36kN$（↑）　$F_{Bx} = -96kN$（←）　$F_{Ax} = -F_{Bx} = 96kN$（→）

（2）求各杆内力。从 G 点开始，依次取结点 G、E、F、D、C 为隔离体，每次未知力都不超过两个。

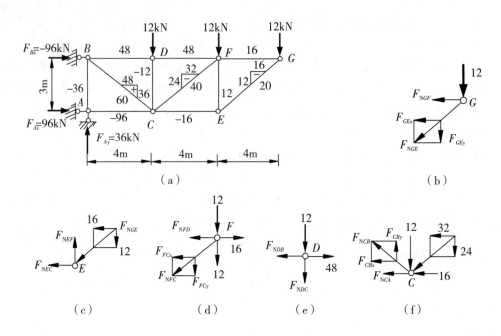

图 3 – 22

结点 G：隔离体见图 3 – 22b，假定杆件受拉（拉力方向背离结点），由 $\sum F_y = 0$ 得：

$$F_{GEy} = -12\text{kN}$$

利用式（3 – 3）的比例关系，由 $F_{GEy} : F_{GEx} : F_{NGE} = 3 : 4 : 5$，求得：

$$F_{GEx} = -12 \times 4/3 = -16\text{kN} \qquad F_{NGE} = -12 \times 5/3 = -20\text{kN（压力）}$$

由 $\sum F_x = 0$ 得：$F_{NGF} = -F_{GEx} = 16\text{kN}$（拉力）

结点 E：隔离体见图 3 – 22c。为避免混乱，将已求出的 GE 杆内力按实际方向画出，不标正负号，只标数值，正内力方向背离结点，负内力方向指向结点。以后求出的杆件内力也照此处理。

由 $\sum F_x = 0$ 得：$F_{NEC} = -16\text{kN}$（压力）

由 $\sum F_y = 0$ 得：$F_{NEF} = 12\text{kN}$（拉力）

结点 F：图 3 – 22d 为隔离体图，由 $\sum F_y = 0$ 有 $F_{FCy} = -24\text{kN}$

利用式（3 – 3）求得：$F_{FCx} = -32\text{kN}$，$F_{NFC} = -40\text{kN}$（压力）

由 $\sum F_x = 0$ 得：$F_{NFD} = 16 - F_{FCx} = 48\text{kN}$（拉力）

结点 D、C：隔离体如图 3 – 22e、f 所示。用与以上相同的作法，可得：

$$F_{NDB} = 48\text{kN（拉力）} \qquad F_{NDC} = -12\text{kN（压力）}$$

$$F_{NCB} = 60\text{kN（拉力）} \qquad F_{NCA} = -96\text{kN（压力）}$$

再取结点 A 为隔离体，此时只有一个未知力 F_{NAB}，由 $\sum F_y = 0$ 求得：

$$F_{NAB} = -36\text{kN（压力）}$$

最后将各杆内力标在杆件旁，如图 3 – 22a 所示。

（3）校核。对受力简单的结点，如结点 D、G，可由观察校核是否满足平衡条件；对受力复杂的结点，可通过计算校核，例如取结点 C 验算，结果满足平衡条件。

本例也可以按 A、B、D、C、E、F 的顺序计算。

熟悉结点法后，对杆件几何关系简单的情况，可直接对照计算简图求轴力，而无须绘结点隔离体图。例如本例，各斜杆长与水平投影、竖向投影之比值均为 $5:4:3$，此比值也是杆件轴力与水平、竖向分力之比。从 G 点开始，由斜杆 $F_{GEy} = -12\text{kN}$，按比值关系求得 $F_{GEx} = -16\text{kN}$，$F_{NGE} = -20\text{kN}$，将各值像图 $3-22a$ 那样标于杆旁。然后将 F_{GEx}、F_{GEy} 作用到 E 点，可心算求出 F_{NEC}、F_{NEF}。接下来将 F_{NEF} 作用到 F 点，由 $\sum F_y = 0$ 求得 $F_{FCy} = -24\text{kN}$，由比值求得 $F_{FCx} = -32\text{kN}$，$F_{NFC} = -40\text{kN}$，由 $\sum F_x = 0$ 求得 $F_{NFD} = 48\text{kN}$，将它们标于杆旁。如此这般，再按结点 D、C、B 的顺序，可一直求出各杆轴力。

有时某一结点上内力未知的两杆都是斜杆。此时，可采用改变坐标轴方向或者选取适当的矩心求解。如图 $3-23a$ 所示桁架，求出支座反力后，可选结点 A 为隔离体，取 x 轴与 F_{NAD} 垂直（图 $3-23b$），由 $\sum F_x = 0$ 求 F_{NAC}。还可用更简便的作法：取 D 点为矩心，将 F_{NAC} 在 C 点分解为 F_{ACx} 和 F_{ACy}（图 $3-23c$），由 $\sum M_D = 0$ 求出 $F_{ACx} = -F_\text{P}a/c$，再由几何关系求出 F_{NAC}。类似地，将 F_{NAD} 在 D 点分解，由 $\sum M_C = 0$ 可求出 $F_{ADx} = F_\text{P}a/c$，进而可得 F_{NAD}。

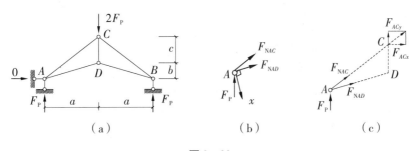

（a）　　　　　　　（b）　　　　　　　（c）

图 3-23

值得指出的是，桁架中有些特殊结点，根据汇交力系的平衡条件，不必计算就可以判断出杆件内力的特征，从而使计算大为简化。说明如下：

（1）L 形结点（两杆结点）。不共线的两杆相交的结点上无荷载时（图 $3-24a$），两杆内力均为零。

（2）T 形结点（三杆结点）。三杆汇交的结点上无荷载且有两杆在同一直线上时（图 $3-24b$），则共线的两杆内力大小相等、性质相同（同为拉力或压力），第三杆内力为零。

（3）X 形结点（四杆结点）。四杆汇交的结点上无荷载且四个杆件两两共线时（图 $3-24c$），则每一个共线的两杆内力大小相等、性质相同。

（4）K 形结点（四杆结点）。四杆汇交的结点无荷载，其中两杆共线，另两杆在直线的同一侧且与直线的夹角相等。若共线的两杆轴力相等、性质相同，则不共线的两杆内

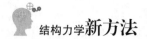

力为零；若共线的两杆轴力不等（图 3–24d），则不共线的两杆内力大小相等、性质相反（一个拉力、一个压力）。

以上结论均可用投影方程证明。例如图 3–24b 所示结点，取 x 轴与 F_{N1}、F_{N2} 重合，则由 $\sum F_y = 0$ 可得 $F_{N3} = 0$，由 $\sum F_x = 0$ 可得 $F_{N1} = F_{N2}$。

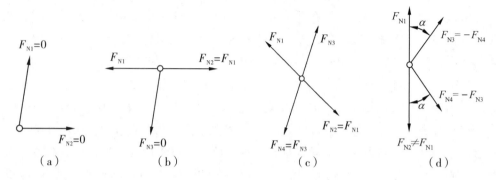

图 3–24

通常将桁架中内力为零的杆件称为零杆。在桁架内力分析时，某个结点的受力（包括结点荷载和杆件轴力）只要符合上述四种情形之一，不必计算就能直接判断出杆件的内力特征。例如图 3–25a 所示桁架在图示荷载作用下，按 T 形结点可判定标有 "0" 的杆件轴力皆为零，AD、BJ 杆压力均为 F_P。对图 3–25b 所示桁架，按 L 形结点、T 形结点判断，同样可知杆旁有 "0" 的杆件是零杆。

需要指出，尽管静定桁架在某一给定荷载作用下，有些杆件轴力为零，但这些杆件对保证结构几何不变却必不可少。

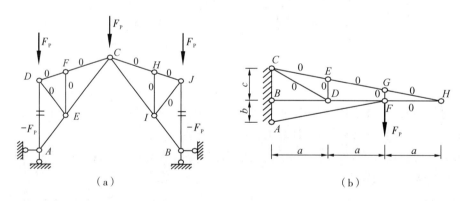

图 3–25

3.4.3 截面法

截面法是用一个适当的截面（平面或曲面）截取桁架两个或两个以上的结点为隔离体，再由平衡条件计算杆件内力。一般情况下，作用于隔离体上的各力属于平面一般力系，因此，用截面法能够求出不多于三个杆件的未知力。为了避免联立求解，使用截面法应适当选择力矩方程或投影方程，以使每个方程只含一个未知力。

截面法适用于计算联合桁架以及简单桁架只求少数杆件内力的情况。例如，对图 3 - 26 所示联合桁架，若用结点法将会遇到未知力超过两个的结点而无法计算，而用截面法，取 I-I 截面任一侧为隔离体，由 $\sum M_C = 0$ 求出 DE 杆轴力，其余杆件内力便不难求得。又如，图 3 - 27a 所示简单桁架，若只求 a、b、c 三杆内力，用结点法要取 6 个结点计算，而用截面法，先取 I-I 截面之左为隔离体（图 3 - 27b），由 $\sum M_D = 0$，$\sum F_y = 0$，求得 a、b 杆内力；再取 II-II 截面之左部分（图 3 - 27c），由 $\sum F_y = 0$ 可求出 c 杆内力，显然计算简便。

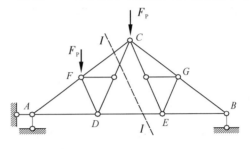

图 3 - 26

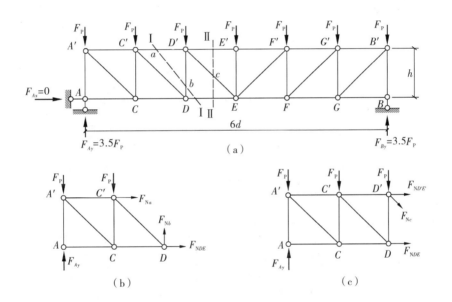

图 3 - 27

有时，选取的隔离体上杆件未知力数多于 3 个，但只要除了欲求内力的杆件之外，其余各杆均能汇交于一点或全平行，则欲求的杆件内力仍可求出。例如图 3 - 28a 所示桁架，截面 I-I 截断五根杆件，若只求 a 杆内力，由于所截其余杆件均汇交于 C 点，可由 $\sum M_C = 0$ 计算之。又如图 3 - 28b 所示桁架，求 b 杆内力时，可作 I-I 截面（截断 4 根），取截面以上部分为隔离体，由 $\sum F_x = 0$ 求出。

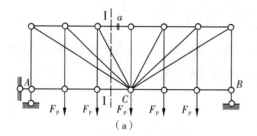

图 3-28

例 3-9　试用截面法计算图 3-29a 所示桁架指定杆件的内力。

解：（1）求反力。由结构整体平衡条件 $\sum F_x = 0$、$\sum M_B = 0$、$\sum F_y = 0$ 求得：

$$F_{Ax} = 0 \quad F_{Ay} = 8F_P/24 = F_P/3 \ (\uparrow) \quad F_{By} = 2F_P/3 \ (\uparrow)$$

（2）求 a 杆内力。取 I-I 截面之左为隔离体（图 3-29b），除 a 杆外，其余被截断三杆相交于 G 点，由 $\sum M_G = 0$ 得：

$$F_{Na} = -4F_P/9 \ (压力)$$

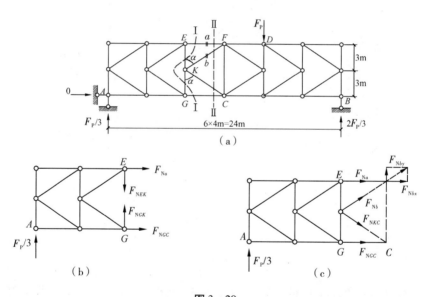

图 3-29

（3）求 b 杆内力。取 II-II 截面之左为隔离体（图 3-29c）。F_{Na} 已知，除 b 杆外，其余被截两杆交于 C 点，将 F_{Nb} 在其作用线的 F 点分解为水平、竖向分力，由 $\sum M_C = 0$ 得：

$$6F_{Nbx} = -6F_{Na} - 12F_{Ay}$$

求得：

$$F_{Nbx} = -2F_P/9$$

再由比例关系知：

$$F_{Nb} = -5F_P/18 \ (压力)$$

3.4.4　结点法和截面法联合应用

结点法和截面法是计算桁架内力的两种基本方法。联合使用这两种方法，可以更快地求出桁架各杆内力。

例 3-10　试计算图 3-30 所示联合桁架各杆内力。

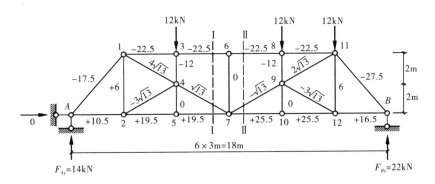

图 3-30

解：（1）求反力。取桁架整体为隔离体，支座反力假设方向如图 3-30 所示。由观察可知，$F_{Ax} = 0$。

由 $\sum M_B = 0$ 有 $18 F_{Ay} = 12 \times (4 \times 3 + 2 \times 3 + 3)$，即 $F_{Ay} = 14 \text{kN}$（↑）

由 $\sum F_y = 0$ 有 $F_{By} = 3 \times 12 - 14 = 22 \text{kN}$（↑）

（2）由特殊结点判断杆件内力。结点 5、6、10 为 T 形结点，杆件 4-5、6-7、9-10 为零杆；结点 3、8 符合 X 形结点，杆件 3-4、8-9 受压，压力为 12kN。

（3）用结点法。取结点 A 为隔离体，利用斜杆轴力与分力的比值求得：

$F_{NA-1} = -14 \times 5/4 = -17.5 \text{kN}$（压力）　　$F_{NA-2} = 17.5 \times 3/5 = 10.5 \text{kN}$（拉力）

同样，由结点 B 可求得：$F_{NB-11} = -27.5 \text{kN}$（压力），$F_{NB-12} = 16.5 \text{kN}$（拉力）

（4）用截面法。取 I-I 截面以左部分，由 $\sum M_7 = 0$、$\sum M_1 = 0$ 可得：

$$4 F_{N3-6} = 12 \times 3 - 14 \times 9，即 F_{N3-6} = -22.5 \text{kN}（压力）$$

$$4 F_{N5-7} = 12 \times 3 + 14 \times 3，即 F_{N5-7} = 19.5 \text{kN}（拉力）$$

由 $\sum F_y = 0$ 求得 $F_{4-7y} = 2 \text{kN}$，再由比例关系得：$F_{N4-7} = \sqrt{13} \text{kN}$（拉力）

取 II-II 截面之右为隔离体，以结点 11 为矩心，由 $\sum M_{11} = 0$ 求得：

$$4 F_{N7-10} = (12 + 22) \times 3，即 F_{N7-10} = 25.5 \text{kN}（拉力）$$

（5）由特殊结点判断杆件内力。由结点 3、6、8 可判断出：

$$F_{N1-3} = F_{N6-8} = F_{N8-11} = -22.5 \text{kN}（压力）$$

由结点 5、10 可判断出：

$$F_{N2-5} = 19.5 \text{kN}（拉力）　　F_{N10-12} = 25.5 \text{kN}（拉力）$$

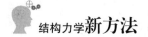

结点 7 为 K 形结点，由于共线的两杆轴力不等，因而有：

$$F_{N7-9} = -F_{N4-7} = -\sqrt{13}\ kN\ （压力）$$

（6）杆件 1-2、1-4、2-4 和杆件 9-11、9-12、11-12 的轴力可用结点法求出，不再赘述。

将各杆内力标于杆旁，如图 3-30 所示。

（7）校核。取结点 4 验算：

由 $\sum F_x = 0$ 有 $F_{1-4x} + F_{2-4x} + F_{4-7x} = (4\sqrt{13} - 3\sqrt{13} - \sqrt{13}) \times \dfrac{3}{\sqrt{13}} = 0$

由 $\sum F_y = 0$ 有 $F_{1-4y} + F_{2-4y} + F_{4-7y} + F_{N3-4} = (4\sqrt{13} + 3\sqrt{13} - \sqrt{13}) \times \dfrac{2}{\sqrt{13}} - 12 = 0$

均满足平衡条件。

3.4.5 各式桁架受力性能的比较

不同外形的桁架，对内力分布和构造影响很大，适用场合亦各不相同。了解不同形式桁架的内力分布、构造及应用范围，对设计时合理选用桁架很有帮助。

图 3-31a、b、c 所示为三种常用的梁式桁架：三角形桁架、平行弦桁架、抛物线形桁架，跨度均为 l，在上弦承受相同的均布荷载 $q=6/l$（图中已化为等效结点荷载），各杆内力示于杆旁，现比较它们的受力性能。为方便起见，对腹杆轴力的变化用投影方程说明；对弦杆内力的变化用根据力矩方程得到的统一计算公式（3-4）说明。

$$F_N = \pm M^0/r \tag{3-4}$$

式中，r 是求弦杆内力时的力臂。在图 3-31a、b、c 中 r 为计算第二节间下弦杆内力时的力臂。M^0 是相应简支梁（图 3-31d）与求弦杆内力时的矩心对应截面的弯矩，在均布荷载作用下，$M^0(x) = q(l-x)x/2$，按抛物线规律变化。

在三角形桁架中（图 3-31a），弦杆所对应的内力臂为 $r = 2hx/l$，是由两端向中间按直线规律递增的，力臂 r 的增速比 $M^0(x)$ 快，故弦杆的轴力由两端向中间递减。腹杆的轴力可由投影方程求出，由图 3-31a 可知，轴力是由两端向中间递增的。

在平行弦桁架中（图 3-31b），弦杆的内力臂是一常数（$r=h$），因此弦杆的轴力与 $M^0(x)$ 的变化规律相同，即两端小中间大。由投影方程计算可知，竖杆轴力与斜杆轴力的竖向分量各等于相应简支梁对应节间的剪力，它们均由两端向中间递减。

在抛物线形桁架中（图 3-31c），用力矩方程求下弦杆轴力时，力臂 r 就是矩心处的竖杆长度，由于矩心处对应的 M^0 和力臂 r 由两端向中间都是按抛物线规律变化的，因此由式（3-4）可知，下弦各杆内力大小都相等。同理可知，各上弦杆轴力的水平分量大小也相等。同时因上弦杆倾斜度不大，从而上弦各杆轴力也近似相等。由于下弦杆轴力和上弦杆轴力的水平分量大小相等、方向相反，由 $\sum F_x = 0$ 可知，各斜杆的轴力均为零。竖杆的轴力在上弦结点承受荷载时，由下弦结点的平衡条件可知为零，但在下弦结点承受荷载时等于结点荷载。

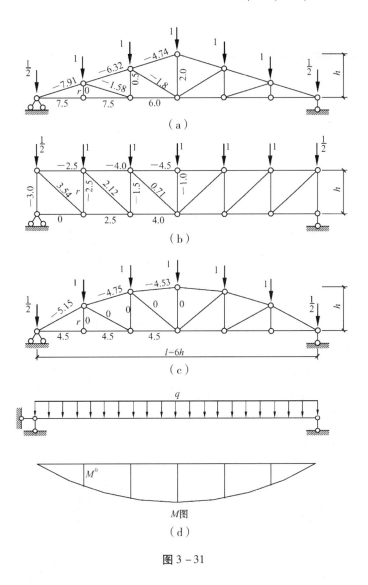

图 3 - 31

根据上述分析，可得结论如下：

（1）三角形桁架的内力分布不均匀，弦杆内力在接近支座处最大。如采用相同的截面，则造成材料浪费；如按内力改变截面，则会增大拼接困难。同时，在两端结点处杆件的夹角甚小、内力很大，使得构造复杂，制作困难。但因其两个斜面符合屋面排水的需要，故在跨度较小的屋盖结构中得到应用。

（2）平行弦桁架的内力分布也不均匀，弦杆内力向跨中增大。若各节间改变截面，则会增大拼接困难；若采用相同的截面，又浪费材料。但它在构造上有许多优点，如所有弦杆、竖杆和斜杆的长度分别相同，有利于标准化，便于构件制作和施工，材料浪费也不大，因而在轻型桁架中（例如厂房中 12m 以上的吊车梁和跨度 50m 以下的桥梁）应用广泛。

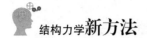

（3）抛物线形桁架的内力分布均匀，材料使用最为经济。但其上弦杆在每一节间的倾角都不同，结点构造复杂，施工不便。不过，在大跨度结构中（例如跨度 100 ~ 150m 的桥梁和 18 ~ 30m 的屋架），节约材料显著，故常被采用。

3.5 三铰拱

3.5.1 基本概念

拱是指杆件轴线为曲线并且在竖向荷载作用下会产生水平反力的结构。这种水平反力指向结构，故又称为水平推力。拱与梁的区别不仅在于杆件轴线的曲直，更重要的是在竖向荷载作用下有无水平推力存在。凡是在竖向荷载作用下能产生水平推力的结构都可称为拱式结构或推力结构。

由于有水平推力，拱的弯矩要比跨度、荷载相同的梁（即相应简支梁）的弯矩小很多，并且主要是承受压力，各截面的应力分布较为均匀。因此，拱比梁节省用料、自重较轻，能够跨越较大的空间；同时，可以用抗拉性能较差而抗压性能较好的砖、石、混凝土等材料来建造，这些是拱的主要优点。拱的支座要承受水平推力，需要有较坚固的基础或支承物，构造较复杂、施工难度大，则是拱的缺点。

工程中常用的单跨拱有无铰拱、两铰拱和三铰拱（图 3 - 32a、b、c），其中，前两种为超静定拱，三铰拱是静定拱。本节只讨论静定拱的计算。

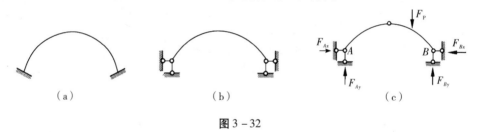

图 3 - 32

在拱结构中，有时在两支座间设置拉杆，用拉杆来承受水平推力，如图 3 - 33a 所示。这种结构在竖向荷载作用下，支座不产生水平反力，但是结构内部的受力与拱并无区别，称为带拉杆的拱。拉杆有时做成折线形式（图 3 - 33b），以便获得较大的净空。

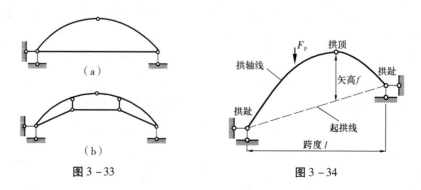

图 3 - 33

图 3 - 34

现以图 3－34 为例说明拱的各部名称。拱的两端支座处称为拱趾，两拱趾的连线称为起拱线，两拱趾间的水平距离 l 称为跨度，两拱趾连线为水平线的拱称为平拱，为斜线的拱称为斜拱，拱身各截面形心的连线称为拱轴线。常用的拱轴线形式有抛物线和圆弧线，有时也采用悬链线。拱轴线最高点称为拱顶，通常在拱顶处设置铰，称为顶铰，又称中间铰。从拱顶到起拱线的竖直距离 f 称为矢高。矢高与跨度之比 f/l 称为高跨比，在工程结构中，高跨比在 0.1～1 之间。

3.5.2　三铰拱的计算

下面通过图 3－35a 所示竖向荷载作用下的平拱，讨论支座反力和内力的计算方法，并与相应简支梁加以比较，说明拱的特性。

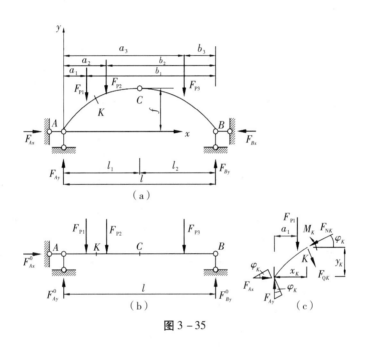

图 3－35

1. 支座反力

三铰拱与基础的联结符合三刚片规则，支座反力共有四个，除了取全拱为隔离体列出三个平衡方程外，还需取左（或右）半拱为隔离体，利用中间铰 C 处弯矩为零的条件，建立 $\sum M_C = 0$ 的平衡方程。

首先考虑拱的整体平衡，由 $\sum M_B = 0$ 及 $\sum M_A = 0$，求得 A、B 支座的竖向反力：

$$F_{Ay} = \sum F_{Pi}b_i/l \tag{a}$$
$$F_{By} = \sum F_{Pi}a_i/l \tag{b}$$

由 $\sum F_x = 0$ 可得：

$$F_{Ax} = F_{Bx} = F_H \tag{c}$$

再取左半拱为隔离体，由 $\sum M_C = 0$ 可得：

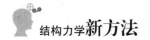

$$F_H = \left[F_{Ay} l_1 - F_{P1}(l_1 - a_1) - F_{P2}(l_1 - a_2) \right] / f \qquad (d)$$

对比图 3 – 35b 可知，式（a）、（b）的右边恰好等于相应简支梁的竖向支座反力 F_{Ay}^0、F_{By}^0，式（d）右边的分子则等于与拱的中间铰相对应的简支梁 C 截面的弯矩 M_C^0。因此，以上各式可写为：

$$F_{Ay} = F_{Ay}^0 ; \quad F_{By} = F_{By}^0 ; \quad F_H = M_C^0 / f \qquad (3-5)$$

式（3 – 5）的第三式表明，推力 F_H 等于相应简支梁 C 截面弯矩 M_C^0 与矢高 f 之比。当荷载和跨度给定时，M_C^0 即为定值，而当中间铰位置确定之后，矢高 f 亦随之给定，此时 F_H 为确定值。可见，水平推力 F_H 只与荷载及三个铰的位置有关，而与各铰之间的拱轴线形状无关。换言之，F_H 只与拱的高跨比 f/l 有关，拱愈陡，f/l 愈大，F_H 愈小；拱愈平坦，f/l 愈小，F_H 就愈大。当 $f = 0$ 时，A、B、C 三个铰将位于同一直线，F_H 趋于 ∞，此时结构成为瞬变体系。

2. 内力

如图 3 – 35c 所示，拱任一横截面 K 的位置可由该截面形心的坐标 x_K、y_K 以及 K 处拱轴切线的倾角 φ_K 确定。截面 K 的内力有弯矩 M_K、剪力 F_{QK}、轴力 F_{NK}。通常规定弯矩以使拱内侧纤维受拉为正；剪力以绕截面顺时针转为正；轴力以压力为正（拱以受压为主）。计算 M_K 时，可取 K 截面以左部分为隔离体，由 $\sum M_K = 0$ 得：

$$M_K = \left[F_{Ay} x_K - F_{P1}(x_K - a_1) \right] - F_H y_K$$

由于 $F_{Ay} = F_{Ay}^0$，故方括号内之值恰等于相应简支梁截面 K 的弯矩 M_K^0，于是有：

$$M_K = M_K^0 - F_H y_K \qquad (3-6)$$

式（3 – 6）表明，拱内任一截面 K 的弯矩 M_K 等于相应简支梁对应截面的弯矩 M_K^0 减去推力引起的弯矩 $F_H y_K$。可见，推力的存在使三铰拱的弯矩比相应简支梁的弯矩要小。

任一截面 K 的剪力 F_{QK} 等于该截面一侧所有外力沿截面方向投影的代数和，由图 3 – 35c 可得：

$$F_{QK} = F_{Ay} \cos\varphi_K - F_{P1} \cos\varphi_K - F_H \sin\varphi_K$$

注意到相应简支梁 K 截面的剪力 $F_{QK}^0 = F_{Ay} - F_{P1}$，上式可改写为：

$$F_{QK} = F_{QK}^0 \cos\varphi_K - F_H \sin\varphi_K \qquad (3-7)$$

式中 φ_K 为 K 截面处拱轴切线的倾角，左半拱为正，右半拱为负。

任一截面 K 的轴力 F_{NK} 等于该截面一侧所有外力沿截面法线方向投影的代数和，由图 3 – 35c 可知：

$$F_{NK} = F_{Ay} \sin\varphi_K - F_{P1} \sin\varphi_K + F_H \cos\varphi_K$$

用 $F_{QK}^0 = F_{Ay} - F_{P1}$ 代入上式得：

$$F_{NK} = F_{QK}^0 \sin\varphi_K + F_H \cos\varphi_K \qquad (3-8)$$

由三个内力表达式可知，内力是截面位置（x_K、y_K、φ_K）的函数，因而也就与拱轴线形状有关。

3. 绘制内力图

绘制拱的内力图，一般以拱轴沿水平方向的投影（即拱的跨度）为基线，并将其划分为若干等份，然后由内力计算式求出各相应截面的内力值，并在基线上按比例用纵标画出，最后用光滑的曲线将各纵标顶点相连。与梁和刚架一样，在集中力偶作用处，弯矩图有突变，在集中力作用处，剪力图、轴力图有突变。绘图时，应分别计算集中力、力偶作用处两侧截面的内力。剪力为零的截面，弯矩将出现极值。利用这些特点，可以快速对内力图进行检查。此外，拱的各截面内力计算烦琐，宜采用 Excel。

　　需要指出，上述反力和内力的计算公式仅适用于在竖向荷载作用下的平拱。对于带拉杆的三铰拱（图 3-33），可由整体三个平衡条件求出支座反力，然后截断拉杆、拆开顶铰，取左半拱或右半拱为隔离体，由 $\sum M_C = 0$ 求出拉杆内力；对于斜拱（图 3-34）或非竖向荷载作用下的平拱，四个支座反力可由整体三个平衡方程和顶铰弯矩为零的条件求出。支座反力及拉杆内力求出后，即可由截面法计算内力。

　　例 3-11　试绘制图 3-36a 所示抛物线三铰拱的内力图。拱轴方程 $y = 4fx(l-x)/l^2$，跨度 $l = 16\text{m}$，矢高 $f = 4\text{m}$。

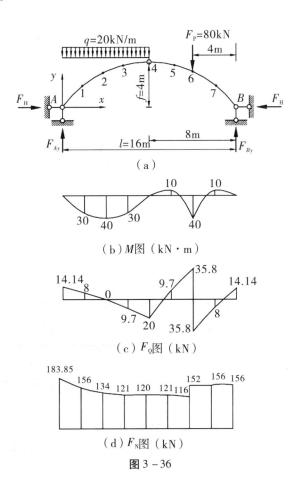

（a）

（b）M 图（kN·m）

（c）F_Q 图（kN）

（d）F_N 图（kN）

图 3-36

解：（1）求支座反力。由公式（3-5）求得：

$$F_{Ay} = F_{Ay}^0 = (20 \times 8 \times 12 + 80 \times 4)/16 = 140\text{kN} \quad (\uparrow)$$

$$F_{By} = F_{By}^0 = 20 \times 8 + 80 - 140 = 100\text{kN} \quad (\uparrow)$$

$$F_{H} = M_C^0/f = (140 \times 8 - 20 \times 8 \times 4)/4 = 120\text{kN}$$

（2）内力计算。将拱跨分为若干等份，本例取 8 等份，每份长 $\Delta x = l/8 = 2\text{m}$。由内力计算式可知，$M$、$F_Q$、$F_N$ 值与 F_H、M^0、F_Q^0、y、$\sin\varphi$、$\cos\varphi$ 有关，其中：

$$F_H = 120\text{kN} \qquad y = x(16-x)/16 \quad (0 \leqslant x \leqslant 16) \qquad y' = (8-x)/8 \quad (0 \leqslant x \leqslant 16)$$

$$\sin\varphi = y'/\sqrt{1+y'^2} \qquad \cos\varphi = 1/\sqrt{1+y'^2}$$

$M^0 = 140x - 10x^2 \; (0 \leqslant x \leqslant 8)$ $\quad M^0 = 640 - 20x \; (8 \leqslant x \leqslant 12)$ $\quad M^0 = 1600 - 100x \; (12 \leqslant x \leqslant 16)$

$F_Q^0 = 140 - 20x \; (0 \leqslant x \leqslant 8)$ $\quad F_Q^0 = -20 \; (8 \leqslant x < 12)$ $\quad F_Q^0 = -100 \; (12 < x \leqslant 16)$

将各分段点的 x 值代入上述表达式，即可由式（3-6）、（3-7）、（3-8）求出 M、F_Q、F_N 值。具体计算见表 3-1。

表 3-1　各截面内力计算表

截面	x	y	y'	$\sin\varphi$	$\cos\varphi$	M^0	F_Q^0	M	F_Q	F_N
0	0	0	1	0.707	0.707	0	140	0	14.142	183.848
1	2	1.75	0.75	0.6	0.8	240	100	30	8	156
2	4	3	0.5	0.447	0.894	400	60	40	0	134.164
3	6	3.75	0.25	0.243	0.97	480	20	30	-9.701	121.268
4	8	4	0	0	1	480	-20	0	-20	120
5	10	3.75	-0.25	-0.243	0.97	440	-20	-10	9.701	121.268
6^L	12	3	-0.5	-0.447	0.894	400	-20	40	35.777	116.276
6^R	12	3	-0.5	-0.447	0.894	400	-100	40	-35.777	152.053
7	14	1.75	-0.75	-0.6	0.8	200	-100	-10	-8	156
8	16	0	-1	-0.707	0.707	0	-100	0	14.142	155.563

比较表 3-1 中 M^0、M 列数值，可知拱截面弯矩 M 比相应简支梁对应截面弯矩 M^0 小很多，可见推力的存在使拱结构弯矩大大减少。

（3）绘制内力图。将等分截面的 M 值竖标在基线上标出，顶点以光滑的曲线相连，即得 M 图（图 3-36b）。相同的作法可得 F_Q 图和 F_N 图，如图 3-36c、d 所示。

注意：截面 6 的 F_Q、F_N 值有突变、M 值有尖点。

3.5.3　三铰拱的合理拱轴线

由前述可知，三铰拱的内力与拱轴线形状有关，若能使拱截面弯矩处处为零（由微段弯矩与剪力的微分关系可知，此时剪力也处处为零），而只有轴力，此时各截面都将处于均匀受压状态，材料将得以充分利用，相应的拱截面尺寸也将最小，因而也是经济、合理的，这样的拱轴线称为合理拱轴线。

设计合理拱轴线的依据就是拱截面弯矩处处为零。对于竖向荷载作用下的三铰平拱，任一截面的弯矩由式（3-6）确定，当拱轴为合理拱轴线时，则有 $M = M^0 - F_H y = 0$，由此得：

$$y = M^0 / F_H \tag{3-9}$$

上式表明，竖向荷载作用下的三铰拱，其合理拱轴线的纵坐标 y 与相应简支梁的弯矩图成正比。因此，当拱三个铰的位置和竖向荷载已知时，只要求出相应简支梁的弯矩方程 M^0，再除以常数 F_H，便是合理拱轴线方程。有时，相应简支梁的弯矩方程无法事先写出，这时可根据合理拱轴弯矩处处为零的条件，列出相应的平衡微分方程，也能获得合理拱轴线。下面结合算例说明。

例3-12　试求图3-37a所示对称三铰拱在均布荷载 q 作用下的合理拱轴线。

解：拱的相应简支梁如图3-37b所示，任意截面弯矩 M^0 为：

$$M^0 = qx(l-x)/2 \tag{a}$$

由式（a）得 $M_C^0 = ql^2/8$，代入式（3-5）第三式求得拱水平推力 F_H 为：

$$F_H = ql^2/8f \tag{b}$$

将上两式代入式（3-9）得：

$$y = M^0 / F_H = 4f(l-x)x/l^2 \tag{c}$$

可见，在竖向荷载作用下，三铰拱的合理拱轴线为二次抛物线。

例3-13　图3-38所示对称三铰拱，矢高 f，跨度 l，承受填料重量的作用，分布荷载集度 $q(x) = q_c + \gamma y$，其中 q_c 为拱顶处的荷载集度，γ 为填料容重。试求拱的合理拱轴线方程。

解：本例拱轴一点处的荷载 $q(x)$ 与拱轴方程 y 有关，但 y 未知，故无法由 $q(x)$ 写出 M^0，

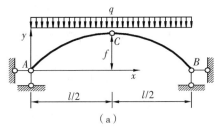
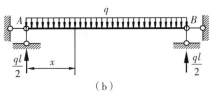

图3-37

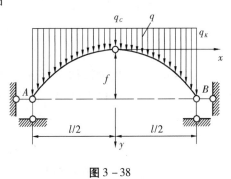

图3-38

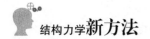

也就无法按式（3-9）获得 y。但是，根据合理拱轴各截面弯矩处处为零的条件，在图 3-38所示坐标系下，式（3-9）可写为：$M = M^0 - F_H(f - y) = 0$，即

$$f - y = M^0 / F_H \tag{a}$$

式（a）对 x 微分两次得：

$$-y'' = \frac{1}{F_H} \frac{d^2 M^0}{dx^2} \tag{b}$$

设 $q(x)$ 以向下为正，由式（3-2a）可知，$\dfrac{d^2 M^0}{dx^2} = -q$，则式（b）可写为：

$$y'' = \frac{q}{F_H} \tag{c}$$

将 $q(x) = q_C + \gamma y$ 代入式（c）得：

$$y'' - \frac{\gamma}{F_H} y = \frac{q_C}{F_H} \tag{d}$$

式（d）就是符合题意要求的合理拱轴线的微分方程。这是一个二阶常系数线性非齐次微分方程，其解可表示为：

$$y = Ach\sqrt{\frac{\gamma}{F_H}}x + Bsh\sqrt{\frac{\gamma}{F_H}}x - \frac{q_C}{\gamma} \tag{e}$$

式中，A、B 为积分常数，根据边界条件，A、B 可确定如下：

由 $x = 0$，$y = 0$ 得：$A = q_C / \gamma$

由 $x = 0$，$y' = 0$ 得：$B = 0$

将 A、B 代入式（e）得：

$$y = \frac{q_C}{\gamma}\left(ch\sqrt{\frac{\gamma}{F_H}}x - 1\right) \tag{f}$$

上式就是填料荷载作用下三铰拱的合理拱轴线方程，它是一条悬链线，又叫双曲线。引入比值 $m = q_K / q_C$，这里，q_K 为拱趾处的荷载集度，$m > 1$。由题意有：$q_K = q_C + \gamma f$。

于是得：
$$m = \frac{q_C + \gamma f}{q_C} \quad \text{或} \quad \frac{q_C}{\gamma} = \frac{f}{m - 1} \tag{g}$$

再引入无量纲自变量 $\xi = \dfrac{x}{l/2}$，并令 $K = \sqrt{\dfrac{\gamma}{F_H}}\dfrac{l}{2}$，则公式（f）可写为：

$$y = \frac{f}{m - 1}(chK\xi - 1) \tag{h}$$

式（h）表示的曲线称为列格氏悬链线。式中 K 与 m 的关系可由下列条件确定：当 $\xi = 1$ 时，$y = f$，由上式可得：$chK = m$。由双曲函数的性质 $sh^2 K = ch^2 K - 1$ 有 $shK = \sqrt{m^2 - 1}$。再由 $shK + chK = e^K$ 得：

$$m + \sqrt{m^2 - 1} = e^K \tag{i}$$

式（i）两边取对数可求得：

$$K = \ln\left(m + \sqrt{m^2 - 1}\right) \tag{j}$$

给定拱顶与拱趾荷载集度之比值 m，由式（j）求出 K，便可由式（h）确定合理拱轴线方程。

例 3 – 14 图 3 – 39a 所示三铰拱全跨承受沿拱轴法线方向的均布压力（例如水平放置的拱承受水的侧压力），试求其合理拱轴线。

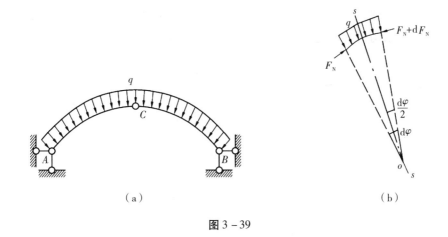

（a）　　　　　　　　　　　　　（b）

图 3 – 39

解： 本题虽不是竖向荷载，但仍可以从拱中任取长度 ds 的微段进行分析。假定拱轴为合理拱轴，则微段两端横截面上弯矩、剪力均为零，在均布荷载 q 和两端截面的轴力 F_N 及 $F_N + dF_N$ 共同作用下，微段处于平衡，如图 3 – 39b 所示。由 $\sum M_o = 0$ 可有：

$$F_N\rho - (F_N + dF_N)\rho = 0 \tag{a}$$

式中 ρ 为微段的曲率半径。由上式得：

$$dF_N = 0 \tag{b}$$

式（b）表明，$F_N =$ 常数。

再列出微段各力沿 $s - s$ 轴的投影方程，可有：

$$2F_N \sin(d\varphi/2) - q\rho d\varphi = 0 \tag{c}$$

由于 $d\varphi$ 角很小，可近似取 $\sin\dfrac{d\varphi}{2} = \dfrac{d\varphi}{2}$，于是式（c）可写为 $F_N - q\rho = 0$，即

$$\rho = F_N/q \tag{d}$$

因 F_N 为常数，q 为均布压力，故 ρ 也为常数。这说明三铰拱在沿拱轴法线方向的均布压力作用下，拱的曲率半径处处相同，其合理拱轴线为圆弧线。

由以上算例可知，合理拱轴的确定与拱上的荷载有关。工程实际中，作用于拱上的荷载是变化的，因此难以获得理想化的合理拱轴，只能是力求所选的拱轴线接近合理拱轴线。

3.6 静定组合结构

组合结构是由只承受轴力的链杆和同时承受弯矩、剪力、轴力的受弯杆件混合组成的结构。在组合结构中，链杆的作用将使受弯杆件的弯矩减小，从而可以节省材料、增加刚度和跨越更大的跨度。当链杆和受弯杆件分别用不同材料制作时，结构构造和材料性能的利用将更合理。图 3 – 40a、b 所示静定组合结构分别为屋架和斜拉桥的计算简图。

对静定组合结构，一般先求支座反力，再计算链杆轴力，最后求受弯杆件的内力。

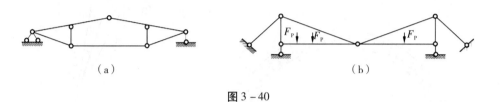

图 3 – 40

例 3 – 15　试计算图 3 – 41a 所示组合结构的内力，绘制内力图。

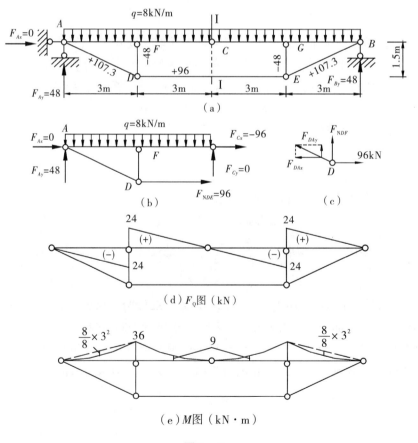

图 3 – 41

解：（1）求反力。取结构整体为隔离体，支座反力假设方向如图 3 - 41a 所示，由平衡条件求得：

$$F_{Ax} = 0 \qquad F_{Ay} = 48\text{kN}（\uparrow） \qquad F_{By} = 48\text{kN}（\uparrow）$$

（2）求链杆的轴力。取 I-I 截面之左为隔离体（图 3 - 41b），由 $\sum M_C = 0$ 求得：

$$F_{NDE} = (48 \times 6 - 8 \times 6 \times 3) / 1.5 = 96\text{kN}（拉力）$$

取结点 D 为隔离体（图 3 - 41c），由 $\sum F_x = 0$ 求得 DA 杆水平分力 $F_{DAx} = 96\text{kN}$。再由比例关系可得：

$$F_{NDA} = F_{DAx} \times \sqrt{3^2 + 1.5^2} / 3 = 107.3\text{kN}（拉力）$$

$$F_{DAy} = F_{DAx} \times 1.5 / 3 = 48\text{kN}$$

再由 $\sum F_y = 0$ 有：

$$F_{NDF} = -F_{ADy} = -48\text{kN}（压力）$$

同样的作法可知：$F_{NEB} = 107.3\text{kN}$（拉力），$F_{NEG} = -48\text{kN}$（压力）。各链杆轴力见图 3 - 41a。

（3）绘剪力图。取图 3 - 41b 所示隔离体，由 $\sum F_y = 0$ 有：$F_{Cy} = 0$

从 C 点开始，将 $F_{Cy} = 0$ 向左边平移边与 q 矢量相加，到 F 点与 F_{NDF} 矢量相加，再与 q 边平移边矢量相加到 A 点；力矢平移时从箭尾→箭头→前进方向为顺时针区段标 " + " 号，逆时针区段标 " - " 号，即得 AC 杆 F_Q 图。同样的作法可绘出 CB 杆 F_Q 图（图 3 - 41d）。

（4）绘弯矩图。取 FC 段为隔离体，已知 C 点 $F_{Cy} = 0$，$M_C = 0$，由 $\sum M_F = 0$ 求得：

$$M_F = -8 \times 3^2 / 2 = -36\text{kN} \cdot \text{m}（上拉）$$

用虚线连接 F、C 点弯矩竖标顶点，叠加荷载 q 作用下的弯矩图，即得 M 图。类似地，可绘出 AF、CG、GB 段 M 图。组合结构的弯矩图见图 3 - 41e。

3.7　静定结构的静力特性

静定结构在静力学方面具有以下特性，它们对了解静定结构的性能和内力计算很有帮助。

1. 静力解答的唯一性

通过本章对各类结构的受力计算可知，静定结构在静力分析方面，对于任一给定的荷载，其全部反力和内力均可由静力平衡条件求出，而且解答是唯一的有限值，这一静力特性称为静定结构解答的唯一性。根据这一特性，在静定结构中，凡是能够满足全部静力平衡条件的解答就是唯一的、真正的解答，且再无任何其他解答。

静力解答的唯一性定理是静定结构最基本的特性，以下几个特性都可以由此推导出。

2. 除荷载作用外，其他任何原因均不会引起静定结构的反力和内力

如图 3 - 42a 所示悬臂梁，在图示温度改变时，将会自由地伸长和弯曲，因而不会产生任何反力和内力。又如图 3 - 42b 所示简支梁，当支座 B 发生沉降时，梁将绕支座 A 自

由转动而随之产生位移，同样不会有任何反力和内力产生。事实上，在上述情况中，均没有荷载作用，即作用于结构上的是零荷载，此时能够满足结构所有各部分平衡条件的只能是零内力和零反力。由静力解答的唯一性可知，这样的内力和反力就是唯一的、真正的解答。由此可以推断，荷载以外其他任何外因，如温度改变、支座移动、制造误差、材料收缩，等等，均不会使静定结构产生反力和内力。

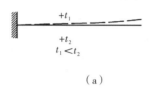 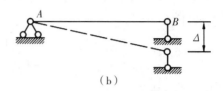

（a） （b）

图 3 –42

3. 平衡力系的影响

平衡力系作用于静定结构的某一几何不变部分时，除该部分受力外，其余部分的反力和内力均为零。

如图 3 –43a 所示刚架，由于附属部分 *BC* 上无荷载，由平衡条件可知，其反力、内力均为零。再以 *AC* 为隔离体，求得 *A* 支座反力也为零，*AD*、*FC* 部分均无外力，内力亦全为零；而 *DEF* 部分由于本身几何不变，故在平衡力系作用下仍能独立地维持平衡，弯矩图如图中阴影所示。又如图 3 –43b 所示桁架，只有几何不变部分 *CDEF*（图中阴影所示）受力，而支座反力和其余部分杆件内力，由平衡条件可求得均等于零。设想其余部分均不受力而将它们去掉，则剩下的部分由于本身是几何不变的，因此在平衡力系作用下，仍能处于平衡状态。这表明，结构上的全部反力和内力都能由静力平衡条件求出。由静力解答的唯一性可知，这样的内力状态必然是唯一正确的解答。

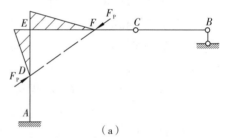

（a）

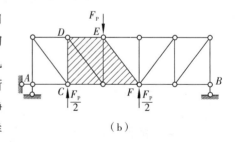

（b）

图 3 –43

4. 荷载等效变换的影响

两种荷载如果合力相同（即主矢及对任一点的主矩相等），则称它们为静力等效荷载。所谓荷载等效变换，就是将一种荷载变换为另一种与其静力等效的荷载。当静定结构某一几何不变部分的荷载作等效变换时，只有该部分的内力发生变化，其余部分内力保持不变。

如图 3 –44a、b 所示静定桁架某一几何不变部分杆件 *AB* 上作用有两种不同但静力等效的荷载 F_{P1} 和 F_{P2}，设其产生的内力分别为 F_1 和 F_2。对比可知，在图 3 –44a 中 *AB* 杆各截面有弯矩，而图 3 - 44b 中 AB 杆各截面弯矩为零，显然 AB 杆内力 $F_1 \neq F_2$。下面再证明桁架除 AB 杆外，其余杆件的内力和支座反力均保持不变，即 $F_1 = F_2$。为此，以荷载 F_{P1} 和 $-F_{P2}$ 共同组成的荷载作用于 AB 杆上（图 3 - 44c）。由于 F_{P1} 和 $-F_{P2}$ 为一组平衡力系，合力等于零。根据上述平衡力系的影响这一特征，图 3 - 44c 中除杆件 AB 以外，其余部分的内力应为 $(F_1 - F_2) = 0$，亦即 $F_1 = F_2$。这就是说，若将 F_{P1} 以其等效荷载 F_{P2} 来代替，只影响几何不变部分杆件 AB 的内力，而其余部分的内力和反力均不变。

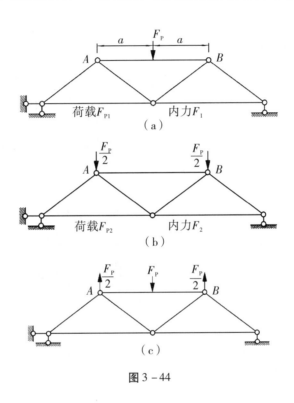

图 3 - 44

第 4 章 结构位移计算——几何法

4.1 概述

4.1.1 结构的位移

结构在荷载作用下将会发生尺寸和形状的改变，这种改变称为变形。相应地，结构上各点位置也将产生移动，亦即位移。如图 4-1a 所示结构，在荷载作用下将产生图中虚线所示的位移，杆端 C 点移到 C'，线段 CC' 称为 C 点的线位移，记为 Δ_C。此位移的水平分量 Δ_{CH} 和竖向分量 Δ_{CV}，分别称为 C 点的水平线位移和竖向线位移。同时，C 截面还转动了一个角度，称为截面 C 的角位移（又称转角），用 φ_C 表示。

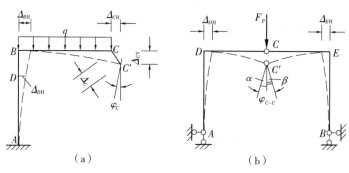

图 4-1

上述线位移和角位移都是某一截面对于地面而言，称为绝对位移。有时需要计算两个截面之间相对位置的改变，称为相对位移。当两个截面位移方向相同时，相对位移等于两截面绝对位移之差；否则为两个截面绝对位移之和。如图 4-1a 中的 B、D 两点，在水平方向的线位移分别为 Δ_{BH} 和 Δ_{DH}，它们方向相同，其相对线位移 $(\Delta_{BD})_H$ 就是两者之差：

$$(\Delta_{BD})_H = \Delta_{BH} - \Delta_{DH}$$

而图 4-1b 所示刚架，D、E 两点的水平线位移方向相反，其相对线位移就是这两个绝对线位移 Δ_{DH} 和 Δ_{EH} 之和：

$$(\Delta_{DE})_H = \Delta_{DH} + \Delta_{EH}$$

同样可知，在图 4-1b 中，铰 C 两侧截面的相对角位移（即相对转角）则为：

$$\varphi_{C-C} = \alpha + \beta$$

除荷载作用外，温度变化、支座移动、材料收缩、制造误差等都会使结构产生位移。

4.1.2　计算位移的目的

结构的位移计算在工程中具有重要的意义，概括地说有以下几方面的用途：

（1）验算结构的刚度。验算结构的刚度就是检验结构变形是否符合使用要求。例如桥梁中梁的挠度过大，将使道路不平顺，影响车辆通行。又如钢筋混凝土高层建筑的水平位移过大，将导致混凝土开裂或次要结构及装饰的破坏，无法正常使用。因此，为了保证结构有足够的刚度，就需要计算结构的位移。

（2）为超静定结构分析打基础。在弹性范围内，计算超静定结构的全部未知力，除了考虑静力平衡条件外，还必须补充变形条件，这就需要计算结构的位移。

（3）结构施工安装的需要。结构在制作安装过程中，常常需要预先知道结构变形后的位置，以便采取一定的施工措施。例如，房屋建筑中的大跨度梁，在荷载作用下将发生向下的挠度，影响建筑物使用和观感。为了使结构在自重作用下能接近原设计的水平位置，施工时就需要按照其挠度将梁向上抬起（称为建筑起拱），这就需要计算梁的位移。

4.1.3　线性变形体系

结构是由可变形的固体材料组成的，按照变形的特性，变形体系可分为线性变形体系和非线性变形体系。

线性变形体系是指位移与荷载呈线性关系的体系，而且在荷载全部撤除后，位移将完全消失。因此这种体系也称为线性弹性体系。线性变形体系符合下列条件：

（1）应力与应变关系满足胡克定律。

（2）体系是几何不变的，且所有约束都是理想约束。理想约束是指在体系发生位移过程中，约束力不做功、约束不变形，例如，无摩擦的光滑铰（即理想铰）和刚性支座链杆等。

（3）位移是微小的，即小变形。这样在建立平衡方程时，微小的变形可以忽略不计，仍然应用结构变形前的原有几何尺寸。结构在荷载、温度改变、支座移动等外因作用时，其位移计算可应用叠加原理。

对于位移与荷载不呈线性关系的体系，称为非线性变形体系。其中，若材料的物理性质是非线性的，称为物理非线性体系；若体系变形过大，需要按变形后的几何位置进行计算，则称为几何非线性体系。

工程中大多数问题的位移都属于线性变形体系的位移。在传统结构力学中，是用虚功法计算线性变形体系的位移（见附录Ⅰ），本章介绍一种新的位移计算方法——几何法。

几何法是以线性弹性理论为依据，由杆端位移和杆件变形计算截面或结点位移的方法。按照杆件受力和变形特点，分为以弯曲变形为主的杆件（受弯杆）和只有轴向变形的杆件（轴力杆）两种，相应的几何法也就有求受弯杆的位移和求轴力杆的位移两种作法。

4.2 弯矩引起的受弯杆件位移

4.2.1 弯矩引起的位移计算式

静定梁和静定平面刚架在荷载作用下，杆件截面有轴力、剪力和弯矩，相应地将产生轴向变形、剪切变形和弯曲变形。其中，轴力和剪力引起的变形很小，通常忽略不计。本节先介绍几何法计算弯矩引起的位移，轴力、剪力引起的位移计算将在"4.4"节讨论。

根据梁的弹性理论，杆件弯曲变形时，挠度 ω、转角 φ 与曲率 k 的微分关系为：

$$\frac{\mathrm{d}^2\omega}{\mathrm{d}x^2} = k \qquad \frac{\mathrm{d}\omega}{\mathrm{d}x} = \varphi \qquad \frac{\mathrm{d}\varphi}{\mathrm{d}x} = k \tag{4-1}$$

曲率 k 是一个表述杆件弯曲大小的量，由材料力学可知，它与截面弯矩 M 的关系为：

$$k = -\frac{M}{EI} \tag{4-2}$$

对于等截面直杆，EI 为常数，k 图与 M 图形状相同、正负号相反。因此，对于静定梁和刚架，由平衡条件绘出 M 图时，也就有了 k 图。

若以杆件轴线为 x 轴，杆端为坐标原点，变量 x 为截面位置，对式（4-1）积分，可得到任一截面转角、挠度（又称侧移）与原点截面位移及杆件曲率的如下关系：

直杆任一截面的转角 φ，等于原点截面转角 φ_0 与原点到所求截面之间曲率面积 A_k 的代数和，用公式表示为：

$$\varphi = \varphi_0 + A_k \tag{4-3}$$

直杆任一截面的侧移 ω，等于原点截面侧移 ω_0、原点截面转角 φ_0 与所求截面位置 x 的乘积、原点到所求截面之间的曲率面积矩 S_k 三者的代数和，用公式表示为：

$$\omega = \omega_0 + \varphi_0 x + S_k \tag{4-4}$$

规定：截面转角以顺时针转为正。截面侧移对水平杆、斜杆以向下移动为正，对竖杆以向右移动为正。

式（4-3）、式（4-4）反映出杆件的曲率—位移关系，是几何法的基本公式，公式的具体推导可见参考文献 [2]。式中，ω_0、φ_0、k 是计算截面位移的三个要素。

求直杆截面的位移，一般是先求原点截面位移 ω_0、φ_0，再根据杆件的曲率分布求出 A_k 和 S_k，然后按基本公式的要求计算指定截面位移。

1. 求原点截面位移 ω_0、φ_0

原点截面位移 ω_0、φ_0 可按以下情况确定。

对悬臂结构，以杆件固定端为坐标原点，可以确定 $\omega_0 = 0$，$\varphi_0 = 0$。

对简支结构，以杆件固定铰支端为坐标原点，可有 $\omega_0 = 0$。再根据另一端给定的侧移约束，由式（4-4）求出 φ_0。

对一端为活动铰支座、一端为滑动支座的杆件，以活动铰支座为坐标原点，在支座链杆方向有 $\omega_0 = 0$。再由滑动支座处转角为零的条件，用式（4-3）求出 φ_0。

对三铰刚架，以固定铰支座为原点，两个铰支端有 $\omega_0 = 0$。再利用中间铰两侧线位移相同的条件，建立以支座处杆端转角为未知量的方程，求出铰支端 φ_0。

对由上述结构为基本部分，用铰联结附属部分而成的结构，按"先基本，后附属"的顺序（与求内力时"先附属，后基本"的顺序相反），可逐一求出各杆件同一端位移。

综上可知，原点截面侧移 ω_0 由杆端约束条件就可以直接确定，截面转角 φ_0 或由约束条件确定，或由式（4-3）、式（4-4）求出。

2. A_k 和 S_k 的计算

用基本公式求 φ_0，或者计算截面位移 φ、ω，都要用到 A_k 和 S_k。

k 图与 M 图形状相同，当图形复杂时，计算 A_k 与 S_k 很烦琐。此时，可将杆件划分为若干叠加区段，再将每个叠加区段的 k 分布分解为若干简单图形，分别求出它们的面积、面积矩，然后叠加，作法如下：

（1）以结点、集中力（力偶）作用点、分布荷载（均布荷载、三角形分布荷载）不连续点为分段点，将杆件分为若干区段。区段上若无分布荷载，k 为 k_R 与 k_F（或 k_N 与 k_F）的图形叠加；若有分布荷载，k 为直线图与 k_q（或 k_p）的图形叠加。这里，k_R、k_F（或 k_N）、k_q、k_p 依次表示 k 为矩形、最大值远离（或靠近）坐标原点的直角三角形以及相应简支梁在均布荷载 q 作用下的二次抛物线和最大值为 p 的三角形分布荷载作用下的三次抛物线。这种能将复杂图形分解为简单图形的区段称为叠加区段。

图 4-2 给出 k_R、k_F、k_N、k_q 以及 k_p 分布时，各简单图形面积 A 与形心对应的 C 截面位置，以备查用。

（2）求出第 i 个叠加区段 k 图面积 A_{ik}，将所有区段面积求和，即为式（4-3）中的 A_k。

（3）求出第 i 个叠加区段 k 图面积矩 S_{ik}，即区段各简单图形面积与其形心对应截面到所求截面距离的乘积之和，再将所有区段面积矩求和，即为式（4-4）中的 S_k。

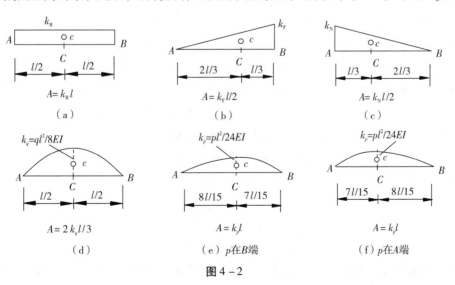

图 4-2

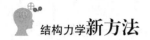

3. 基本公式的推广

平面杆件结构中，各杆方向不同，截面位移常用截面转角 φ 以及截面形心沿坐标 x、y 方向（通常为水平和竖直方向）的线位移 ω_x、ω_y 表述。为此，需要建立截面位移与三个要素 ω_0、φ_0、k 的关系。

如图 4-3a 所示折杆 AB，设原点 A 截面位移及杆件上曲率已知，现推导它们与任一截面 K 的转角 φ、水平线位移 ω_x、竖向线位移 ω_y 的关系。

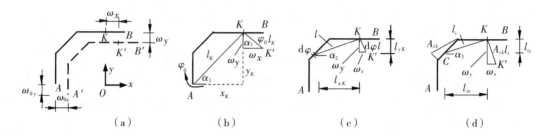

(a)　　　　　　(b)　　　　　　(c)　　　　　　(d)

图 4-3

ω_0 只会使杆件产生平移（图 4-3a）。因此，当原点截面沿 x、y 方向有线位移 ω_{0x}、ω_{0y} 时，K 截面转角为零，线位移与原点截面相同，即

$$\varphi = 0 \qquad \omega_x = \omega_{0x} \qquad \omega_y = \omega_{0y} \tag{a}$$

φ_0 会使杆件产生刚体转动，它使 K 截面除产生相同的转角 φ_0 外，还会产生线位移 $\varphi_0 l_K$（图 4-3b）。设 l_K 与 x 轴夹角为 α_1，则 $\varphi_0 l_K$ 在 x、y 方向的分量分别为 $\omega_x = \varphi_0 l_K \sin\alpha_1 = \varphi_0 y_K$ 与 $\omega_y = \varphi_0 l_K \cos\alpha_1 = \varphi_0 x_K$。于是可知 φ_0 引起的 K 截面位移为：

$$\varphi = \varphi_0 \qquad \omega_x = \varphi_0 y_K \qquad \omega_y = \varphi_0 x_K \tag{b}$$

取杆件微段 ds，曲率为 k。则 ds 两端截面转角变化量为 $d\varphi = kds$，它会使 K 截面产生相同的转角 $d\varphi$，同时还产生线位移 $d\varphi l$，这里，l 为微段与 K 点的距离。$d\varphi l$ 在 x、y 方向的分量分别为 $d\varphi l \sin\alpha_2 = d\varphi l_{yK}$ 与 $d\varphi l \cos\alpha_2 = d\varphi l_{xK}$（图 4-3c）。于是，原点到 K 截面之间曲率 k 引起的位移可由积分求出（将在 "4.5" 节讨论）。

对于等截面直杆，设 k 的第 i 个简单图形面积为 A_{ik}，它引起 K 截面转角为 A_{ik}，线位移为 A_{ik} 与其形心对应的 C 截面到 K 截面距离 l_i 的乘积 $A_{ik} l_i$，该乘积在 x、y 方向分量分别为 $\omega_x = A_{ik} l_i \sin\alpha_3 = A_{ik} l_{iy}$ 与 $\omega_y = A_{ik} l_i \cos\alpha_3 = A_{ik} l_{ix}$，其中，$l_{ix}$、$l_{iy}$ 分别为 C、K 两点 x、y 坐标值之差（图 4-3d）。叠加可得 k 引起 K 截面总位移为：

$$\varphi = \sum A_{ik} \qquad \omega_x = \sum A_{ik} l_{iy} \qquad \omega_y = \sum A_{ik} l_{ix} \tag{c}$$

将式（a）、(b)、(c) 同类位移相加可得：

$$\varphi = \varphi_0 + \sum A_{ik} \tag{4-5a}$$

$$\omega_x = \omega_{0x} + \varphi_0 y_K + \sum A_{ik} l_{iy} \tag{4-5b}$$

$$\omega_y = \omega_{0y} + \varphi_0 x_K + \sum A_{ik} l_{ix} \tag{4-5c}$$

由于 K 截面是任意给定的，故式（4-5）就是平面杆件任一截面的位移计算式。

4. 求叠加区段任一截面的位移、绘制位移图

式（4-5）虽可以求杆件任一截面位移，但是，当需要计算叠加区段内任一点位移时，将会十分烦琐。对此，可先写出每个简单分布引起叠加区段内任一截面的位移计算式（表4-1），然后叠加。显然，区段上 k 引起某截面的位移，等于各简单分布引起同一截面位移的代数和。

表4-1　简单图形引起叠加区段 x 截面面积、面积矩计算式

序号	相应简支梁	$k(-M/EI)$图	A_k	S_k
1		$k_R = -M/EI$ $k_x = k_R$	$A_{kB} = k_R l$ $A_{kx} = k_R x$	$S_{kB} = k_R l^2/2$ $S_{kx} = k_R x^2/2$
2		$k_F = -M_F/EI$ $k_x = k_F \cdot x/l$	$A_{kB} = k_F l/2$ $A_{kx} = k_F x^2/2l$	$S_{kB} = k_F l^2/6$ $S_{kx} = k_F x^3/6l$
3		$k_N = -M_N/EI$ $k_x = k_N(1-x/l)$	$A_{kB} = k_N l/2$ $A_{kx} = k_N \cdot x(1-x/2l)$	$S_{kB} = k_N l^2/3$ $S_{kx} = k_N \cdot x^2(1/2 - x/6l)$
4		$k_q = -ql^2/8EI$ $k_x = 4k_q(l-x)x/l^2$	$A_{kB} = 2k_q l/3$ $A_{kx} = k_q(6l-4x)x^2/3l^2$	$S_{kB} = k_q l^2/3$ $S_{kx} = k_q(2l-x)x^3/3l^2$
5		$k_p = -pl^2/24EI$ $k_x = 4k_p(l^2-x^2)x/l^3$	$A_{kB} = k_p l$ $A_{kx} = k_p(2l^2-x^2)x^2/l^3$	$S_{kB} = 7k_p l^2/15$ $S_{kx} = k_p(10l^2-3x^2)x^3/15l^3$
6		$k_p = -pl^2/24EI$ $k_x = 4k_p(2l^2-3lx+x^2)x/l^3$	$A_{kB} = k_p l$ $A_{kx} = k_p(4l^2-4lx+x^2)x^2/l^3$	$S_{kx} = k_p(20l^2-15lx+3x^2)x^3/15l^3$ $S_{kB} = 8k_p l^2/15$

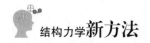

以水平杆某叠加区段为例，坐标原点在左端，杆轴为 x 轴、向右为正，设侧移 ω_0、转角 φ_0 已知。在常用荷载（集中力、集中力偶、均布力）作用下，k 为 k_R、k_F、k_q 图形的叠加，对照表 4 − 1 将各位移计算式代入式（4 − 5a）、式（4 − 5c），并用 ω、ω_0 代换 ω_y、ω_{0y}，用 x、l 代换 x_K、l_{ix}，可得 x 截面位移为：

$$\varphi = \varphi_0 + k_R x + k_F x^2/2l + k_q(6l-4x)x^2/3l^2 \qquad (4-6a)$$

$$\omega = \omega_0 + \varphi_0 x + k_R x^2/2 + k_F x^3/6l + k_q(2l-x)\ x^3/3l^2 \qquad (4-6b)$$

斜杆截面位移计算式同水平杆；对竖杆，坐标原点在下端，x 轴向上为正，位移计算式也同水平杆。当坐标原点在水平杆、斜杆右端，或竖杆上端时，式（4 − 6a）有 x 的项、式（4 − 6b）的 $\varphi_0 x$ 项取 "−" 号。

表 4 − 1 除 k_R、k_F、k_q 外，还列出 k_N、k_p 引起 x 截面的位移计算式，以备查用。

当叠加区段有三角形分布荷载作用时，其位移可由表 4 − 1 中的第 5 栏或第 6 栏与相关直线分布栏的计算式叠加求出。

位移图是按叠加区段逐段绘制的。对直杆，在由杆端约束求出第一个叠加区段 ω_0、φ_0 后，令 $x = l$，由式（4 − 6）求出的末端位移，就是下一个叠加区段的始端位移。

对每个叠加区段，先确定绘图需要的控制截面（通常在等分点处），再由式（4 − 6）求控制截面值。控制截面数确定如下：当区段上 $k_q \neq 0$ 时，绘 φ 图控制截面数为 4、绘 ω 图为 5；当 $k_q = 0$，$K_F \neq 0$ 时，绘 φ 图为 3、绘 ω 图为 4；当只有 $K_R \neq 0$ 时，绘 φ 图为 2、绘 ω 图为 3；当 $k = 0$ 时，φ 图由 φ_0 确定，ω 图由 $\varphi_0 x$、ω_0 确定。

最后将各控制截面值纵标按比例标于基线，顶点用光滑的曲线相连，即得叠加区段位移图。φ 图可绘在杆件任一侧，须注明正负号；ω 图绘在杆件侧移一侧，不必标正负号。

值得指出：以上各式中位移项的方向及正负号，可用食指或橡皮条进行位移演示。

用食指演示时，指根表示杆件起始端，指背与 k（M）图同侧，指尖为欲求位移的截面。让指根按 ω_0 平移、按 φ_0 转动、手指按 k 弯曲。此时指尖的运动对应着：因 ω_0 引起的截面线位移，因 φ_0 引起的截面转角与线位移，因 k 引起的杆轴凸向、截面转角和线位移。据此可判断位移实际方向。由于 k（M）图始终在杆轴凸向一侧，因此可判断出区段转角的增减趋势。

位移演示能快速判定某项位移的方向和正负号，也可以对求出的位移进行校核。

综上所述，归纳出求受弯杆件位移的步骤如下：

（1）绘出静定梁和刚架的 M 图，划分叠加区段，确定各区段 k 的简单分布；

（2）根据杆端约束或式（4 − 5）求叠加区段同一端位移 ω_0（ω_{0x}，ω_{0y}）、φ_0；

（3）用 Excel 由式（4 − 6）求出各叠加区段控制截面位移值并绘图；

（4）用位移演示、边界约束和 k 与位移的微分关系，校核计算结果。

4.2.2　荷载作用下的位移计算

例 4 − 1　试绘制图 4 − 4a 所示外伸梁的 φ、ω 图。已知 $l = 4\text{m}$，$F_P = 10\text{kN}$，$EI = $

$6.3 \times 10^3 \text{kN} \cdot \text{m}^2$。

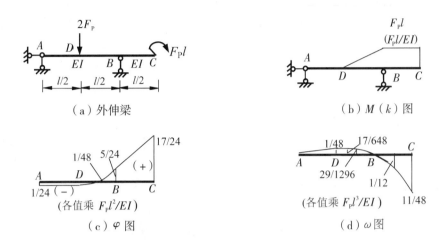

（a）外伸梁　　　　　　　（b）$M(k)$ 图

（c）φ 图　　　　　　　（d）ω 图

图 4 - 4

解：约定表示叠加区段的第一个字母所指截面为坐标原点，下同。

（1）绘 k 图。由平衡条件绘出 M 图，除以 EI，即得 k 图（图 4 - 4b）。将梁分为 AD、DB、BC 三段，k 分布为：AD 段 $k_R = 0$，DB 段 $k_F = F_P l / EI$，BC 段 $k_R = F_P l / EI$。

（2）求各叠加区段起始端位移。取 AB 杆，$\omega_A = \omega_B = 0$，由式（4 - 5c）、（4 - 5a）求得：

$$\varphi_A = -\frac{1}{l} \frac{1}{6} \cdot k_F \left(\frac{l}{2}\right)^2 = -\frac{F_P l^2}{24EI} \ (\searrow) \qquad \varphi_B = \varphi_A + \frac{1}{2} k_F \cdot \frac{l}{2} = \frac{5F_P l^2}{24EI} \ (\nearrow)$$

根据 A 端 $\omega_A = 0$、φ_A 值，由式（4 - 5a）（4 - 5c）求得 D 截面转角、侧移为：

$$\varphi_D = -\frac{F_P l^2}{24EI} \ (\searrow) \qquad \omega_D = -F_P l^3 / 48EI \ (\uparrow)$$

BC 段，B 截面位移为：

$$\omega_B = 0 \qquad \varphi_B = 5F_P l^2 / 24EI \ (\nearrow)$$

（3）绘位移图。AD 段 k 为零，由 φ_A 值可绘出 φ 图。DB 段 $k_F \neq 0$ 为斜直线，φ 图需要 3 个控制截面；BC 段 k 为常数，φ 图需要 2 个控制截面。按式（4 - 6a）计算各控制截面值（表 4 - 2a）。由计算结果绘出的 φ 图如图 4 - 4c 所示。

与以上分析类似，AD、DB、BC 段绘 ω 图的控制截面数依次为 2、4、3，按式（4 - 6b）求出各控制截面值（表 4 - 2b），由计算结果可绘出 ω 图（图 4 - 4d）。

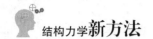

表4-2a　图4-4a 外伸梁控制截面 φ 值计算表

区段			$A_R = k_R \cdot x$			$A_F = k_F \cdot x^2/2/l$	$\varphi = \varphi_0 + A_R + A_F$		
区段	l	φ_0	k_R	k_F	x	A_R	A_F	φ
AD	1/2	−1/24	0	0	1/2	0	0	−1/24
DB	1/2	−1/24	0	1	0	0	0	−1/24
					1/4	0	1/16	1/48
					1/2	0	1/4	5/24
BC	1/2	5/24	1	0	0	0	0	5/24
					1/2	1/2	0	17/24

注：表中 l、x 列各值乘 l；k_R、k_F 列各值乘 $F_P l/EI$；其余列各值乘 $F_P l^2/EI$。

表4-2b　图4-4a 外伸梁控制截面 ω 值计算表

区段				$S_R = k_R \cdot x^2/2$			$S_F = k_F \cdot x^3/6l$	$\omega = \omega_0 + \varphi_0 \cdot x + S_R + S_F$		
区段	l	φ_0	ω_0	k_R	k_F	x	S_R	S_F	$\varphi_0 \cdot x$	ω
AD	1/2	−1/24	0	0	0	0	0	0	0	0
						1/2	0	0	−0.02	−1/48
DB	1/2	−1/24	−1/48	0	1	0	0	0	0	−1/48
						1/6	0	0.002	−0.01	−17/648
						1/3	0	0.012	−0.01	−29/1296
						1/2	0	0.042	−0.02	2E−05
BC	1/2	5/24	0	1	0	0	0	0	0	0
						1/4	0.0313	0	0.052	1/12
						1/2	0.125	0	0.104	11/48

注：l、x 列各值乘 l；k_R、k_F 列各值乘 $F_P l/EI$；φ_0 列各值乘 $F_P l^2/EI$；其余列各值乘 $F_P l^3/EI$。

（4）校核。A、B 点 ω 值为零，与边界约束相同。φ、ω 图也符合与 k 的微分关系。

根据各区段起始端位移（ω_0、φ_0）和 k 值（图4-4b）作位移演示，结果与 φ、ω 图一致。此外，用虚功法验算 φ_B、Δ_{CV}（具体计算从略），均与本例相同。

例4-2　试绘制图4-5a 所示刚架的 ω 图。刚架 E 点受 F_P 作用，$EI = $ 常数。

解：（1）绘 k 图。绘出 M 图除以 EI，即得 k 图，图4-5b 括号内为 k 值。将刚架按结点和荷载作用点划分为 AC、CD、DE、EB 四个叠加区段。各区段第一个字母为始端，k 值为：

$$AC\text{ 段 } \quad k_F = F_P l/EI \qquad CD\text{ 段 } \quad k_N = F_P l/EI$$

$$DE \text{ 段 } \quad k_F = -F_p l /2EI \qquad EB \text{ 段 } \quad k_R = -F_p l /2EI$$

（2）求各叠加区段始端转角。

AC 段，$\omega_{Ax} = 0$，$\omega_{Cx} = 0$，由式（4-5b）可有：

$$0 = 0 + \varphi_A l + \frac{1}{2} \cdot l \cdot \frac{F_p l}{EI} \cdot \frac{l}{3}$$

求得：

$$\varphi_A = -F_p l^2 /6EI \ (\curvearrowleft)$$

其余区段始端转角用式（4-5a）计算如下：

CD 段，$\varphi_{CD} = \varphi_{CA}$，由 AC 段求得：$\varphi_{CA} = \varphi_A + k_F l /2 = F_p l^2 /3EI \ (\curvearrowright)$

DE 段，φ_{DE} 由 DB 段 k 分布和 $\varphi_B = 0$ 求得：

$$\varphi_{DE} = 0 - (k_F l /4 + k_R l /2) = 3F_p l^2 /8EI \ (\curvearrowright)$$

EB 段，φ_{EB} 由 EB 段 k 分布和 $\varphi_B = 0$ 求得：

$$\varphi_{EB} = 0 - k_R l /2 = F_p l^2 /4EI \ (\curvearrowright)$$

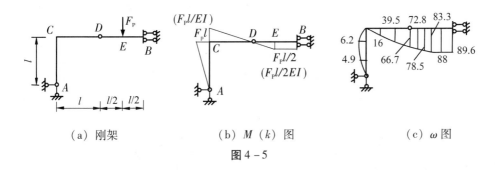

（a）刚架　　　　　　　　（b）$M(k)$ 图　　　　　　　（c）ω 图

图 4-5

（3）绘 ω 图。AC 段、CD 段始端侧移为零，DE、EB 段始端侧移为前一个叠加区段末端侧移，采用 Excel，按式（4-6b）逐段求出各控制截面 ω 值，如表 4-3 所示。将表中各 ω 值扩大 100 倍再乘以 $F_p l^3 /EI$，然后标于基线，并用光滑的曲线相连，即得 ω 图（图 4-5c）。

（4）校核。ω 图侧移方向与手指位移演示相同，各区段均符合 ω 与 k 的微分关系。

表 4-3　图 4-5a 刚架各叠加区段 ω 值计算

区段	l	ω_0	φ_0	$S_R = k_R \cdot x^2/2$		$S_F = k_F \cdot x^3/6l$		$\omega = \omega_0 + \varphi_0 \cdot x + S_R + S_F$		
				k_R	k_F	x	$\varphi_0 \cdot x$	S_R	S_F	ω
AC	1	0	-0.1667	0	1	0	0	0	0	0
						0.333	-0.0556	0	0.0062	-0.0494
						0.667	-0.111	0	0.0494	-0.0617
						1	-0.1667	0	0.1667	0

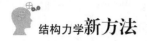

（续上表）

区段	l	ω_0	φ_0	k_R	k_F	x	$\varphi_0 \cdot x$	S_R	S_F	ω
							$S_R = k_R \cdot x^2/2$		$S_F = k_F \cdot x^3/6l$	$\omega = \omega_0 + \varphi_0 \cdot x + S_R + S_F$
CD	1	0	0.3333	1	−1	0	0	0	0	0
						0.333	0.111	0.0556	−0.0062	0.1605
						0.667	0.222	0.2222	−0.0494	0.3951
						1	0.333	0.5	−0.1667	0.6667
DE	0.5	0.6667	0.375	0	−0.5	0	0	0	0	0.6667
						0.167	0.0625	0	−0.0008	0.7284
						0.333	0.125	0	−0.0062	0.7851
						0.5	0.1875	0	−0.0208	0.8333
EB	0.5	0.8333	0.25	−0.5	0	0	0	0	0	0.8333
						0.25	0.0625	−0.0156	0	0.8802
						0.5	0.125	−0.0625	0	0.8958

注：侧移各值乘 $F_\mathrm{P} l^3/EI$。

例 4 – 3　试绘制图 4 – 6a 所示水池壁在水压力作用下的位移图，水池壁 EI = 常数。

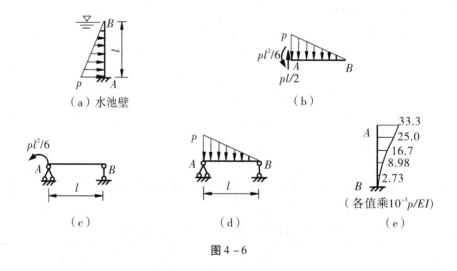

（a）水池壁　　　　　　　（b）

（c）　　　　　　（d）　　　　　　（e）
（各值乘 $10^{-3} p/EI$）

图 4 – 6

解： A 端固支，$\varphi_A = \omega_A = 0$，水池壁侧移只与曲率面积矩 S_k 有关。为方便视图，将池壁受力图水平放置，如图 4 – 6b 所示。将池壁受力分解为图 4 – 6c、d 所示受力状态，A 为坐标原点。由表 4 – 1 第 3 栏查得图 4 – 6c 的 k 分布为 $k_\mathrm{N} = pl^2/6EI$，x 截面处 S_{kx} 为：

$$S_{kx} = k_\mathrm{N}\left(\frac{1}{2}x^2 - \frac{1}{6l}x^3\right) = \frac{pl^2 x^2}{12EI} - \frac{plx^3}{36EI} \tag{a}$$

由表 4 - 1 第 6 栏查得图 4 - 6d 的 k 分布为 $k_p = -pl^2/24EI$，x 截面处曲率面积矩为：

$$S_{kx} = \frac{1}{15l^3}k_p \left(20l^2 - 15lx + 3x^2\right)x^3 = -\frac{p}{360EI}\left(20lx^3 - 15x^4 + \frac{3x^5}{l}\right) \qquad (b)$$

式（a）与式（b）相加即得池壁侧移计算式：

$$\omega = \frac{p}{EI}\left(\frac{l^2}{12}x^2 - \frac{l}{12}x^3 + \frac{1}{24}x^4 - \frac{1}{120l}x^5\right) \qquad (c)$$

令 $x = 0$、$0.2l$、$0.4l$、$0.6l$、$0.8l$、l，由式（c）求得池壁 A 到 B 六个控制截面值为：

$$0 \quad 0.00273\frac{pl^4}{EI} \quad 0.00898\frac{pl^4}{EI} \quad 0.0167\frac{pl^4}{EI} \quad 0.025\frac{pl^4}{EI} \quad 0.0333\frac{pl^4}{EI}$$

将各值扩大 1000 倍绘出 ω 图，如图 4 - 6e 所示。

用虚功法验算 B 端侧移（计算从略），与本例 ω_B 值相同。

例 4 - 4　试求图 4 - 7a 所示刚架 A 截面转角 φ_A 与 D 点水平位移 Δ_{DH}，各杆 $EI = $ 常数。

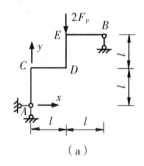
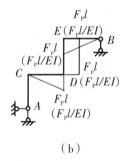

（a）　　　　　　　　　　　　（b）

图 4 - 7

解：（1）绘 k 图。绘出 M 图除以 EI 即得 k 图（图 4 - 7b）。各杆 k 分布为：

AC 杆 $k = 0$　　　　　　　　CD 杆 $k_F = -F_p l/EI$

DE 杆 $k_R = -F_p l/EI$　　　　EB 杆 $k_N = -F_p l/EI$

（2）求 φ_A。简支刚架两端竖向位移为零，A 为坐标原点，由式（4 - 5c）有：

$$\varphi_A \times 2l - \frac{1}{2}l\frac{F_p l}{EI}\frac{4l}{3} - l\frac{F_p l}{EI}l - \frac{1}{2}l\frac{F_p l}{EI}\frac{2l}{3} = 0$$

求得：$\varphi_A = \dfrac{F_p l}{EI}$（ ↗ ）

（3）求 Δ_{DH}。$\omega_{Ax} = 0$，由式（4 - 5b）可有

$$\Delta_{DH} = \varphi_A l - \frac{1}{2}l\frac{F_p l}{EI}\times 0 = \frac{F_p l^2}{EI} \quad (\rightarrow)$$

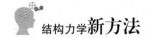

4.3 温度改变和支座移动时的位移

4.3.1 温度改变时的位移计算

理论分析与计算表明，温度变化时，杆件微段两侧截面不会产生相互平行的错动，即剪切变形为零，只有轴向变形和弯曲变形。而且轴向变形与弯曲变形相比，数值不一定很小，因此不能忽略不计。这与荷载作用下忽略轴向变形的作法不同。

设杆件外侧温度升高 t_1 度，内侧升高 t_2 度，且温度沿截面高度 h 按直线规律变化，其微段 $\mathrm{d}s$ 的轴向变形 $\mathrm{d}u_t$ 和两端截面的相对转角 $\mathrm{d}\varphi_t$ 如图 4-8 所示，由几何关系求得：

$$\mathrm{d}u_t = \alpha t_1 \mathrm{d}s + (\alpha t_2 \mathrm{d}s - \alpha t_1 \mathrm{d}s)\frac{h_1}{h} = \alpha \left(\frac{h_2}{h}t_1 + \frac{h_1}{h}t_2\right)\mathrm{d}s = \alpha t_0 \mathrm{d}s \tag{a}$$

$$\mathrm{d}\varphi_t = \frac{\alpha t_2 \mathrm{d}s - \alpha t_1 \mathrm{d}s}{h} = \frac{\alpha(t_2 - t_1)\mathrm{d}s}{h} = \frac{\alpha \Delta t \mathrm{d}s}{h} \tag{b}$$

上两式中，α 为材料的线膨胀系数，$\Delta t = t_2 - t_1$ 为两侧温度变化之差；$t_0 = \frac{h_2}{h}t_1 + \frac{h_1}{h}t_2$ 为杆件形心轴处的温度变化；h 是截面高度，h_1、h_2 是杆件截面形心轴至上、下边缘的距离。若杆件截面对称于形心轴，有 $h_1 = h_2 = \frac{h}{2}$，则 $t_0 = \frac{t_1 + t_2}{2}$。

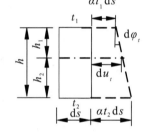

图 4-8

由式（a）可知，杆件轴向变形与 α、t_0、$\mathrm{d}s$ 成正比，长为 l 的杆件伸缩量 u 为：

$$u = \alpha t_0 l \tag{4-7}$$

弯曲变形时，微段两侧截面相对转角与曲率 k 的微分关系为 $\frac{\mathrm{d}\varphi_t}{\mathrm{d}s} = k$。由式（b）可知：

$$k = \frac{\mathrm{d}\varphi_t}{\mathrm{d}s} = \frac{\alpha \Delta t}{h} \tag{4-8}$$

轴向变形只会产生杆件沿轴线方向的伸长或缩短，不会引起截面转动和侧移。

弯曲变形会使各截面产生转动和侧移。对于等截面直杆，通常温度变化沿全长相同，曲率 k 为常数。由此可知，φ 为直线图，ω 是二次曲线。

k 图绘在杆件凸起一侧，即升温较高的一侧。当 k 图在水平杆、斜杆上侧和竖杆左侧时，取正值，反之取负值，不用注明正负号。φ 与 ω 的正负规定与荷载作用时相同。

计算温度改变时的位移，通常先计算杆件轴向变形引起的各杆联结点处的线位移，其次由式（4-8）计算各杆 k 值，再由式（4-5）求指定截面的转角或线位移。

例 4-5 图 4-9a 所示刚架，AC 杆右侧和 CB 杆下侧温度升高 $t_1 = 20℃$，其余杆侧温度升高 $t_2 = 10℃$。各杆均为矩形截面，截面高 $h = 0.4\mathrm{m}$，材料线膨胀系数 $\alpha = 1.0 \times 10^{-5}/℃$。试

求 D、E 两截面的竖向位移 Δ_{DV} 和 Δ_{EV}。

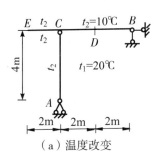 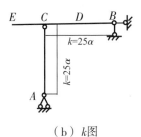

（a）温度改变　　　　　　　（b）k 图

图 4 - 9

解：（1）取 AC 杆，$t_0 = 15℃$，$l = 4$m，由式（4 - 7）求得：$u = 60\alpha$（单位：m），可得 EB 杆 C 点竖向位移为：

$$\Delta_{CV} = -u = -60\alpha \quad (\uparrow)$$

（2）绘 k 图。对 AC 杆和 CB 杆，$\Delta t = 10 - 20 = -10$，$h = 0.4$m，由式（4 - 8）求得 $k = -25\alpha$（单位：m^{-1}）；对 EC 杆，$\Delta t = 0$，$k = 0$。k 图如图 4 - 9b 所示。

（3）求 φ_C。取 CB 杆，$\Delta_{CV} = -60\alpha$，$\Delta_{BV} = 0$，$k = -25\alpha$，由式（4 - 5c）求得：

$$\varphi_C = (60\alpha + 25\alpha \times 4 \times 2) / 4 = 65\alpha \quad (\curvearrowright)$$

（4）求 Δ_{DV} 和 Δ_{EV}。由式（4 - 5c）求得 Δ_{DV} 为：

$$\Delta_{DV} = -60\alpha + 65\alpha \times 2 - 25\alpha \times 2^2 / 2 = 20\alpha = 0.2\text{mm} \quad (\downarrow)$$

CE 杆（坐标原点在右端），$\Delta_{CV} = -60\alpha$、$\varphi_C = 65\alpha$，$k = 0$，由式（4 - 5c）得：

$$\Delta_{EV} = -60\alpha - 65\alpha \times 2 + 0 = -190\alpha = -1.9\text{mm} \quad (\uparrow)$$

（5）校核。用虚功法计算 Δ_{DV}、Δ_{EV}（计算从略），结果与本例相同。

4.3.2　支座移动时的位移计算

支座移动时，静定梁和刚架各杆只有刚体位移，弯曲变形曲率 $k = 0$，杆端侧移 ω_0、转角 φ_0 由支座移动的数值确定。杆件截面转角 φ 为常数，ω 为直线图。

例 4 - 6　图 4 - 10a 所示两跨简支梁，$l = 16$m，支座 A、B、C 的沉降分别为 $a = 40$mm，$b = 100$mm，$c = 80$mm。试求 A、C 截面转角 φ_A、φ_C 及铰 B 两侧截面相对转角 φ_{B-B}，绘出 φ 图。

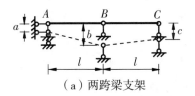 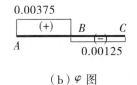

（a）两跨梁支架　　　　　　　（b）φ 图

图 4 - 10

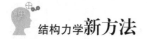

解：（1）求 φ_A、φ_C。各杆端侧移已知，由式（4-5c）有

AB 杆：$\varphi_A = \varphi_{BA} = \dfrac{100-40}{16\times10^3} = 0.00375\text{rad}$（↰）

BC 杆：$\varphi_C = \varphi_{BC} = \dfrac{80-100}{16\times10^3} = -0.00125\text{rad}$（↘）

（2）求 φ_{B-B}。

$$\varphi_{B-B} = \varphi_{BA} - \varphi_{BC} = 0.00375 - (-0.00125) = 0.005\text{rad}（↰↘）$$

（3）绘 φ 图。各杆 φ 图与基线平行，按以上结果可绘出 φ 图，如图 4-10b 所示。

4.4 剪力、轴力引起的受弯杆件位移

荷载作用下，剪力、轴力引起受弯杆件的位移通常很小，一般忽略不计。但是对其研究仍然必要：一是需要有一个量的概念，以便知道它们比弯矩引起的位移小多少；二是某些情况下，例如短梁处于横向弯曲、较大的横向集中力离支座很近、偏心受压柱、扁平拱等，都需要验算剪力、轴力作用下的强度和刚度；三是用几何法完整、系统地进行结构分析，也需要计算剪力、轴力引起的位移。

4.4.1 剪力引起的位移

与弯矩引起的位移类似，剪力引起的位移也是由杆端截面侧移 ω_o^Q、杆端截面转角 φ_o^Q 和杆件切应变产生的位移三者组成。其中，ω_o^Q 将使直杆产生整体平移，各截面不会产生转角；φ_o^Q 将使杆件产生刚体转动，各截面不仅有相同的转角 φ_o^Q，同时还会产生侧移，侧移值等于 φ_o^Q 与原点到所求位移截面的距离 x 之乘积 $\varphi_o^Q x$。

1. 切应变产生的位移

由材料力学可知，在横力作用下，直杆微段将因剪力 F_Q 作用而引起直角的改变（图 4-11），改变量 γ 称为切应变，其值为：

$$\gamma = \frac{\mu}{GA}F_Q \qquad (4-9)$$

式中，μ 为与截面形状有关的剪应力分布不均匀系数，其值见"Ⅰ.2"节。对于等截面直杆，切变模量 G、横截面积 A、系数 μ 均为常数。因此，绘出 F_Q 图也就有了切应变 γ 分布。

如图 4-11b 所示，直杆微段 dx 两侧截面沿 F_Q 方向将有相对错动（即侧移），其值 $\gamma dx = \dfrac{\mu}{GA}F_Q dx$。将其沿杆长积分，可得切应变引起的 x 截面侧移为：

$$A_\gamma = \int_0^x \gamma dx = \frac{\mu}{GA}\int_0^x F_Q dx = \frac{\mu}{GA}A_Q \qquad (4-10)$$

式中，A_Q 为坐标原点到所求截面之间的 F_Q 图面积。

式（4-10）表明：直杆任一截面因切应变引起的侧移 A_γ，等于常数 $\dfrac{\mu}{GA}$ 与原点到该截面之间剪力图面积 A_Q 的乘积。

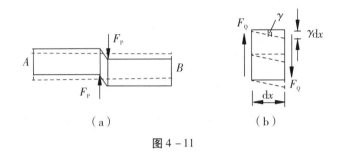

图 4-11

2. 剪力引起的位移计算式

由上可知，原点截面侧移与切应变引起的位移均不会使杆件截面产生转角，因此，直杆任一截面转角 φ^Q 等于原点截面转角 φ_o^Q，即

$$\varphi^Q = \varphi_o^Q \tag{4-11}$$

此外，由刚结点的变形特性可有：汇交于同一刚结点的各杆截面转角均相同。

取直杆 AB，以 A 为坐标原点，设原点截面侧移 ω_o^Q、转角 φ_o^Q、切应变分布 γ 已知，将它们引起杆件同一截面的侧移相加可得：

$$\omega^Q = \omega_o^Q + \varphi_o^Q x + A_\gamma \tag{4-12}$$

式（4-12）表明，剪力引起直杆任一截面的侧移 ω^Q，等于原点截面侧移 ω_o^Q、原点截面转角与原点到所求截面距离的乘积 $\varphi_o^Q x$、切应变引起的侧移 A_γ 三者的代数和。

规定：水平杆、斜杆截面侧移向下为正，竖杆向右为正；杆件截面剪力、切应变、转角以顺时针转为正。

3. 原点截面侧移 ω_o^Q 和转角 φ_o^Q

由静定结构的几何不变性可知，静定梁和平面刚架，若不计杆件轴向变形，每个支座、结点间的直杆，必有 2 个位移（至少有 1 个侧移）是由边界约束给定的。因此，以有侧移约束的杆端为坐标原点，如固定支座、固定铰支座、与杆轴垂直的链杆支座、与柱连接的梁端等，截面侧移都为 0，即 $\omega_o^Q = 0$。

同样，取有转动约束的支座为坐标原点，如固定支座、滑动支座，则原点截面转角 $\varphi_o^Q = 0$。若杆件两端均无转动约束，则 φ_o^Q 可由式（4-12）求出。

综上所述，可将计算 φ^Q、ω^Q 的步骤归纳如下：

（1）绘出 F_Q 图，由式（4-10）写出各杆切应变引起的侧移计算式；

（2）选取支座、结点间的直杆，由边界约束或式（4-12）求出 φ_o^Q、ω_o^Q；

（3）绘出各杆 φ^Q 图，按式（4-12）计算 ω^Q 值并绘图。

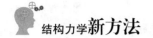

4.4.2 轴力引起的位移

在轴力作用下，直杆各横截面只有沿轴线方向的移动（轴向变形），没有转角，也没有侧移。由材料力学可知，长为 l 的直杆轴向变形为 $u = F_N l / EA$。

轴向变形虽不会引起直杆自身截面转动和侧移，但会通过结点使与其相连的杆件产生刚体位移，引起截面侧移和转角。因此，杆件任一截面侧移和转角可由杆件的刚体位移求出。

设以杆件不动点为原点，计算因轴向变形 u 引起的与另一端相连杆件的侧移值；杆件截面转角（φ^N）等于直杆两端相对侧移除以杆件长度。于是可得杆件任一截面侧移 ω^N 等于杆端截面侧移 ω_o^N、杆件截面转角 φ^N 与杆端到所求侧移截面距离 x 的乘积 $\varphi^N x$ 二者之和，即

$$\omega^N = \omega_o^N + \varphi^N x \tag{4-13}$$

综上所述，计算轴力引起的杆件截面转角 φ^N 和侧移 ω^N 可采用以下作法：

（1）暂时拆开所有结点，计算各杆轴向变形 u，求出各杆杆端侧移值；

（2）由杆件两端侧移除以杆长或由刚结点变形特点求出杆件转角 φ^N，绘出 φ^N 图；

（3）按式（4-13）绘出 ω^N 图。

例 4-7　图 4-12a 所示两跨静定梁，CB 段受均布荷载 q 作用，AC 杆抗剪刚度为 $2GA$，CB 杆抗剪刚度为 GA，各杆 μ 为常量。试绘制剪力引起的 φ^Q 图和 ω^Q 图。

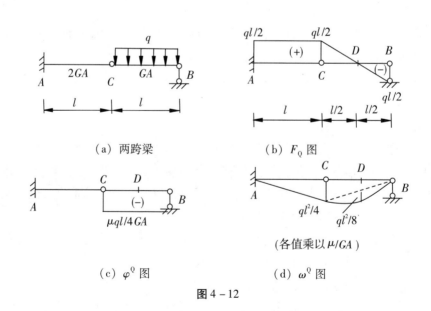

（a）两跨梁　　　　　　　（b）F_Q 图

（c）φ^Q 图　　　　　　　（d）ω^Q 图

图 4-12

解：（1）求切应变引起的侧移 A_γ。约定表示杆件的第一个字母为坐标原点。绘出 F_Q 图（图 4-12b），由式（4-10）求出 A_γ 计算式：

AC 杆，$F_Q = \dfrac{ql}{2}$，$A_Q = \dfrac{ql}{2}x$，抗剪刚度 $2GA$，可得 $A_\gamma = \dfrac{\mu}{2GA}\dfrac{ql}{2}x = \dfrac{\mu ql}{4GA}x$

CB 杆，$F_Q = \dfrac{q}{2}(l-2x)$，$A_Q = \dfrac{q}{2}(l-x)x$，抗剪刚度 GA，可得 $A_\gamma = \dfrac{\mu q}{2GA}(l-x)x$

（2）绘 φ^Q、ω^Q 图。

AC 杆，A 端固定，$\omega_A^Q = \varphi_A^Q = 0$。由式（4-11）可知，$\varphi^Q$ 图处处为零。

将 ω_A^Q、φ_A^Q、$A_\gamma = \dfrac{\mu ql}{4GA}x$ 代入式（4-12），令 $x = l$ 求得 $\omega_C^Q = \dfrac{\mu q\, l^2}{4GA}$（↓）；$\omega^Q$ 图为连接 ω_A^Q 与 ω_C^Q 的直线（图4-12d）。

CB 杆，ω_C^Q 已知，$\omega_B^Q = 0$，$A_\gamma = \dfrac{\mu q}{2GA}(l-x)x$。将 $x = l$ 代入式（4-12），求得 $\varphi^Q = -\dfrac{\mu ql}{4GA}$（↘），由式（4-11）知，$\varphi^Q$ 图是一条与基线平行的直线，如图4-12c 所示。

将 ω_A^Q、φ^Q 值及 A_γ 计算式代入式（4-12）有 $\omega^Q = \dfrac{\mu ql^2}{4GA} - \dfrac{\mu ql}{4GA}x + \dfrac{\mu q}{2GA}(l-x)x$，可知 ω^Q 图是一条二次曲线，令 $x = 0$，$l/2$，l，求得 C、D、B 点侧移为：

$$\omega_C^Q = \dfrac{\mu q\, l^2}{4GA}\ (\downarrow) \qquad \omega_D^Q = \dfrac{\mu q\, l^2}{4GA}\ (\downarrow) \qquad \omega_B^Q = 0$$

按以上计算结果可绘出两跨静定梁的 ω^Q 图，如图4-12d 所示。

本例已用虚功法验算，计算无误。

例 4-8 图4-13a 所示刚架 DB 段中点受集中力 F_P 作用，各杆截面为矩形，E、G、A、μ 为常数。试绘制剪力、轴力引起的侧移图，并与例4-2 弯矩引起的侧移作比较。

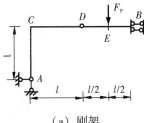

（a）刚架

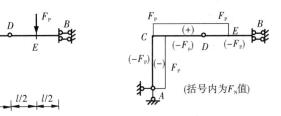

（b）F_Q 图及 F_N 值

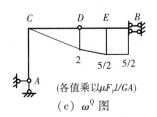

（c）ω^Q 图

（d）ω^N 图

图 4-13

解：（1）绘 ω^Q 图。表示杆件的第一个字母为坐标原点。

绘出 F_Q 图（图 4–13b）。A_γ 按式（4–10）计算。各杆 ω_o^Q、φ^Q 计算如下：

AC 杆，$\omega_{AC}^Q = \omega_{CA}^Q = 0$，$F_Q = -F_P$，$A_\gamma = -\mu F_P x / GA$。令 $x = l$，由式（4–12）求得：

$$\varphi^Q = \mu F_P / GA \quad (\curvearrowright)$$

将 ω_{AC}^Q、φ^Q 值及 A_γ 计算式代入式（4–12）求得：

$$\omega^Q = 0$$

即 AC 杆 ω^Q 图处处为零。

CD 杆，$\omega_{CD}^Q = 0$，由刚结点 C 知，$\varphi^Q = \mu F_P / GA \;(\curvearrowright)$，$F_Q = F_P$，$A_\gamma = \mu F_P x / GA$。令 $x = l$，将 ω_{CD}^Q、φ^Q 及 A_γ 代入式（4–12）求得：

$$\omega_{DC}^Q = 0 + \varphi^Q l + \mu F_P l / GA = 2\mu F_P l / GA \quad (\downarrow)$$

ω^Q 图为连接 ω_{CD}^Q 与 ω_{DC}^Q 的直线图。

DE 杆，$\omega_{DE}^Q = \omega_{DC}^Q = 2\mu F_P l / GA$，由结点 B 知 $\varphi^Q = 0$，$A_\gamma = \mu F_P x / GA$（$0 \leqslant x \leqslant l/2$）。令 $x = l/2$，将 ω_{DE}^Q、φ^Q 及 A_γ 代入式（4–12）求得：

$$\omega_{ED}^Q = 2.5\mu F_P l / GA \quad (\downarrow)$$

ω^Q 图为连接 ω_{DE}^Q 与 ω_{ED}^Q 的直线图。

EB 杆，$\omega_{EB}^Q = \omega_{ED}^Q = 2.5\mu F_P l / GA$，$\varphi^Q = 0$，$A_\gamma = 0$。由式（4–12）得：$\omega_{BE}^Q = \omega_{EB}^Q$

ω^Q 图与基线平行，其值为 $2.5\mu F_P l / GA$（$\downarrow$）。

按以上结果绘出 ω^Q 图，如图 4–13c 所示。

（2）绘轴力引起的侧移 ω^N 图。求出各杆轴力 F_N，如图 4–13b 杆旁括号内所示。

将各结点暂时拆开，在 F_N 作用下 AC、CD、DB 各杆均缩短 $u = F_P l / EA$。

AC 杆两端侧移之差为 $2u$，可知转角 $\varphi_{AC}^N = 2u/l$；C 点是刚结点，故 CD 杆转角 $\varphi_{CD}^N = 2u/l$；DB 杆 B 端为滑动支座，故 $\varphi_{DB}^N = 0$。根据各杆 φ^N，由式（4–13）可绘出 ω^N 图如下：

AC 杆，$\omega_A^N = 0$，令 AC 杆绕 A 点转动 $\varphi^N = 2u/l$，此时 C 点下移 u、右移 $2u$；

CD 杆，$\omega_C^N = u$，CD 杆绕 C 点转动 $\varphi^N = 2u/l$，D 点共下移 $3u$ 且右移 u；

DB 杆，$\varphi_{DB}^N = 0$，整体向下平移 $3u$。

按以上杆端位移可绘出刚架 ω^N 图，如图 4–13d 所示。

（3）ω^Q、ω^N 与弯矩引起的侧移 ω^M 比较。

在例 4–2 图 4–5c 已绘出 ω^M 图，最大值在 B 截面，其值为 $\omega_B^M = 43 F_P l^3 / 48 EI$。本例 ω^Q、ω^N 图最大值也在 B 截面，其值为 $\omega_B^Q = 5\mu F_P l / 2GA$、$\omega_B^N = 3 F_P l / EA$。

各杆为矩形截面，设宽度为 b，高度为 h，有 $A = bh$，$I/A = h^2/12$，$\mu = 1.2$。当 $h/l = 1/10$ 时，$E/G = 5/2$，可求得 $\omega_B^Q / \omega_B^M = 0.7\%$，$\omega_B^N / \omega_B^M = 0.28\%$。可见，剪力、轴力引起的侧移均不到弯矩引起侧移的 1%，故可忽略不计。

用虚功法计算任一指定截面的 ω^Q 或 ω^N 值，结果均与本例相同。

4.5　曲杆结构的位移

拱的常见型式有无铰拱、两铰拱和三铰拱（图 3 – 32），前两者为超静定拱。计算超静定拱，通常以静定曲梁（简支曲梁、悬臂曲梁）或三铰拱为基本结构。静定曲梁与三铰拱都是静定曲杆结构，本节讨论它们的位移计算，为超静定拱的计算（见"5.8"节）打基础。

研究表明，曲杆轴线的曲率半径 R 与曲杆截面高度 h 之比大于 5 时，可以忽略曲杆轴线曲率对变形的影响，按受弯直杆的方法计算位移。

静定曲杆结构都有固定支座或固定铰支座，用几何法计算时，以它们为坐标原点，则水平、竖向位移为零，即 $\Delta_{0H} = \Delta_{0V} = 0$。对固定支座，$\varphi_0 = 0$；对固定铰支座，$\varphi_0$ 可根据结构某特定截面转角 φ_i 或线位移 Δ_{iH}（Δ_{iV}）已知的条件求出。曲率 k 由式（4 – 2）求出；曲率面积 A_k、面积矩 S_k 可直接积分计算，或者用划分直段法由 k 的简单图形计算。下面说明直接积分和划分直段法两种作法。

4.5.1　直接积分求圆弧形曲杆的位移

图 4 – 14a 所示等截面圆弧曲杆，K 为圆弧上任一点，$\overset{\frown}{AK}$ 的圆心角为 α，半径为 R，以支座 A（不动点）为坐标原点，截面线位移为零。设 A 端转角 φ_0、弯曲变形曲率 k 已知，欲求 K 截面位移。

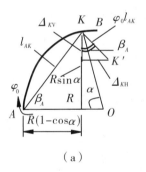
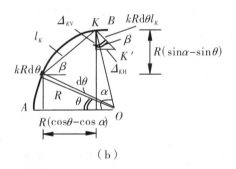

(a)　　　　　　　　　　　　　(b)

图 4 – 14

由于 A 截面无线位移，因此计算 K 截面位移只需考虑 φ_0 和 k，它们对 K 截面的线位移影响，与其到 K 点的水平、竖向距离有关，并不涉及杆件轴线的形状，因此式（4 – 5）对曲杆结构同样适用。

将式（4 – 5）中的 ω_x、ω_y 改为 Δ_H、Δ_V；将 x_K、y_K 改为 R（1 – $\cos\alpha$）与 $R\sin\alpha$（图 4 – 14a）；A_{ik} 改为 $kRd\theta$；l_{ix}、l_{iy} 改为 R（$\cos\theta - \cos\alpha$）与 R（$\sin\alpha - \sin\theta$）（图 4 – 14b），便得到任一截面转角 φ、水平位移 Δ_H、竖向位移 Δ_V 的计算式：

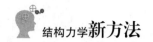

$$\varphi = \varphi_0 + \int_0^\alpha kR\mathrm{d}\theta \qquad (4-14\mathrm{a})$$

$$\Delta_H = \varphi_0 R\sin\alpha + \int_0^\alpha k\,R^2(\sin\alpha - \sin\theta)\,\mathrm{d}\theta \qquad (4-14\mathrm{b})$$

$$\Delta_V = \varphi_0 R\,(1-\cos\alpha) + \int_0^\alpha k\,R^2(\cos\theta - \cos\alpha)\,\mathrm{d}\theta \qquad (4-14\mathrm{c})$$

例 4-9 图 4-15a 所示 1/4 圆弧简支曲梁，在 B 点受竖向集中力 F_P 作用，等截面曲梁 $EI=$ 常数，其横截面高度 h 远小于半径 R，可采用直杆位移计算公式，并忽略轴力、剪力对变形的影响，试用几何法直接积分求 A 截面转角 φ_A 及 B 点竖向位移 Δ_{BV}。

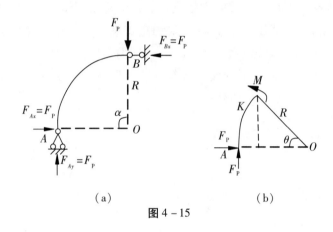

(a)　　　　　　　(b)

图 4-15

解：（1）求 φ_A。支座反力示于图 4-15a，曲梁 AB 圆心角 $\alpha = \pi/2$，由截面法求得与 OA 为 θ 角的 K 截面（图 4-15b）弯矩为：

$$M = F_P R\,(1-\cos\theta - \sin\theta) \qquad (0 \leqslant \theta \leqslant \pi/2)$$

由 k 与 M 的关系得：

$$k = -F_P R(1-\cos\theta - \sin\theta)\,/EI \qquad (0 \leqslant \theta \leqslant \pi/2)$$

已知 $\Delta_{BH}=0$，$\sin\alpha = 1$，由式（4-14b）有：

$$0 = \varphi_A R + R^2 \int_0^{\pi/2} k(\sin\alpha - \sin\theta)\,\mathrm{d}\theta = \varphi_A R - \frac{F_P R^3}{EI}\int_0^{\pi/2}(1-\cos\theta - \sin\theta)(1-\sin\theta)\,\mathrm{d}\theta$$

求解得：$\varphi_A = -0.145 F_P R^2/EI$（↘）

（2）求 Δ_{BV}。已知 $\Delta_{AV}=0$，$\cos\alpha = 0$，由式（4-14c）求得：

$$\Delta_{BV} = \varphi_A R - \frac{F_P R^3}{EI}\int_0^{\pi/2}(1-\cos\theta - \sin\theta)\cos\theta\,\mathrm{d}\theta = 0.141\frac{F_P R^3}{EI} \quad (\downarrow)$$

4.5.2　划分直段法求曲杆结构的位移

直接积分计算曲杆结构位移常会遇到积分困难，甚至无法完成，此时可采用划分直段法。

划分直段法的基本作法是：将曲杆沿跨度或杆轴等分为若干段，每段视作直杆；求出荷载作用下的弯矩 M 及曲率 k；按约束条件确定或计算原点（支座）截面转角 φ_0；根据 φ_0、k 计算结构指定截面位移。显然，划分的段数越多，计算结果越精确。

　　划分直段法是对定积分的数值计算，解决了积分难的问题，能求多点位移、绘制位移图。

　　用划分直段法求任一截面位移，仍然可由式（4-5）完成。考虑到曲杆结构的特点，需要作相应修改，下面结合拱轴线常用的抛物线和圆弧线进行说明。

　　1. 几何参数

　　对抛物线曲杆（图 4-16a），跨度为 l，高度为 f，杆轴方程 $y=4fx\ (l-x)/l^2$。沿跨度将曲杆等分 n 份，每份视作直杆，其水平投影 $\Delta x=l/n$，分段点 i 处坐标 x_i、y_i 及第 i 个直段斜高 Δy_i、长度 l_i 分别为：

$$x_i=i\Delta x \qquad y_i=4f\,x_i(l-x_i)/l^2 \tag{4-15a}$$

$$\Delta y_i=y_i-y_{i-1} \qquad l_i=\sqrt{\Delta x^2+\Delta y_i{}^2} \tag{4-15b}$$

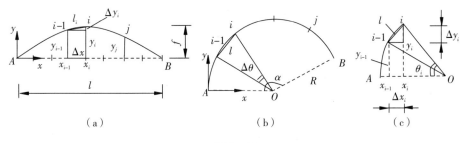

图 4-16

　　对圆弧形曲杆（图 4-16b），半径为 R，圆心角为 α，沿杆轴将曲杆等分 n 份，每份视作直杆，其圆心角 $\Delta\theta=\alpha/n$，各直杆长度均为 $l=2R\sin\dfrac{\Delta\theta}{2}$。以 A 为坐标原点，第 i 等分点处半径与水平线夹角为 $\theta_i=i\Delta\theta$。由图 4-16c 知，i 点坐标（x_i，y_i）及第 i 段直杆水平投影 Δx_i、竖向投影 Δy_i 为：

$$x_i=R\ (1-\cos\theta_i) \qquad y_i=R\sin\theta_i \tag{4-16a}$$

$$\Delta x_i=x_i-x_{i-1}=R\ (\cos\theta_{i-1}-\cos\theta_i) \qquad \Delta y_i=y_i-y_{i-1}=R\ (\sin\theta_i-\sin\theta_{i-1}) \tag{4-16b}$$

　　2. φ_0、k 对截面位移的影响

　　以曲杆结构的固定支座、固定铰支座为坐标原点，有 $\omega_{0x}=0$、$\omega_{0y}=0$。因此，计算任一截面位移只考虑 φ_0 与 k 的影响。与式（4-5）作类似的推导可有：

　　φ_0 引起等分点 j 处截面转角 $\varphi_j^{\varphi_0}$、水平位移 $\Delta_{jH}^{\varphi_0}$、竖向位移 $\Delta_{jV}^{\varphi_0}$ 为：

$$\left.\begin{aligned} \varphi_j^{\varphi_0}&=\varphi_0\\ \Delta_{jH}^{\varphi_0}&=\varphi_0 y_j\\ \Delta_{jV}^{\varphi_0}&=\varphi_0 x_j \end{aligned}\right\} \tag{a}$$

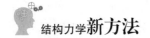

式（a）中，x_j、y_j由式（4-15）或式（4-16）求出，它们与式（4-5）的x_B、y_B对应。

在集中力（力偶）、均布力作用下，第i直段曲率k可分解为以始端k_{i-1}、末端k_i为高的两个三角形和以k_{Pi}为最大值的标准二次曲线。第i直段k引起j点（$j \geq i$）截面转角φ_j^{ik}、水平位移Δ_{jH}^{ik}、竖向位移Δ_{jV}^{ik}为：

$$\left.\begin{aligned}
\varphi_j^{ik} &= \left(\frac{k_{i-1}}{2} + \frac{k_i}{2} + \frac{2k_{Pi}}{3}\right)l_i \\
\Delta_{jH}^{ik} &= \left[\frac{k_{i-1}}{2}\left(y_j - y_i + \frac{2\Delta y_i}{3}\right) + \frac{k_i}{2}\left(y_j - y_i + \frac{\Delta y_i}{3}\right) + \frac{2k_{Pi}}{3}\left(y_j - y_i + \frac{\Delta y_i}{2}\right)\right]l_i \\
\Delta_{jV}^{ik} &= \left[\frac{k_{i-1}}{2}\left(x_j - x_i + \frac{2\Delta x_i}{3}\right) + \frac{k_i}{2}\left(x_j - x_i + \frac{\Delta x_i}{3}\right) + \frac{2k_{Pi}}{3}\left(x_j - x_i + \frac{\Delta x_i}{2}\right)\right]l_i
\end{aligned}\right\} \quad (b)$$

式（b）等号左边各位移符号的上标表示位移是第i直段k引起的。第一式右边与式（4-5）中A_{ik}对应，第二、三式右边与$A_{ik}l_{iy}$、$A_{ik}l_{ix}$对应。式（b）各几何参数由式（4-15）或式（4-16）求出。

将φ_0与$i=1 \sim j$个直段k引起的j截面位移叠加，可得j截面转角φ_j、水平位移Δ_{jH}、竖向位移Δ_{jV}计算式为：

$$\varphi_j = \varphi_0 + \sum_{i=1}^{j}\left(\frac{k_{i-1}}{2} + \frac{k_i}{2} + \frac{2k_{Pi}}{3}\right)l_i \qquad (4-17a)$$

$$\Delta_{jH} = \varphi_0 y_j + \sum_{i=1}^{j} l_i\left[\frac{k_{i-1}}{2}\left(y_j - y_i + \frac{2\Delta y_i}{3}\right) + \frac{k_i}{2}\left(y_j - y_i + \frac{\Delta y_i}{3}\right) + \frac{2k_{Pi}}{3}\left(y_j - y_i + \frac{\Delta y_i}{2}\right)\right]$$
$$(4-17b)$$

$$\Delta_{jV} = \varphi_0 x_j + \sum_{i=1}^{j} l_i\left[\frac{k_{i-1}}{2}\left(x_j - x_i + \frac{2\Delta x_i}{3}\right) + \frac{k_i}{2}\left(x_j - x_i + \frac{\Delta x_i}{3}\right) + \frac{2k_{Pi}}{3}\left(x_j - x_i + \frac{\Delta x_i}{2}\right)\right]$$
$$(4-17c)$$

当需要绘制位移图或求多点位移时，可重复应用式（4-17）。

由上可知，式（4-17）就是公式（4-5）在曲杆结构位移计算的推广应用。需要指出：对抛物线曲杆每个直段长度l_i是变化的，其水平投影Δx_i（$=\Delta x$）是不变的；对圆弧形曲杆每个直段长度l_i（$=l$）是不变的，其水平投影Δx_i是变化的。

按式（4-17）求位移，需采用 Excel。计算时，直段（i）、φ_0按行排出，几何参数、k_{i-1}、k_i、k_{Pi}及所求等分点j的位移计算式按列排出，在第j等分点位移计算式的第一个单元格输入计算公式（y_j或x_j输入常量），按"Enter"键，再把鼠标移动到单元格右下角"$+$"向下拖动就得到j个数值，然后求和，即得j截面位移。当需要绘制位移图或求多点位移时，只需复制、粘贴第一次计算时第一个单元格的计算式，并相应改动y_j或x_j值，用与第一次计算相同的操作，即可求出欲求的截面位移。具体计算见例 4-10。

综上所述，划分直段法求曲杆结构位移的步骤如下：

（1）将抛物线曲杆沿跨度或将圆弧形曲杆沿杆轴等分为n份；求出各直段的几何参

数；由平衡条件求出 M 值，计算 k_{i-1}、k_i、k_{Pi}。

（2）由边界约束条件确定 φ_0，或者利用某截面已知位移由式（4-17）求出 φ_0。

（3）将 φ_0 与 k 的各值代入式（4-17）计算 j 截面位移。

（4）当需要计算各等分点位移时，令 $j = 1 \sim n$，重复应用式（4-17）。

例 4-10 图 4-17a 所示抛物线简支曲梁，$y = (6-x)x/9$，$q = 5\text{kN/m}$，$l = 6\text{m}$，$f = 1\text{m}$，$EI =$ 常数。不考虑剪力、轴力对弯曲变形的影响，试绘制曲梁位移图。

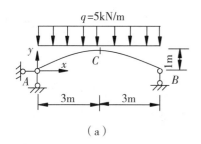

1（14.14，23.14）3（31.67，62.15）5（36.77，83.83）

7（37.08，83.83）9（42.18，62.15）11（59.71，23.14）

（a）　　　　　　　　（b）

图 4-17

解：（1）以支座 A 为坐标原点，将曲梁沿跨度等分 12 段，$\Delta x = 0.5\text{m}$，由式（4-15）求出 x_i、y_i、Δy_i、l_i（表 4-4）。由平衡条件求得任一截面弯矩计算式：

$$M(x) = \frac{qlx}{2} - \frac{qx^2}{2} = \frac{5}{2}(6-x)x$$

由 k 与 M 的关系有：

$$k_i = -\frac{5}{2EI}(6-x_i)x_i; \quad k_{i-1} = -\frac{5}{2EI}(6-x_{i-1})x_{i-1}; \quad k_{Pi} = -\frac{5}{8EI}l_i^2$$

k_{i-1}、k_i、k_{Pi} 值的具体计算见表 4-4。

（2）求 φ_0。B 点竖向位移 $\Delta_{BV} = 0$。令 $j = 12$，将 $\Delta x = 0.5\text{m}$，$x_j = 6$ 代入式（4-17c）有：

$$0 = 6\varphi_0 + \sum_{i=1}^{12} l_i \left[\frac{k_{i-1}}{2}\left(6-x_i+\frac{1}{3}\right) + \frac{k_i}{2}\left(6-x_i+\frac{0.5}{3}\right) + \frac{2k_{Pi}}{3}\left(6-x_i+\frac{0.5}{2}\right) \right] = 6\varphi_0 + \Delta_{BV}^k$$

$$\text{（a）}$$

列表计算第 i 直段 k 引起 B 点竖向位移 Δ_{BV}^{ik}，如表 4-4 最后一列所示。将各 Δ_{BV}^{ik} 值求和可得：$\Delta_{BV}^k = -281.921/EI$。再将 Δ_{BV}^k 代入式（a）求得：

$$\varphi_0 = -\Delta_{BV}^k/6 = 281.921/6EI = 46.987/EI \ (\curvearrowleft) \qquad \text{（b）}$$

（3）计算 Δ_{jH}。采用 Excel 表，令 $j = 1 \sim n$。将区段 i、φ_0 按行排出，Δ_{jH} 按列排出，y_j 用常量，由式（4-17b）计算 Δ_{jH}，详见表 4-4（续1）。表中最下面一行即为各等分点水平位移。

（4）计算 Δ_{jV}。用与计算 Δ_{jH} 同样的作法求 Δ_{jV}，如表 4 – 4（续 2）所示。

（5）根据计算结果绘出曲梁位移图，见图 4 – 17b 下面一条曲线（位置所限，图中曲线仅标出奇数等分点位移值）。

表 4 – 4

$\Delta_{BV}^k = \sum\limits_{i=1}^{j} l_i \left[k_{i-1} \left(x_j - x_i + 2\Delta x/3 \right) /2 + k_i \left(x_j - x_i + \Delta x/3 \right) /2 + 2k_{Pi} \left(x_j - x_i + \Delta x/2 \right) /3 \right]$								
区段	末端 x_i	末端 y_i	Δy_i	l_i	k_{i-1}	k_i	k_{Pi}	Δ_{BV}^{ik}
1	0.5	0.30556	0.305556	0.58597	0	– 6.875	– 0.214603	– 11.8963
2	1	0.55556	0.25	0.55902	– 6.875	– 12.5	– 0.195313	– 28.6824
3	1.5	0.75	0.194444	0.53648	– 12.5	– 16.88	– 0.17988	– 37.6355
4	2	0.88889	0.138889	0.51893	– 16.875	– 20	– 0.168306	– 40.8431
5	2.5	0.97222	0.083333	0.5069	– 20	– 21.88	– 0.16059	– 39.9632
6	3	1	0.027778	0.50077	– 21.875	– 22.5	– 0.156732	– 36.2673
7	3.5	0.97222	– 0.02778	0.50077	– 22.5	– 21.88	– 0.156732	– 30.7118
8	4	0.88889	– 0.08333	0.5069	– 21.875	– 20	– 0.16059	– 24.0413
9	4.5	0.75	– 0.13889	0.51893	– 20	– 16.88	– 0.168306	– 16.9131
10	5	0.55556	– 0.19444	0.53648	– 16.875	– 12.5	– 0.17988	– 10.0276
11	5.5	0.30556	– 0.25	0.55902	– 12.5	– 6.875	– 0.195313	– 4.24722
12	6	0	– 0.30556	0.58597	– 6.875	0	– 0.214603	– 0.69239
							$\sum \Delta_{BV}^{ik} =$	– 281.921

表 4 – 4（续 1）

$\Delta_{jH} = \sum\limits_{j=1}^{n} \left\{ \varphi_0 y_j + \sum\limits_{i=1}^{j} l_i \left[k_{i-1} \left(y_j - y_i + 2\Delta y/3 \right) /2 + k_i \left(y_j - y_i + \Delta y/3 \right) /2 + 2k_{Pi} \left(y_j - y_i + \Delta y/2 \right) /3 \right] \right\}$															$\varphi_0 = 46.987/EI$
区段	k_{i-1}	k_i	k_{Pi}	Δ_{1H}	Δ_{2H}	Δ_{3H}	Δ_{4H}	Δ_{5H}	Δ_{6H}	Δ_{7H}	Δ_{8H}	Δ_{9H}	Δ_{10H}	Δ_{11H}	Δ_{12H}
1	0	– 6.875	– 0.215	– 0.218	– 0.742	– 1.150	– 1.442	– 1.617	– 1.675	– 1.617	– 1.442	– 1.150	– 0.742	– 0.218	0.423
2	– 6.875	– 12.5	– 0.195		– 0.621	– 1.688	– 2.450	– 2.907	– 3.060	– 2.907	– 2.450	– 1.688	– 0.621	0.752	2.429
3	– 12.5	– 16.88	– 0.180			– 0.734	– 1.838	– 2.500	– 2.720	– 2.500	– 1.838	– 0.735	0.810	2.796	5.223
4	– 16.875	– 20	– 0.168				– 0.650	– 1.452	– 1.719	– 1.452	– 0.650	0.687	2.559	4.965	7.907
5	– 20	– 21.88	– 0.161					– 0.438	– 0.734	– 0.438	0.451	1.933	4.007	6.674	9.933

（续上表）

区段	k_{i-1}	k_i	k_{P_i}	Δ_{1H}	Δ_{2H}	Δ_{3H}	Δ_{4H}	Δ_{5H}	Δ_{6H}	Δ_{7H}	Δ_{8H}	Δ_{9H}	Δ_{10H}	Δ_{11H}	Δ_{12H}
6	−21.875	−22.5	−0.157						−0.154	0.156	1.086	2.636	4.807	7.598	11.009
7	−22.5	−21.88	−0.157							0.156	1.086	2.636	4.807	7.598	11.009
8	−21.875	−20	−0.161								0.451	1.933	4.007	6.674	9.933
9	−20	−16.88	−0.168									0.687	2.559	4.965	7.907
10	−16.875	−12.5	−0.180										0.810	2.796	5.224
11	−12.5	−6.875	−0.195											0.752	2.429
12	−6.875	0	−0.215												0.423
		$\varphi_0 y_j =$		14.357	26.104	35.240	41.766	45.682	46.987	45.682	41.766	35.240	26.104	14.357	0
		$\Delta_{jH} = \varphi_0 y_j + \Delta^k_{jH} =$		14.139	24.741	31.668	35.387	36.768	36.924	37.080	38.461	42.180	49.107	59.709	73.848

Formula (table above): $\Delta_{jH} = \sum\limits_{j=1}^{n} \left\{ \varphi_0 y_j + \sum\limits_{i=1}^{j} l_i \left[k_{i-1}(y_j - y_i + 2\Delta y_i/3)/2 + k_i(y_j - y_i + \Delta y_i/3)/2 + 2k_{P_i}(y_j - y_i + \Delta y_i/2)/3 \right] \right\}$; $\varphi_0 = 46.987/EI$

表 4 − 4（续 2）

区段	k_{i-1}	k_i	k_{P_i}	Δ_{1V}	Δ_{2V}	Δ_{3V}	Δ_{4V}	Δ_{5V}	Δ_{6V}	Δ_{7V}	Δ_{8V}	Δ_{9V}	Δ_{10V}	Δ_{11V}	Δ_{12V}
1	0	−6.875	−0.215	−0.357	−1.406	−2.455	−3.504	−4.553	−5.602	−6.651	−7.700	−8.750	−9.798	−10.847	−11.9
2	−6.875	−12.5	−0.195		−1.241	−3.985	−6.729	−9.473	−12.218	−14.962	−17.706	−20.450	−23.194	−25.938	−28.68
3	−12.5	−16.88	−0.180			−1.888	−5.860	−9.832	−13.804	−17.776	−21.748	−25.720	−29.692	−33.664	−37.64
4	−16.875	−20	−0.168				−2.339	−7.152	−11.965	−16.778	−21.591	−26.404	−31.217	−36.030	−40.84
5	−20	−21.88	−0.161					−2.627	−7.961	−13.295	−18.628	−23.962	−29.296	−34.630	−39.96
6	−21.875	−22.5	−0.157						−2.778	−8.359	−13.941	−19.523	−25.104	−30.686	−36.27
7	−22.5	−21.88	−0.157							−2.804	−8.385	−13.967	−19.549	−25.130	−30.71
8	−21.875	−20	−0.165								−2.706	−8.040	−13.374	−18.708	−24.04
9	−20	−16.88	−0.168									−2.474	−7.287	−12.100	−16.91
10	−16.875	−12.5	−0.180										−2.084	−6.056	−10.03
11	−12.5	−6.875	−0.195											−1.503	−4.247
12	−6.875	0	−0.215												−0.692
		$\varphi_0 x_j =$		23.493	46.987	70.480	93.974	117.467	140.961	164.454	187.947	211.441	234.934	258.428	281.92
		$\Delta_{jV} = \varphi_0 x_j + \Delta^k_{jV} =$		23.137	44.340	62.152	75.542	83.830	86.633	83.830	75.542	62.152	44.340	23.137	3E − 08

Formula (table above): $\Delta_{jV} = \sum\limits_{j=1}^{n} \left\{ \varphi_0 x_j + \sum\limits_{i=1}^{j} l_i \left[k_{i-1}(x_j - x_i + 2\Delta x/3)/2 + k_i(x_j - x_i + \Delta x/3)/2 + 2k_{P_i}(x_j - x_i + \Delta x/2)/3 \right] \right\}$; $\varphi_0 = 46.987/EI$

例 4 − 11 图 4 − 18a 所示 1/4 圆弧形简支曲梁，半径为 R，受均布荷载 q 作用，$EI = $ 常数，忽略曲杆轴线曲率及轴力、剪力对变形的影响，试求 A 截面转角 φ_A 及 B 截面竖向位移 Δ_{BV}。

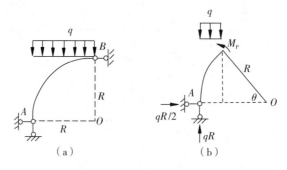

图 4 – 18

解：（1）以 A 为坐标原点，将曲梁沿杆轴等分 9 份，每份视作直杆，圆心角 $\Delta\theta = 10°$，杆长 $l = 0.1743R$，第 i 等分点圆心角 $\theta_i = 10i$，求出 $\sin\theta_i$、$\cos\theta_i$，由式（4 – 16）求出 x_i、Δx_i、y_i、Δy_i，见表 4 – 5 第 2 ~ 8 列。

取图 4 – 18b 所示隔离体，任一截面弯矩为：

$$M\,(x) = \frac{qR^2}{2}\,(1 - \sin\theta - \cos^2\theta)\qquad (0 \leqslant \theta \leqslant \pi/2)\qquad\qquad\text{(a)}$$

$M\,(x)$ 除以 EI 反号即得曲率 k，第 i 直段的 k_{i-1}、k_i、$k_{\mathrm{P}i}$ 为：

$$k_{i-1} = -\frac{qR^2}{2EI}(1 - \sin\theta_{i-1} - \cos^2\theta_{i-1})\qquad k_i = -\frac{qR^2}{2EI}(1 - \sin\theta_i - \cos^2\theta_i)\qquad k_{\mathrm{P}i} = -\frac{q}{8EI}\Delta x_i^2$$

$$\text{(b)}$$

式（b）各值计算见表 4 – 5 第 9 ~ 11 列。

表 4 – 5　划分直段法计算 Δ_{BH}^k、Δ_{BV}^k

区段	$\Delta\theta = 10$			$l = 2\sin5 = 0.1743$				$\varphi_0 = -0.0466$				
区段	θ_i	$\sin\theta_i$	$\cos\theta_i$	x_i	Δx_i	y_i	Δy_i	k_{i-1}	k_i	$k_{\mathrm{P}i}$	Δ_{BH}^{ik}	Δ_{BV}^{ik}
1	10	0.1737	0.9848	0.0152	0.0152	0.174	0.1736	0	0.0717	-2.89E-05	0.0055	0.0062
2	20	0.342	0.9397	0.0603	0.0451	0.342	0.1684	0.0717	0.1125	-0.0003	0.0118	0.0154
3	30	0.5	0.866	0.1339	0.0737	0.5	0.158	0.1125	0.125	-0.0007	0.0119	0.0186
4	40	0.6428	0.766	0.234	0.1	0.643	0.1428	0.125	0.1148	-0.0013	0.0089	0.017
5	50	0.766	0.6428	0.3572	0.1233	0.766	0.1233	0.1148	0.0896	-0.0019	0.0052	0.0124
6	60	0.866	0.5	0.5	0.1428	0.866	0.1	0.0896	0.058	-0.0025	0.0024	0.0072
7	70	0.9397	0.342	0.658	0.158	0.94	0.0737	0.058	0.0283	-0.0031	0.0007	0.0031
8	80	0.9848	0.1736	0.8264	0.1684	0.985	0.0451	0.0283	0.0075	-0.0035	0.0001	0.0007
9	90	1	6.13E-17	1	0.1736	1	0.0152	0.0075	1.876E-33	-0.0038	3.276E-06	3.745E-05
										$\Sigma =$	0.0466	0.0807

（2）求 φ_A。已知 $\Delta_{BH} = 0$，$y_B = R$，由式（4 – 17b）有：

$$0 = \varphi_A R + \sum_{i=1}^{9} l_i \left[\frac{k_{i-1}}{2}(R - y_i + \frac{2\Delta y_i}{3}) + \frac{k_i}{2}(R - y_i + \frac{\Delta y_i}{3}) + \frac{2k_{Pi}}{3}(R - y_i + \frac{\Delta y_i}{2}) \right] \quad \text{（c）}$$

先计算 k 引起 B 点水平位移 Δ_{BH}^{ik}，见表 4 – 5 第 12 列，将该列值求和，得：

$$\Delta_{BH}^{k} = 0.0466 q R^4 / EI \ (\downarrow)$$

Δ_{BH}^{k} 即为式（c）中 " Σ " 所得值，代入式（c）求得：

$$\varphi_A = -0.0466 q R^3 / EI \ (\rotatebox{-45}{$\curvearrowright$}) \qquad\qquad\qquad \text{（d）}$$

（3）计算 Δ_{BV}。由式（4 – 17c）有：

$$\Delta_{BV} = \varphi_A x_j + \sum_{i=1}^{9} l_i \left[\frac{k_{i-1}}{2}(x_j - x_i + \frac{2\Delta x_i}{3}) + \frac{k_i}{2}(x_j - x_i + \frac{\Delta x_i}{3}) + \frac{2k_{Pi}}{3}(x_j - x_i + \frac{\Delta x_i}{2}) \right]$$

其中，$x_j = R$，$\varphi_A x_j = -0.0466 q R^4 / EI$；$\sum_{i=1}^{9} l_i \left[\frac{k_{i-1}}{2}(R - x_i + \frac{2\Delta x_i}{3}) + \frac{k_i}{2}(R - x_i + \frac{\Delta x_i}{3}) + \right.$

$\left. \frac{2k_{Pi}}{3}(R - x_i + \frac{\Delta x_i}{2}) \right] = 0.0807 q R^4 / EI$（见表 4 – 5）。

于是有：

$$\Delta_{BV} = (-0.0466 + 0.0807) q R^4 / EI = 0.0341 q R^4 / EI \ (\downarrow) \qquad\qquad \text{（e）}$$

（4）讨论。本例已用积分求出 φ_A 和 Δ_{CV} 的解析解（计算从略），求得：$\varphi_A = (\pi/4 - 5/6) q R^3 / EI$，$\Delta_{BV} = (\pi/4 - 3/4) q R^4 / EI$。用划分直段法取 $n = 9$ 时，φ_A 与解析解误差为 2.78%，Δ_{BV} 为 3.67%；取 $n = 18$ 时（计算从略），φ_A 与解析解误差为 0.69%，Δ_{BV} 为 0.93%。表明分段数越多，越接近解析解。此外，由于采用 Excel，划分段数的增加，对计算用时的增加影响很小。

4.6　轴力杆件的位移

几何法求轴力杆件的位移，是以二元体为研究对象，根据支点位移、杆件变形与结点位移的关系，推导出结点位移计算式，并推广到桁架杆件的位移计算。

4.6.1　结点荷载作用下的位移计算

图 4 – 19a 所示二元体，AK 杆（记为杆 1）支点位移 a_x、a_y，轴力 F_{Na}、杆长 l_a、截面面积 A_a、轴向变形 $S_a = F_{Na} l_a / EA_a$。BK 杆（记为杆 2）支点位移 b_x、b_y，轴力 F_{Nb}、杆长 l_b、截面面积 A_b、轴向变形 $S_b = F_{Nb} l_b / EA_b$。两杆倾角 α、β 为结构坐标 x 轴正向到杆件轴向坐标 x_1、x_2 的夹角，逆时针转为正，两杆夹角 $\gamma = \alpha - \beta$（$\gamma \leqslant 180°$）。用图解法可求出 S_a、S_b、a_x、a_y、b_x、b_y 单独发生时引起的 K 点位移。例如图 4 – 19b 所示为 S_a 单独发生时 K 点位移 Δ_{K1}，其在 x、y 方向的分量为：

$$\Delta_{K1x} = \frac{S_a}{\sin\gamma}\cos(\beta + 90°) \qquad \Delta_{K1y} = \frac{S_a}{\sin\gamma}\sin(\beta + 90°)$$

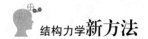

图 4-19c 所示为 a_x 单独发生时的 K 点位移 Δ_{K2}，其在 x、y 方向的分量为：

$$\Delta_{K2x} = \frac{a_x \cos\alpha}{\sin\gamma}\cos(\beta + 90°) \qquad \Delta_{K2y} = \frac{a_x \cos\alpha}{\sin\gamma}\sin(\beta + 90°)$$

图 4-19d 所示为 a_y 单独发生时的 K 点位移 Δ_{K3}，其在 x、y 方向的分量为：

$$\Delta_{K3x} = \frac{a_y \sin\alpha}{\sin\gamma}\cos(\beta + 90°) \qquad \Delta_{K3y} = \frac{a_y \sin\alpha}{\sin\gamma}\sin(\beta + 90°)$$

类似地，可得到 S_b、b_x、b_y 单独发生时引起的 K 点位移计算式。

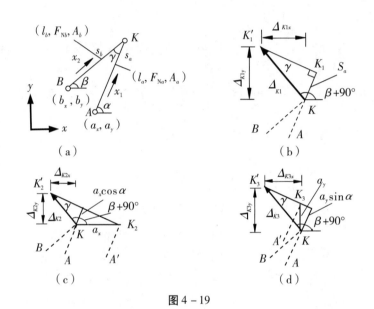

图 4-19

将各杆件轴向变形和支点位移引起的 K 点同一方向的位移分量代数相加，并利用三角函数关系，可得到 K 点沿 x、y 方向的位移为：

$$\Delta_{Kx} = (-S_1 \sin\beta + S_2 \sin\alpha)/\sin(\alpha - \beta) \tag{4-18a}$$

$$\Delta_{Ky} = (S_1 \cos\beta - S_2 \cos\alpha)/\sin(\alpha - \beta) \tag{4-18b}$$

式中，

$$S_1 = S_a + a_x \cos\alpha + a_y \sin\alpha \tag{4-19a}$$

$$S_2 = S_b + b_x \cos\beta + b_y \sin\beta \tag{4-19b}$$

S_1、S_2 是杆 1、杆 2 轴向变形与支点位移沿杆轴方向投影之和，称为折算轴向变形。

通过穷举法验证，无论二元体处于平面内什么位置，上述计算式都成立。

式（4-18）是计算轴力杆件结点位移的基本公式。

对简单桁架，按照增加二元体的顺序，由式（4-18）可逐点求出结点位移；对联合桁架和复杂桁架，个别二元体结点位移未知，此时可将该结点位移用未知量表示，并代入式（4-18），然后利用某些结点或几何不变部分之间的已知位移关系求出未知量，再计算其他结点位移。

对一些特殊情况的结点位移，还可采用以下简化算法：

（1）求解方程组式（4 – 18）可有：

$$\Delta_{Kx}\cos\alpha + \Delta_{Ky}\sin\alpha = S_1 \tag{4 – 20a}$$

$$\Delta_{Kx}\cos\beta + \Delta_{Ky}\sin\beta = S_2 \tag{4 – 20b}$$

式（4 – 20）的几何意义是：结点位移沿某杆轴方向的投影等于该杆的折算轴向变形。

当二元体的某杆与坐标轴平行或两杆对称于坐标轴时，用式（4 – 20）计算较简便。

（2）对于计算精度要求不高的情况，可用作图法求 Δ_{Kx}、Δ_{Ky}，作法是：

在空白纸上任选一点 K，过 K 按比例画出扩大后的 S_1、S_2（扩大倍数可取 100 ~ 1000），分别与杆1、杆2平行，正值与杆轴正方向一致，负值则相反；从 S_1、S_2 末端作杆1、杆2的垂线相交于 K' 点；联结 KK' 点并用直尺量出 KK' 的水平、竖向分量，就是 Δ_{Kx}、Δ_{Ky}。

（3）根据轴力杆只有轴向变形的特性，结点位移与杆件变形有以下关系：

①杆件两端沿轴线方向的位移之差，等于杆件的轴向变形。

②杆件两端垂直于杆轴方向的位移之差除以杆长，等于杆件转角。

③杆件任一点沿某方向的位移可由两端同一方向的位移按比例求出。

（4）利用合力投影定理，由 Δ_{Kx}、Δ_{Ky} 可求出 K 点任一方向的位移，常用的有：

求 K 点的总位移 Δ_K 及其方向角 θ_K：

$$\Delta_K = \sqrt{\Delta_{Kx}^2 + \Delta_{Ky}^2} \qquad \theta_K = \tan^{-1}\left(\Delta_{Ky}/\Delta_{Kx}\right) \tag{4 – 21}$$

求 K 点沿某杆轴线方向的位移 Δ_{Kn}：

$$\Delta_{Kn} = \Delta_{Kx}\cos\varphi + \Delta_{Ky}\sin\varphi \tag{4 – 22}$$

求 K 点垂直于某杆轴线方向的位移 Δ_{Km}：

$$\Delta_{Km} = -\Delta_{Kx}\sin\varphi + \Delta_{Ky}\cos\varphi \tag{4 – 23}$$

上两式中，φ 为某杆件的倾角，下标 n 表示该杆轴线方向、m 表示该杆轴线垂直方向。

例 4 – 12　图 4 – 20a 所示简单桁架，在结点荷载作用下的内力如杆件旁的数字所示，各杆 EA = 常数。试求各结点位移。

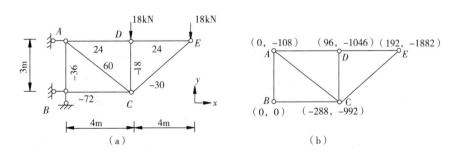

图 4 – 20

解：（1）由约束条件可知，$\Delta_{AH} = \Delta_{BH} = \Delta_{BV} = 0$；$AB$ 杆受压 $F_N = -36\text{kN}$，$\Delta_{AV} = 3 \times (-36)/EA = -108/EA$（↓）。按增加二元体的顺序计算结点位移。

（2）求结点位移。对结点 C 可有：

BC 杆，$a_x = a_y = 0$，$\sin\alpha = 0$，$\cos\alpha = 1$，$S_a = -288/EA$；

AC 杆，$b_x = 0$，$b_y = -108/EA$，$\sin\beta = -0.6$，$\cos\beta = 0.8$，$S_b = 300/EA$；$\sin(\alpha-\beta) = 0.6$。

将以上各值填入表 4-6 结点 C 所示两行对应位置，在 S_1、S_2 后方单元格输入式（4-19），按回车键可得两杆折算轴向变形值；再在 Δ_{Kx}、Δ_{Ky} 下面单元格输入式（4-18）求得：

$$\Delta_{Cx} = -288/EA \ (\leftarrow) \qquad \Delta_{Cy} = -992/EA \ (\downarrow)$$

表 4-6 图 4-20a 桁架结点位移计算

结点	杆件	支点x值		支点y值		倾角正弦		倾角余弦		$\sin(\alpha-\beta)$	轴向变形		折变		Δ_{Kx}	Δ_{Ky}
		\multicolumn{16}{c}{$S_1 = S_a + a_x\cos\alpha + a_y\sin\alpha$ $S_2 = S_b + b_x\cos\beta + b_y\sin\beta$}													
		\multicolumn{16}{c}{$\Delta_{Kx} = (-S_1\sin\beta + S_2\sin\alpha)/\sin(\alpha-\beta)$ $\Delta_{Ky} = (S_1\cos\beta - S_2\cos\alpha)/\sin(\alpha-\beta)$}													
C	BC	a_x	0	a_y	0	$\sin\alpha$	0	$\cos\alpha$	1	0.6	S_a	-288	S_1	-288	-288	-992
	AC	b_x	0	b_y	-108	$\sin\beta$	-0.6	$\cos\beta$	0.8		S_b	300	S_2	364.8		
D	CD	a_x	-288	a_y	-992	$\sin\alpha$	1	$\cos\alpha$	0	1	S_a	-54	S_1	-1046	96	-1046
	AD	b_x	0	b_y	-108	$\sin\beta$	0	$\cos\beta$	1		S_b	96	S_2	96		
E	CE	a_x	-288	a_y	-992	$\sin\alpha$	0.6	$\cos\alpha$	0.8	0.6	S_a	-150	S_1	-975.6	192	-1882
	DE	b_x	96	b_y	-1046	$\sin\beta$	0	$\cos\beta$	1		S_b	96	S_2	192		

注：表中除三角函数外，各值乘以 $1/EA$。

对 D、E 点位移计算，只需在表 4-6 输入各杆支点位移，杆件倾角正弦、余弦和 $\sin(\alpha-\beta)$ 值，然后将鼠标移到 AC 杆所在行 S_2 后方单元格，点击并下拉单元格右下角"+"号，即得 D、E 点相关各杆折算轴向变形。再点击 Δ_{Kx}、Δ_{Ky} 下面单元格，并下拉右下方"+"号，即得 D、E 点位移值。各结点位移值如图 4-20b 所示。

（3）校核。由观察可知，每根竖杆、水平杆两端沿杆轴方向的位移之差，均等于杆件的轴向变形，符合轴力杆件变形特征。

用虚功法求得（计算从略）：$\Delta_{EV} = \dfrac{1882}{EA}$（↓），与表 4-6 结果相同。

（4）讨论。本例由式（4-20）和轴力杆变形特性计算位移更简便：

C 点位移，BC 杆：$\sin\alpha = 0$，$\cos\alpha = 1$，$S_1 = -288/EA$；AC 杆：$\sin\beta = -0.6$，$\cos\beta = 0.8$，$S_2 = 364.8/EA$。由式（4-20a）得：

$$\Delta_{Cx} = S_1 = -288/EA$$

由式（4-20b）得：

$$\Delta_{Cy} = (-S_1 \cos\beta + S_2)/\sin\beta = -992/EA$$

D 点位移，由杆件两端沿杆件轴线方向的位移之差等于杆件轴向变形可知：

$$\Delta_{Dx} = \Delta_{AH} + 24 \times 4/EA = 96/EA$$

$$\Delta_{Dy} = \Delta_{Cy} - 18 \times 3/EA = -1046/EA$$

E 点位移，CE 杆：$\sin\alpha = 0.6$，$\cos\alpha = 0.8$，$S_1 = (-30 \times 5 - 288 \times 0.8 - 992 \times 0.6)/EA =$ $-975.6/EA$，DE 杆：$\sin\beta = 0$，$\cos\beta = 1$，$S_2 = 24 \times 4/EA + \Delta_{Dx} = 192/EA$。由式（4-20b）求得：

$$\Delta_{Ex} = S_2 = 192/EA$$

将 Δ_{Ex} 代入式（4-20a）求得：

$$\Delta_{Ey} = (S_1 - S_2 \cos\alpha)/\sin\alpha = -1882/EA$$

例 4-13　试绘图 4-21a 所示桁架结点位移图。杆旁数字为轴力，各杆 $A = 2 \times 10^{-4} \mathrm{m}^2$，$E = 210\mathrm{GPa}$。

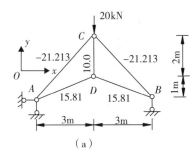
（a）

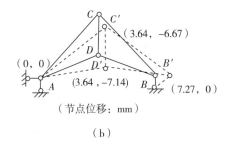
（节点位移：mm）
（b）

图 4-21

解： 本例各杆对称于 y 轴，用式（4-20）计算。

（1）求 B 点水平位移。已知 $\Delta_{Ax} = \Delta_{Ay} = \Delta_{By} = 0$，设 $\Delta_{Bx} = x/EA$。

BC 杆（杆 1），$a_x = x/EA$、$a_y = 0$、$S_a = -90/EA$，$\sin\alpha = -\cos\alpha = \sqrt{2}/2$，求得 $S_1 = (-90 - \sqrt{2}x/2)/EA$；

AC 杆（杆 2），$b_x = b_y = 0$、$S_b = -90/EA$，$\sin\beta = \cos\beta = \sqrt{2}/2$，求得 $S_2 = -90/EA$。由式（4-20）求得：

$$\Delta_{Cx} = 0.5x/EA \quad \Delta_{Cy} = (-90\sqrt{2} - 0.5x)/EA$$

类似地，BD 杆（杆 1），$\sin\alpha = 1/\sqrt{10}$，$\cos\alpha = -3/\sqrt{10}$；$AD$ 杆（杆 2），$\sin\beta = 1/\sqrt{10}$，$\cos\beta = 3/\sqrt{10}$。求得 $S_1 = (50 - 3x/\sqrt{10})/EA$，$S_2 = 50/EA$。由式（4-20）求得：

$$\Delta_{Dx} = 0.5x/EA \quad \Delta_{Dy} = (50\sqrt{10} - 1.5x)/EA$$

根据结点 C、D 之间的竖向位移关系有：$\Delta_{Cy} - \Delta_{Dy} = 10 \times 2/EA$，即

$$(-90\sqrt{2}-0.5x)/EA-(50\sqrt{10}-1.5x)/EA=20/EA$$

求得：$\qquad\qquad x=305.4$

（2）将 x 代入各结点位移计算式，并计入 EA 值可得：

$\Delta_{Bx}=7.27mm$ $\quad\Delta_{Cx}=3.64mm$ $\quad\Delta_{Cy}=-6.67mm$ $\quad\Delta_{Dx}=3.64mm$ $\quad\Delta_{Dy}=-7.14mm$

（3）绘位移图。

将结点位移值扩大100倍，绘出的位移图如图4-21b虚线所示。

4.6.2 支座移动、温度改变、制造误差时的位移

式（4-18）及各简化算法同样适用于支座移动、温度改变、制造误差时的桁架位移计算。支座移动时，各杆件轴向变形为零。温度改变、制造误差时，无外因作用的杆件轴向变形亦为零。

例4-14 图4-22所示桁架，AD 杆升温30℃，其他杆件不升温，试求 D 点总位移 Δ_D。已知材料线膨胀系数 $\alpha=1.0\times10^{-5}$。

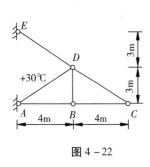

图4-22

解：（1）求 Δ_{Dx}、Δ_{Dy}。AD 杆（杆1）与 ED 杆（杆2）对称于水平坐标轴，$\sin\alpha=-\sin\beta=0.6$，$\cos\alpha=\cos\beta=0.8$，$a_x=a_y=0$，$S_1=S_a=\alpha t_0 l_{AD}=1.5mm$；$S_b=b_x=b_y=0$，$S_2=0$。由式（4-20a）、（4-20b）求解得：

$$\Delta_{Dx}=S_1/2\cos\alpha=0.94mm\quad(\rightarrow)$$
$$\Delta_{Dy}=S_1/2\sin\alpha=1.25mm\quad(\uparrow)$$

（2）求 Δ_D。将 Δ_{Dx}、Δ_{Dy} 代入式（4-21）得总位移 Δ_D 和方向角 θ 为：

$$\Delta_D=\sqrt{0.94^2+1.25^2}=1.56mm$$
$$\tan\theta=0.94/1.25=0.752,\quad\theta=36.94°$$

4.7 组合结构的位移

组合结构既有受弯杆件，又有轴力杆件，可按以下作法计算位移：

（1）暂不考虑轴力杆件的变形，按"4.2"节计算各受弯杆件的位移。

（2）考虑情况"（1）"引起的轴力杆支点位移，按"4.6"节计算轴力杆件结点位移。

（3）计算情况"（2）"引起的受弯杆件位移，与情况"（1）"叠加，得到受弯杆件最后位移。

例4-15 试绘制图4-23a组合结构的 ω 图。已知 $EI=6.72\times10^3 kN\cdot m^2$，$EA=$

$8.4 \times 10^4 \text{kN}$。

解：（1）暂不考虑拉杆 BE 的变形，求受弯杆位移。

①绘 k 图。绘出 M 图除以杆件 EI 值，即得 k 图，图 4 - 23b 括号内是 k 值。

AD 段，$k_F = 30/EI$　　　　DB 段，$k_N = 30/EI$

DE 段，$k_F = 40/EI$　　　　EC 段，$k_N = 40/EI$

②求受弯杆件始端转角。对 AB 杆，$\omega_A = \omega_B = 0$，由式（4 - 4）求得：

$$\varphi_A = \left(-\frac{1}{2} \times 3 \times \frac{30}{EI} \times 4 - \frac{1}{2} \times 3 \times \frac{30}{EI} \times 2 \right)/6 = -\frac{45}{EI}\ (\text{↘})$$

对 DE 杆，$\omega_{DE} = 0$，AB、DE、BE 三杆长度不变，$\omega_{ED} = 0$，由式（4 - 4）求得：

$$\varphi_{DE} = \left(-\frac{1}{6} \times \frac{40}{EI} \times 4^2 \right)/4 = -\frac{80}{3EI}\ (\text{↘})$$

对 EC 杆，$\varphi_{EC} = \varphi_{ED} = \varphi_{DE} + \frac{1}{2} \times 4 \times \frac{40}{EI} = \frac{160}{3EI}\ (\text{↗})$

③求各杆控制截面侧移。各杆 $k_q = 0$，式（4 - 6b）可记为：

$$\omega = \omega_0 + \varphi_0 x + \frac{1}{2} k_R x^2 + \frac{1}{6l} k_F x^3 \qquad (\text{a})$$

将各杆段计算参数代入上式，可求得控制截面 ω 值，见表 4 - 7 最后一列。其中，$\omega_{DA} = -90/EI$（←）。

（2）计算轴力杆结点 E 的竖向位移 Δ_{Ey}。

DE 杆（杆 1），$\sin\alpha = 0$，$\cos\alpha = 1$，$a_x = \omega_{DA} = -90/EI$，$a_y = 0$，$S_a = 0$，$S_1 = -90/EI$；

BE 杆（杆 2），$\sin\beta = -0.6$，$\cos\beta = 0.8$，$b_x = b_y = 0$，$S_2 = S_b = 250/EA$；$\sin(\alpha - \beta) = 0.6$。

由式（4 - 18b）求得：

$$\Delta_{Ey} = (S_1\cos\beta - S_2\cos\alpha)/\sin(\alpha - \beta) = -(120/EI + 1250/3EA)\ (\downarrow) \qquad (\text{b})$$

（3）计算 Δ_{Ey} 引起 DC 杆的竖向位移。

根据 "4.6" 节简化算法，Δ_{Ey} 引起的 DC 杆各控制截面竖向位移可按比例（$\Delta_{Ey}x/4$）求出。从 D 点到 C 点，在 $x = 0$，4m/3，8m/3，4m，14m/3，16m/3，6m 处，各竖向位移均向下，其值为：

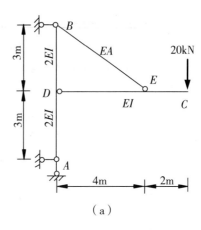

（a）

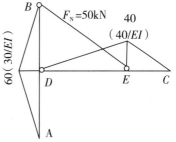

（b）M（k）图

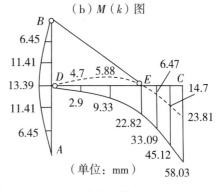

（单位：mm）

（c）ω 图

图 4 - 23

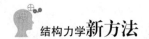

$$0,\ \Delta_{Ey}/3,\ 2\Delta_{Ey}/3,\ \Delta_{Ey},\ 7\Delta_{Ey}/6,\ 4\Delta_{Ey}/3,\ 1.5\Delta_{Ey}$$

（4）绘位移图。AB 杆不受拉杆变形影响，将表 4-7 各 ω 值乘以 $1/EI$ 后为：

$$0,\ -6.45\text{mm},\ -11.41\text{mm},\ -13.39\text{mm},\ -11.41\text{mm},\ -6.45\text{mm},\ 0$$

对 DC 杆，将 Δ_{Ey} 引起的位移与表 4-7 的 ω 值相加，并计入 EI、EA 值，求得各控制截面 ω 值为：

$$0,\ 2.9\text{mm},\ 9.33\text{mm},\ 22.82\text{mm},\ 33.09\text{mm},\ 45.12\text{mm},\ 58.03\text{mm}$$

按以上值扩大 50 倍绘出 ω 图如图 4-23c 所示。

表 4-7　不考虑拉杆变形时受弯杆件位移计算

$S_R = k_R \cdot x^2/2$			$S_F = k_F \cdot x^3/6l$				$\omega = \omega_0 + \varphi_0 \cdot x + S_R + S_F$			
区段	l	ω_0	φ_0	k_R	k_F	x	$\varphi_0 \cdot x$	S_R	S_F	ω
AD	3	0	−45	0	30	0	0	0	0	0
						1	−45	0	1.667	−43.333
						2	−90	0	13.333	−76.667
						3	−135	0	45	−90
DB	3	−90	0	30	−30	0	0	0	0	−90
						1	0	15	−1.667	−76.667
						2	0	60	−13.333	−43.333
						3	0	135	−45	0
DE	4	0	−26.667	0	40	0	0	0	0	0
						1.333	−35.547	0	3.948	−31.604
						2.667	−71.121	0	31.617	−39.507
						4	−106.668	0	106.667	−0.006
EC	2	0	53.333	40	−40	0	0	0	0	0
						0.667	35.573	8.898	−0.989	43.459
						1.333	71.093	35.538	−7.895	98.771
						2	106.666	80	−26.667	160.009

注：表中除 l、x 列外，其余列各值乘以 $1/EI$。

例 4-16　试求图 4-24a 所示组合结构由于温度变化引起的结点 D 的竖向位移 Δ_{DV}。已知各杆横截面为圆形，直径均为 $0.1l$，材料的线膨胀系数为 α。

解： 由 C 点 Δ_{CV}、φ_{CD} 及 CD 杆的 k 值，可求出 Δ_{DV}。其中，Δ_{CV} 可由 AC 杆求出；CD 杆曲率 k 可由式（4-8）求出。而 φ_{CD} 则要按以下步骤求出：

由受弯杆 AC 求出 B 点水平位移 Δ_{BH}；由 CD 杆求出 C 点 Δ_{CH}，再由二元体 $CE-BE$ 求出 Δ_{EV}，最后由 CE 段求出 φ_{CD}。

（1）按式（4-7）、（4-8）计算各杆轴向变形 u 和曲率 k，如图 4-24b 所示。

（2）求 Δ_{CV}、Δ_{BV}。AC 杆 $u=0$，故有：$\Delta_{CV}=0$ ，$\Delta_{BV}=0$

（3）求 Δ_{BH}。取 AC 杆，$\omega_A=0$，由 CD 段变形可知 $\omega_{CA}=\alpha tl$（→），则由式（4-4）求得：

$$\varphi_A=(\omega_{CA}-\omega_A-k\times 2l\times l)/2l=(\alpha t-k\times 2l)/2=-19.5\alpha t\ (\text{↘})$$

$$\Delta_{BH}=\omega_A+\varphi_A l+kl\times l/2=-19.5\alpha tl+10\alpha tl=-9.5\alpha tl\ (\text{←})$$

（4）求 Δ_{EV}。取二元体 $CE-BE$。

CE 杆（杆1）：$\alpha=180°$，$a_x=\Delta_{CH}=\alpha tl$（→），$a_y=\Delta_{CV}=0$，$S_a=0$，$S_1=-\alpha tl$；

BE 杆（杆2）：$\beta=135°$，$b_x=\Delta_{BH}=-9.5\alpha tl$（←），$b_y=\Delta_{BV}=0$，$S_b=\sqrt{2}\alpha tl$，$S_2=$
$\sqrt{2}\alpha tl+9.5\sqrt{2}\alpha tl/2$；$\sin(\alpha-\beta)=\sqrt{2}/2$。由式（4-18b）得：

$$\Delta_{EV}=(S_1\cos\beta-S_2\cos\alpha)/\sin(\alpha-\beta)=25\alpha tl/2\ (\text{↑})$$

（5）求 φ_{CD}。取 EC 杆，k、Δ_{CV}、Δ_{EV} 均已知，由式（4-4）求得：

$$\varphi_{CD}=\varphi_{CE}=(\Delta_{CV}-\Delta_{EV}+kl^2/2)/l=(0+25\alpha t/2-20\alpha t/2)=5\alpha t/2\ (\text{↗})$$

（6）求 Δ_{DV}。取 CD 杆，将 Δ_{CV}、φ_{CD}、k 代入式（4-4）求得：

$$\Delta_{DV}=0+\varphi_{CD}l+0=5\alpha tl/2\qquad(\text{↓})$$

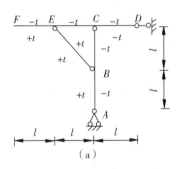

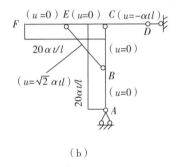

图 4-24

4.8　几何法与虚功法联合应用

有些结构将几何法和虚功法联合应用，会起到事半功倍的效果。下面结合示例说明。

如图 4-25a 所示三铰刚架，$l=4\text{m}$，$F_P=10\text{kN}$，$EI=6.4\times10^4\text{kN}\cdot\text{m}^2$，欲绘制刚架的侧移图。若单独用几何法，需先根据 C 点位移条件，列出求 φ_A、φ_B 的方程并联立求解，计算量大。若单独用虚功法，则要在每个侧移控制截面加单位力，共需建立 14 个虚力状态计算，其烦琐程度可想而知。如果将两种方法联合应用，先由虚功法求出 φ_A，再由几何法求出 φ_B 并绘制位移图，计算要简便得多。

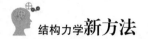

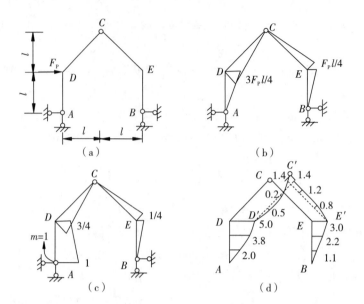

图 4 – 25

（1）虚功法求 φ_A。绘出 M 图（图 4 – 25b），以此为位移状态。在 A 端加单位力偶为虚力状态，$\overline{M}$ 图见图 4 – 25c。按先竖杆后斜杆的顺序用式（I – 11）求 φ_A：

$$\varphi_A = \frac{l}{6EI}\left[\frac{3F_P l}{4}\left(2\times\frac{3}{4}+1\right)+\frac{F_P l}{4}\times2\times\frac{1}{4}\right]+\frac{\sqrt{2}l}{6EI}\left(\frac{3F_P l}{4}\times2\times\frac{3}{4}+\frac{F_P l}{4}\times2\times\frac{1}{4}\right)$$

$$=\left(\frac{1}{3}+\frac{5\sqrt{2}}{24}\right)\frac{F_P l^2}{EI}=1.57\times10^{-3}\ (\curvearrowright)$$

（2）几何法求 φ_B。取 AC 杆，$\omega_{Ax}=0$，$\varphi_A=1.57\times10^{-3}$，$AD$ 段 $k_F=-3F_P l/4EI$，DC 段 $k_N=-3F_P l/4EI$，代入式（4 – 5b）求得：

$$\omega_{Cx}=\omega_{Ax}+2l\varphi_A+\frac{k_F l}{2}\cdot\frac{4l}{3}+\frac{k_N\sqrt{2}l}{2}\cdot\frac{2l}{3}=4.0245\times10^{-3}\ (\rightarrow) \qquad (a)$$

取 BC 杆，$\omega_{Bx}=0$，BE 段 $k_F=-F_P l/4EI$，EC 段 $k_N=-F_P l/4EI$，由式（4 – 5b）有：

$$\omega_{Cx}=\omega_{Bx}+2l\varphi_B+\frac{k_F l}{2}\cdot\frac{4l}{3}+\frac{k_N\sqrt{2}l}{2}\cdot\frac{2l}{3} \qquad (b)$$

将式（a）代入式（b）求得：

$$\varphi_B=0.8587\times10^{-3}\ (\curvearrowright)$$

（3）几何法绘 ω 图。对 AD 杆，以 A 为原点，x 轴指向上。将 ω_A、φ_A、k_F 代入式（4 – 6b）。取 $x=0$、$4/3$、$8/3$、4，可求出 ω 图 4 个控制截面值，见表 4 – 8a 中 ω 列前 4 个值。

表 4 – 8a　*AD*、*DC* 杆 ω 值计算表

					$S_R = k_R \cdot x^2/2$			$\omega = \omega_0 + \varphi_0 \cdot x + S_R + S_F$			
区段	l	ω_0	φ_0	k_R	k_F	x	$\varphi_0 \cdot x$	S_R	S_F	ω
AD	4	0	0.0016	0	– 0.0005	0	0	0	0	0
					– 0.0005	1.333	0.0021	0	– 4.63E – 05	0.0020
					– 0.0005	2.667	0.0042	0	– 0.00037	0.0038
					– 0.0005	4	0.0063	0	– 0.00125	0.005
DC	5.6569	0	0.00063	– 0.0005	0.0005	0	0	0	0	0
					0.0005	1.886	0.0012	– 0.0008	9.26E – 05	0.0005
					0.0005	3.771	0.0024	– 0.0033	0.0007	– 0.0002
					0.0005	5.657	0.0036	– 0.0075	0.0025	– 0.0014

表 4 – 8b　*BE*、*EC* 杆 ω 值计算表

					$S_R = k_R \cdot x^2/2$			$\omega = \omega_0 + \varphi_0 \cdot x + S_R + S_F$			
区段	l	ω_0	φ_0	k_R	k_F	x	$\varphi_0 \cdot x$	S_R	S_F	ω
BE	4	0	0.0009	0	– 0.0002	0	0	0	0	0
					– 0.0002	1.333	0.0011	0	– 1.54E – 05	0.0011
					– 0.0002	2.667	0.0023	0	– 0.0001	0.0022
					– 0.0002	4	0.0034	0	– 0.0004	0.0030
EC	5.6569	0	0.0006	0.0002	– 0.0002	0	0	0	0	0
					– 0.0002	1.886	0.0010	0.0003	– 3.09E – 05	– 0.0008
					– 0.0002	3.771	0.0021	0.0011	– 0.0002	– 0.0012
					– 0.0002	5.657	0.0031	0.0025	– 0.0008	– 0.0014

对 *DC* 杆，将杆件整体平移 Δ_{DH}，以 *D* 为原点，杆轴为 x 轴。由图 4 – 25b 知，$k_R = -3F_P l/4EI$，$k_F = 3F_P l/4EI$，$\omega_D = 0$，$\varphi_D = \varphi_A + k_{F1} l/2 = 6.324 \times 10^{-4}$。令 $x = 0$、$\sqrt{2}l/3$、$2\sqrt{2}l/3$、$\sqrt{2}l$，代入式（4 – 6b）可求得 4 个 ω 控制值，见表 4 – 8a 的 ω 列后 4 个值。

BE、*EC* 杆的计算与 *AD*、*DC* 杆相同，其中，*BE* 杆 $\omega_B = 0$，$\varphi_B = 0.8587 \times 10^{-3}$；*EC* 杆整体平移 Δ_{EH} 后，$\omega_E = 0$，$\varphi_E = \varphi_B - \dfrac{1}{2} \cdot l \cdot \dfrac{F_P l}{4EI} = 5.461 \times 10^{-4}$。各控制截面值具体计算见表 4 – 8b 的 ω 列。

需要指出，计算 *EC* 杆时，$\varphi_0 x$ 项取负号。

将各杆 ω 值扩大 500 倍。对竖杆，将各 ω 值标于基线上，纵标顶点用光滑的曲线相连。对斜杆，先按竖杆顶点侧移值 ω_D、ω_E 整体平移，再在基线上标出各控制点 ω 值（与基线垂直），并用光滑的曲线相连。整个刚架的 ω 图如图 4 – 25d 所示。

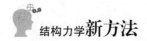

又如图4-26所示桁架，各杆倾角已知，杆件 DE、FG 长为 $0.5176l$，其余杆长为 l，各杆 EA = 常数。由平衡条件求出杆件轴力后，若用几何法计算位移，需按以下步骤进行：

（1）设 C 点水平、竖向位移为 x_C、y_C；

（2）由式（4-18）求出 D、E、G、F 各结点位移表达式（含有未知量 x_C、y_C）；

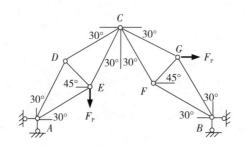

图4-26

（3）再由式（4-22）计算 DE、FG 杆两端沿杆轴方向的位移（含有 x_C、y_C）；

（4）根据 DE、FG 各杆两端沿杆轴方向位移之差等于杆件轴向变形的条件，列方程求出 x_C、y_C；

（5）将 x_C、y_C 值代入各结点位移表达式，得到结点位移值。

如果步骤（1）改用虚功法求出 x_C、y_C 值，便可用几何法由步骤（2）直接计算各结点位移值，而无需步骤（3）~（5）。

第 **5** 章　直接力法

5.1　超静定结构概述

5.1.1　超静定结构的概念

第 3 章讨论了各类静定结构的内力计算，静定结构的共同点是：在几何组成方面，结构是无多余约束的几何不变体系；在静力分析方面，结构的全部反力和内力仅靠静力平衡条件便可以确定。而在实际工程中，应用更多的是这样一类结构：它们在几何组成上，是具有多余约束的几何不变体系；在受力分析时，仅用静力平衡条件不能求出全部的反力和内力，这类结构称为超静定结构。例如图 5 - 1a 所示梁，在几何组成上，它比静定梁多了一个约束，竖向反力及内力仅靠静力平衡条件无法确定。又如图 5 - 1b 所示桁架，其结构内部比静定桁架多两根链杆，也无法仅由静力平衡条件求出全部内力。可见，由于具有多余约束，结构的反力和内力不能仅由静力平衡条件求出，这就是超静定结构区别于静定结构的基本特征。

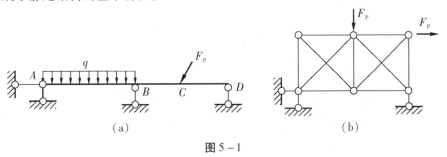

图 5 - 1

工程中常见的超静定结构类型有：超静定梁（图 5 - 1a）、超静定桁架（图 5 - 1b）、超静定刚架（图 5 - 2a）、超静定拱（图 5 - 2b）、超静定组合结构（图 5 - 2c）。

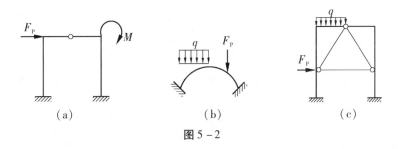

图 5 - 2

应当指出，超静定结构中的多余约束，是指这些约束仅就保持结构的几何不变性来说是不必要的，但从改善结构的受力状况和使用方面看却是必要的。多余约束中的未知力称为多余未知力，又称赘余力。

对超静定结构进行受力分析，必须综合考虑以下三方面的条件：

（1）平衡条件，即结构的整体及任一部分的受力状态都必须满足静力平衡条件。

（2）几何条件，即结构各部分的变形和位移都必须符合支承约束条件和变形连续条件。几何条件也称为变形协调条件或位移条件。

（3）物理条件，即结构各部分必须满足变形或位移与力之间的物理关系。这里所说的结构仅限于线性弹性结构，即结构的位移与荷载成正比，应力与应变关系符合胡克定律，位移是微小的。

超静定结构的计算方法有多种，其中力法（又称柔度法）和位移法（又称刚度法）是两种基本方法。此外，还有在上述两种方法的基础上演变而来的力矩分配法、联合法、混合法等，以及由于计算机的应用而发展的结构矩阵分析方法。

力法是分析超静定结构最早、求解类型最广的方法，本章介绍用几何法改进后的力法——直接力法。

5.1.2 结构超静定次数的确定

从静力分析的观点看，静定结构没有多余约束，需要求出的未知力数目与平衡方程的数目相等。而超静定结构具有多余约束，这使得未知力数目多于平衡方程的数目。为了求出多余约束中的未知力，必须根据几何条件建立与多余约束数目相同的补充方程。显然，超静定结构的多余约束个数、多余未知力数和补充方程数是一一对应的。

超静定结构中，多余约束的个数称为结构的超静定次数，通常可用去掉多余约束使其成为静定结构的方法来确定。去掉多余约束的方式有如下几种：

（1）去掉一根支座链杆或切断一根链杆，相当于去掉一个约束（图5-3）。

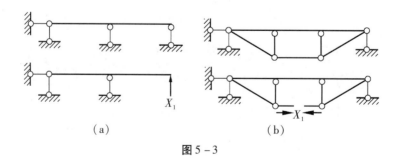

（a）   （b）

图5-3

（2）去掉一个固定铰支座或拆开一个单铰，相当于去掉两个约束（图5-4）。

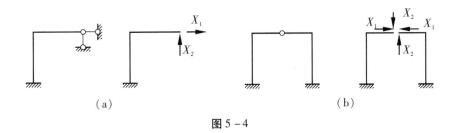

（a）　　　　　　　　　　　　　　（b）

图 5 - 4

（3）去掉一个固定支座或切断一个刚性联结，相当于去掉三个约束（图 5 - 5）。

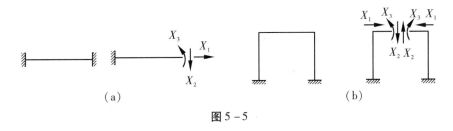

（a）　　　　　　　　　　　　　（b）

图 5 - 5

（4）将固定支座改为固定铰支座或将刚性联结改为单铰，相当于去掉一个约束（图 5 - 6）。

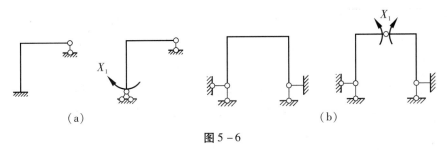

（a）　　　　　　　　　　　　　（b）

图 5 - 6

在图 5 - 3a 所示结构中，去掉一根竖向支座链杆后，原来的超静定梁变成静定梁，因此原结构的超静定次数为 1，或者说为 1 次超静定。同理可知，图 5 - 3b 和图 5 - 6 的原结构也是 1 次超静定，图 5 - 4 的原结构为 2 次超静定，图 5 - 5 所示原结构的超静定次数为 3。

同一个超静定结构，解除的多余约束不同，得到的静定结构也就不同，但超静定次数总是相同的。例如对图 5 - 6a 所示结构，将固定端改为固定铰支座，或者去掉右上端支座链杆，得到的都是静定刚架，因此是 1 次超静定。此外应注意，解除多余约束时，不能把原结构拆成几何可变体系或瞬变体系，例如图 5 - 3a 的水平支座链杆和图5 - 3b 的任何一根支座链杆，都不能作为多余约束去掉。这种不能去掉的约束，称为绝对需要约束或绝对需要联系。

对于具有多个框格的结构，按框格的数目确定结构的超静定次数更方便。一个封闭无铰框格结构为 3 次超静定，当该框格的某处改为一个单铰时，超静定次数减少 1。设某结构有 k 个单铰、m 个封闭框格（含有铰框格），则其超静定次数 $n = 3m - k$。例如，图

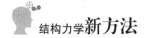

5 - 7a、b 所示结构超静定次数依次为：$n = 3 \times 2 - 2 = 4$ 及 $n = 3 \times 6 - 2 = 16$。

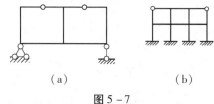

（a）   （b）

图 5 - 7

　　根据第 2 章平面体系的计算自由度 W 也可以确定结构的超静定次数 n。对于一个超静定结构，有 $n = -W$ 的关系。例如图 5 - 1b 所示桁架，由式（2 - 2）求得 $W = 2 \times 6 - 11 - 3 = -2$，故 $n = 2$。又如图 5 - 4b 所示刚架，由式（2 - 1）求得 $W = 2 \times 3 - 2 - 6 = -2$，故 $n = -W = 2$。

　　将超静定结构解除多余约束后得到的静定结构，称为原超静定结构（简称原结构）的基本结构。在力法中，多余未知力就是以基本结构为基础求出的。

5.2　力法的基本概念

　　本节先通过一个简单的例子，说明力法求解超静定结构的基本作法。

　　图 5 - 8a 所示梁为一次超静定结构。现将原结构的右支座链杆去掉，用与其作用完全相同的多余未知力 X_1 代替，由此得到的静定结构即为原结构的基本结构。基本结构在原有荷载 F_P 和多余未知力 X_1 共同作用下的受力体系，称为力法的基本体系，如图 5 - 8b 所示。若能设法求出 X_1，其余的反力和内力就与静定结构的计算完全相同。

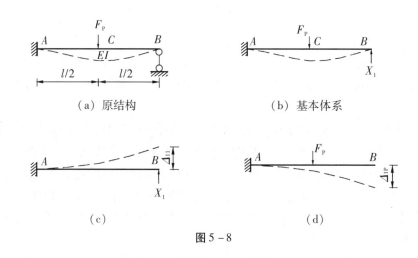

（a）原结构　　　　　　　　　　（b）基本体系

（c）　　　　　　　　　　　　　　（d）

图 5 - 8

　　将图 5 - 8b 与图 5 - 8a 对比可知，基本体系只是把原结构 B 处的支座链杆用作用相同的力 X_1 进行替换，在其余部分，受力、约束均未改变。因此，基本体系的内力、变形也必然与原结构完全相同。由于原结构在支座 B 处与 X_1 相应方向的位移为零，因此基本结构在荷载 F_P 和多余未知力 X_1 共同作用下，在 X_1 作用点沿 X_1 方向的位移 Δ_1 也应为零。即：

$$\Delta_1 = 0 \qquad\qquad (a)$$

式（a）等号左边是基本体系在 X_1 处沿其方向的位移，等号右边是原结构与其对应处的位移，两者相等。它是计算多余未知力 X_1 的补充方程，称为几何条件或位移条件。

设基本结构在多余未知力 X_1 和荷载 F_P 单独作用下，X_1 作用点沿其方向的位移分别为 Δ_{11} 及 Δ_{1P}（图 5-8c、d），符号 Δ 的两个下标：第一个表示位移的地点和方向，第二个表示产生位移的原因。根据位移条件式（a）可知，Δ_{11} 与 Δ_{1P} 叠加后应等于 Δ_1，即

$$\Delta_{11} + \Delta_{1P} = 0 \qquad\qquad (b)$$

方程(b) 称为一次超静定结构的力法方程。由于 X_1 未知，故 Δ_{11} 是未知位移项，而 Δ_{1P} 是荷载引起的，为已知值，称为自由项，它们都是静结构在外力作用下的位移，规定 Δ_{11}、Δ_{1P} 与 X_1 假定指向相同时为正。若由式（b）求出的 X_1 为正，则实际方向与假设方向相同；为负则相反。

力法方程的各项位移，在传统结构力学中是用虚功法求出的，在本书则用几何法直接求出。为方便叙述，将前者称为传统力法，后者称为直接力法。下面说明直接力法中 Δ_{11} 与 Δ_{1P} 的具体计算。

按第 4 章所述，分别绘出基本结构在 X_1 与 F_P 作用下的 M_1 图、M_P 图，如图 5-9a、b 所示。

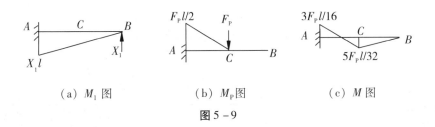

(a) M_1 图　　　　(b) M_P 图　　　　(c) M 图

图 5-9

以 A 为坐标原点，对照图 5-9a，$\omega_0 = 0$，$\varphi_0 = 0$，$k_{N1} = -X_1 l/EI$，由式（4-4）求得：

$$\Delta_{11} = \frac{l}{2}k_{N1}\frac{2l}{3} = -\frac{l^3}{3EI}X_1 \ (\uparrow)$$

对照图 5-9b，$\omega_0 = 0$，$\varphi_0 = 0$，$k_{NP} = F_P l/2EI$，由式（4-4）求得：

$$\Delta_{1P} = \frac{1}{2} \cdot \frac{l}{2}k_{NP}\frac{5l}{6} = \frac{5l^3}{48EI}F_P \ (\downarrow)$$

Δ_{11} 与 X_1 假设指向相同取正值，Δ_{1P} 与 X_1 假设指向相反取负值。将它们代入式（b）有：

$$\frac{l^3}{3EI}X_1 - \frac{5l^3}{48EI}F_P = 0 \qquad\qquad (c)$$

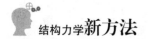

求解得：

$$X_1 = \frac{5}{16}F_P \quad (\uparrow)$$

求得 X_1 为正，表明多余未知力 X_1 的实际方向与假设相同。

将 X_1 与 F_P 作用于基本结构，由平衡条件可求出其余反力和内力。其中，A、C、B 截面弯矩为：

$$M_A = -3F_Pl/16 \qquad M_C = 5F_Pl/32 \qquad M_B = 0$$

由计算结果绘出 M 图，如图 5-9c 所示。由于基本体系的受力、变形均与原结构相同，二者完全等价，因此图 5-9c 也是原结构的最后弯矩图。

综上可知，力法求解超静定结构，是将原结构的多余约束去掉，用作用完全相同的多余未知力代替，得到静定的基本结构；再根据基本体系在多余未知力处的位移与原结构相应位移相同的条件，建立并求解含有多余未知力的方程（即力法方程）。多余未知力一旦求出，其余未知力便可随之求出，因此，多余未知力称为力法的基本未知量。

在力法中，整个计算自始至终都是在基本结构上进行的，这就把超静定结构的求解问题，转化为已熟悉的静定结构的内力、位移的计算问题。

值得指出，超静定结构的基本结构可以有多种形式。例如对图 5-8a 所示结构，还可以选取图 5-10a 所示的简支梁为基本结构。此时，多余未知力 X_1 表示固定支座对梁端的约束弯矩，根据基本结构在 X_1 和荷载 F_P 共同作用下 X_1 作用处角位移 Δ_1 应与原结构 A 截面转角相同的条件，仍然有 $\Delta_1 = 0$。以 Δ_{11}、Δ_{1P} 分别表示基本结构在 X_1 和荷载 F_P 单独作用时 X_1 处的截面转角，叠加后可得：

$$\Delta_{11} + \Delta_{1P} = 0 \tag{d}$$

式（d）与式（b）形式相同，但表示的位移条件不同。

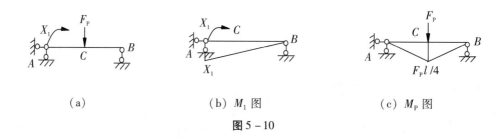

（a）　　　　　　　（b） M_1 图　　　　　　　（c） M_P 图

图 5-10

绘出简支梁在 X_1、F_P 作用下的 M_1、M_P 图，如图 5-10b、c 所示，由式（4-4）得：

$$\Delta_{11} = \left(\frac{l}{2} \cdot \frac{X_1}{EI} \cdot \frac{2l}{3} \right) / l = \frac{l}{3EI}X_1 \,(\curvearrowright) \qquad \Delta_{1P} = \left(\frac{l}{2} \cdot \frac{F_Pl}{4EI} \cdot \frac{l}{2} \right) / l = \frac{F_Pl^2}{16EI} \,(\curvearrowright)$$

Δ_{11}、Δ_{1P} 均与 X_1 假设转向相同，取正值。将它们代入式（d）求得：

$$X_1 = -3F_Pl/16 \,(\curvearrowleft)$$

X_1 为负值，表明约束力矩实际转向与假设相反。

将 X_1 与 F_P 作用于简支梁，绘出的 M 图与图 5-9c 相同。

以上分析表明：①同一个超静定结构，可以采用不同的基本结构，但不会影响计算的最后结果。②基本结构不同，其相应的计算工作量就会不同。因此，应选用计算量较少的基本结构。

5.3　直接力法典型方程

上一节介绍了直接力法求解一次超静定结构，本节讨论直接力法求解二次超静定结构，并推广到多次超静定结构的计算。

图 5 – 11a 所示超静定刚架，各杆 EI 相同。用力法计算时，基本结构可有多种选择。设去掉 A、B 处支座链杆，用与其作用相同的多余未知力 X_1、X_2 代替，可得基本体系如图 5 – 11b 所示。原结构在支座 A、B 处与 X_1、X_2 对应的竖向位移都为零。因此，基本结构在 X_1、X_2 和荷载 q 共同作用下，在 X_1、X_2 作用点及其方向的线位移 Δ_1、Δ_2 也应为零，即

$$\Delta_1 = 0 \qquad \Delta_2 = 0$$

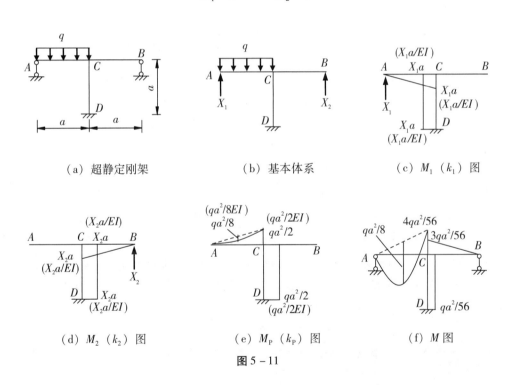

（a）超静定刚架　　　　　（b）基本体系　　　　　（c）M_1（k_1）图

（d）M_2（k_2）图　　　　（e）M_P（k_P）图　　　　（f）M图

图 5 – 11

设基本结构在 X_1、X_2、q 单独作用下，在 X_1 作用点沿其方向的位移为 Δ_{11}、Δ_{12}、Δ_{1P}，在 X_2 作用点沿其方向的位移为 Δ_{21}、Δ_{22}、Δ_{2P}，叠加可知，Δ_{11}、Δ_{12}、Δ_{1P} 之代数和等于 Δ_1；Δ_{21}、Δ_{22}、Δ_{2P} 之代数和等于 Δ_2。根据基本结构在 X_1、X_2 作用点及其方向的位移与原结构相应的位移相同的条件可得：

$$\left.\begin{array}{l}\Delta_{11} + \Delta_{12} + \Delta_{1P} = 0 \\ \Delta_{21} + \Delta_{22} + \Delta_{2P} = 0\end{array}\right\} \qquad (5-1)$$

方程（5-1）即为二次超静定结构的直接力法方程，各位移项均可用第 4 章所述方法求出。

由于多余未知力指向是预先假设的，其作用点与坐标原点位置常常改变，使得计算力法方程位移项时正负号容易混乱。对此，可以利用位移演示判断：

（1）求出简单分布的等效转角 φ_i：大小为简单分布面积；作用点位于分布面积形心对应的杆件截面；从简单分布靠近坐标原点一端开始作弯曲变形（简单分布所在一侧为弯曲凸起一侧），其转向即 φ_i 转向。

（2）作位移演示。若 X_i 为力矩，则 φ_i 转向与 X_i 假设转向一致取正号，反之取负号；若 X_i 为集中力，则 φ_i 引起 X_i 作用点的位移 $\varphi_i l_i$，与 X_i 假设指向一致取正号，反之取负号。这里，l_i 为 φ_i 作用点到 X_i 作用线的垂直距离。

现结合式（5-1）各位移项计算说明如下。首先，绘出基本结构在 X_1、X_2、q 单独作用下的 M_1（k_1）、M_2（k_2）、M_P（k_P）图，如图 5-11c、d、e 所示。以 D 端为坐标原点，$\omega_{0y} = \varphi_0 = 0$。

由 k_1 图求 Δ_{11}：DC 段 $k_R = X_1 a/EI$，等效转角 $\varphi_{DC} = X_1 a^2/EI$（↰）；$CA$ 段 $k_N = X_1 a/EI$，$\varphi_{CA} = X_1 a^2/2EI$（↰）。位移演示知，$\varphi_{DC}$、$\varphi_{CA}$ 引起的 A 端线位移与 X_1 假设指向一致，取正号，由式（4-5c）有：

$$\Delta_{11} = \varphi_{DC} \cdot a + \varphi_{CA} \cdot 2a/3 = 4X_1 a^3/3EI$$

由 k_1 图求 Δ_{21}：DC 段 φ_{DC} 已知；CB 段 $k = 0$。位移演示知，φ_{DC} 引起的 B 端线位移与 X_2 假设指向相反取负号，由式（4-5c）得：

$$\Delta_{21} = \varphi_{DC} \cdot a = -X_1 a^3/EI$$

同样的作法，对照 k_2 图可求得 Δ_{12}、Δ_{22}：

$$\Delta_{12} = -X_2 a^3/EI \qquad \Delta_{22} = 4X_2 a^3/3EI$$

由 k_P 图求 Δ_{1P}：DC 段 $k_R = qa^2/2EI$，$\varphi_{DC} = qa^3/2EI$（↳）；CA 段为 $k_N = qa^2/2EI$，$\varphi_{CA}^N = qa^3/4EI$（↳），$k_P = qa^2/8EI$，$\varphi_{CA}^P = qa^3/12EI$（↰）。位移演示知，$\varphi_{DC}$、$\varphi_{CA}^N$ 引起 A 端位移与 X_1 假设指向相反取负号，φ_{CA}^P 与 X_1 假设指向相同取正号，由式（4-5c）得 Δ_{1P}：

$$\Delta_{1P} = -\varphi_{DC} \cdot a - \varphi_{CA}^N \cdot 2a/3 + \varphi_{CA}^P \cdot a/2 = -5qa^4/8EI$$

由 k_P 图求 Δ_{2P}：DC 段 φ_{DC} 已知，CA 段 $\varphi_{CA} = 0$。位移演示知，φ_{DC} 引起 B 端位移与 X_2 指向相同，由式（4-5c）求得 Δ_{2P}：

$$\Delta_{2P} = \varphi_{DC} \cdot a = qa^4/2EI$$

将以上位移代入式（5-1）得：

$$\left.\begin{array}{l}4X_1 a^3/3EI - X_2 a^3/EI - 5qa^4/8EI = 0 \\ -X_1 a^3/EI + 4X_2 a^3/3EI + qa^4/2EI = 0\end{array}\right\} \qquad (5-2)$$

求解式（5-2）得：

$$X_1 = 3qa/7 \quad X_2 = -3qa/56$$

X_1 为正，实际指向与假设相同；X_2 为负，实际指向与假设相反。

X_1、X_2 求出后，由平衡条件求出基本体系弯矩图，也就是原结构的 M 图，见图 5-11f。

类似地，对于 n 次超静定结构，有 n 个多余未知力。根据基本结构在每个多余未知力处的位移与原结构相应处的位移相同的条件，可建立 n 个方程。在荷载作用下，原结构与每个多余未知力相应处的位移均为零，这时 n 个方程可写为：

$$\left.\begin{array}{l}
\Delta_{11} + \Delta_{12} + \cdots + \Delta_{1i} + \cdots + \Delta_{1n} + \Delta_{1P} = 0 \\
\vdots \qquad \vdots \qquad \vdots \qquad \vdots \qquad \vdots \qquad \vdots \\
\Delta_{i1} + \Delta_{i2} + \cdots + \Delta_{ii} + \cdots + \Delta_{in} + \Delta_{iP} = 0 \\
\vdots \qquad \vdots \qquad \vdots \qquad \vdots \qquad \vdots \qquad \vdots \\
\Delta_{n1} + \Delta_{n2} + \cdots + \Delta_{ni} + \cdots + \Delta_{nn} + \Delta_{nP} = 0
\end{array}\right\} \tag{5-3}$$

上式就是 n 次超静定结构在荷载作用下的直接力法方程。无论超静定结构的超静定次数、结构类型、所选取的基本结构如何，方程都具有式（5-3）的形式，故称为力法典型方程。

力法典型方程的物理意义是：基本结构在全部多余未知力和荷载共同作用下，每个多余约束处沿其方向的位移，与原结构该处相应的位移相等。

在弹性范围内，力与位移呈线性关系，若以 δ_{11} 表示 Δ_{11} 中 X_1 的系数，则 Δ_{11} 可写为 $\delta_{11}X_1$。类似地，其他含有未知量的位移项 Δ_{ij} 可写为 $\delta_{ij}X_j$（$i, j = 1, 2, \cdots, n$）。于是式（5-3）可写为：

$$\left.\begin{array}{l}
\delta_{11}X_1 + \delta_{12}X_2 + \cdots + \delta_{1i}X_i + \cdots + \delta_{1n}X_n + \Delta_{1P} = 0 \\
\vdots \qquad \vdots \qquad \vdots \qquad \vdots \qquad \vdots \qquad \vdots \\
\delta_{i1}X_1 + \delta_{i2}X_2 + \cdots + \delta_{ii}X_i + \cdots + \delta_{in}X_n + \Delta_{iP} = 0 \\
\vdots \qquad \vdots \qquad \vdots \qquad \vdots \qquad \vdots \qquad \vdots \\
\delta_{n1}X_1 + \delta_{n2}X_2 + \cdots + \delta_{ni}X_i + \cdots + \delta_{nn}X_n + \Delta_{nP} = 0
\end{array}\right\} \tag{5-4}$$

式中 δ_{ij}、Δ_{iP} 分别称为力法方程的系数和自由项。

式（5-4）是式（5-3）的又一表述形式，式中自左上方 δ_{11} 至右下方 δ_{nn} 的对角线为主对角线，位于主对角线上的系数 δ_{ii} 称为主系数，其两侧的系数 δ_{ij}（$i \neq j$）称为副系数。式（5-4）与传统力法典型方程不仅形式相同，而且主、副系数的性质也相同，即：主系数 δ_{ii} 恒为正，且不会为零；副系数 δ_{ij} 和自由项 Δ_{iP} 可能为正、为负或为零。不同的是，在传统力法中，方程的系数、自由项由虚功法计算，而在直接力法中是由几何法计算的。

在力法方程中，副系数 δ_{ij} 与 δ_{ji} 存在着互等关系，即 $\delta_{ij} = \delta_{ji}$。这一关系已由虚功原理所证明。用几何法计算不同类型的结构，同样也能证明这一互等关系。下面是几何法验证位移互等的几个例子：在图 5-12a 所示简支梁中，求得 $\delta_{12} = \delta_{21} = -ab\,(l^2 - a^2 -$

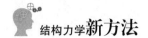

b^2)$/6EI + \mu ab/lGA$；在图 5 – 12b 所示悬臂刚架中，求得 $\delta_{12} = \delta_{21} = lh^2/2EI$；在图5 – 12c 所示悬臂梁中，求得 $\delta_{12} = \delta_{21} = a^2/2EI$。利用 δ_{ij} 与 δ_{ji} 的互等关系可知，Δ_{ij} 与 Δ_{ji} 只有 X_j 与 X_i 不同，它们的系数是相同的，从而可以减少计算工作量。例如，用直接力法求出 Δ_{12} 后，计算 Δ_{21} 时只需将 X_2 换为 X_1 即可，系数不变。

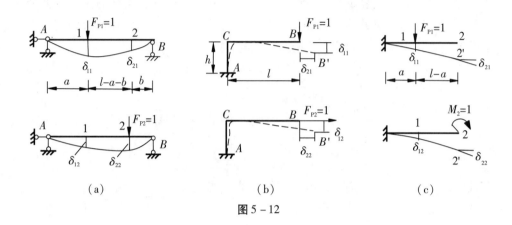

图 5 – 12

式（5 – 4）各系数都是基本结构在某多余未知力为单位 1 时的位移，反映结构的柔度，称为柔度系数。力法方程则表示结构的柔度条件，称为柔度方程，力法又称为柔度法。

由力法方程求出多余未知力后，可用平衡条件求反力、内力，也可由下式求最后内力。

$$M = M_1 + M_2 + \cdots + M_n + M_P \qquad (5-5a)$$

$$F_Q = F_{Q1} + F_{Q2} + \cdots + F_{Qn} + F_{QP} \qquad (5-5b)$$

$$F_N = F_{N1} + F_{N2} + \cdots + F_{Nn} + F_{NP} \qquad (5-5c)$$

需要指出：直接力法与传统力法，不只是位移项 Δ_{ij} 与 $\delta_{ij}X_j$ 的表达形式不同，更重要的是计算理论和计算方法的区别。在计算理论上，前者依据线性弹性理论，结构变形直观可见，概念清晰；后者基于虚功原理，结构位移与内力关系抽象。在计算方法上，前者采用几何法，便于选取含有固定端的基本结构（$\omega_0 = \varphi_0 = 0$），计算简便，易采用 Excel；后者采用虚功法，一次只能计算一个截面一个方向的位移，费时烦琐。

综上可知，直接力法求解超静定结构的步骤如下：

（1）去掉原结构多余约束，用与其作用相同的多余未知力代替，得到静定的基本结构；

（2）根据基本结构在全部多余未知力和荷载共同作用下，每个多余约束处的位移与原结构相应处位移相等的条件，列出力法典型方程；

（3）用几何法求出基本结构在各多余未知力和荷载单独作用下的位移 Δ_{ij}、Δ_{iP}；

（4）将 Δ_{ij}、Δ_{iP} 代入力法方程，解方程求出多余未知力；

（5）由平衡条件或式（5 – 5）求出最后内力，绘出内力图。

5.4　直接力法算例

本节通过算例说明直接力法求荷载作用下超静定刚架、排架、桁架和组合结构的内力。求超静定拱的内力将在 "5.8" 节讨论。

例 5 - 1　试绘制图 5 - 13a 所示刚架的弯矩图。已知横梁刚度 $2EI$，立柱刚度 EI。

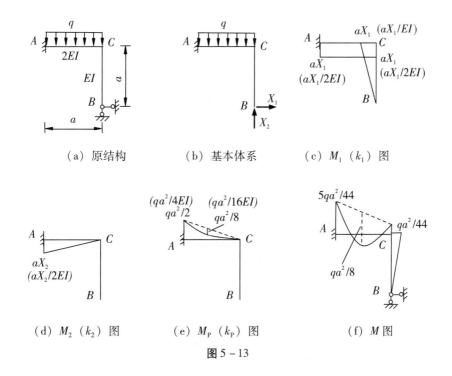

（a）原结构　　　（b）基本体系　　　（c）M_1（k_1）图

（d）M_2（k_2）图　　　（e）M_P（k_P）图　　　（f）M 图

图 5 - 13

解：（1）选取基本结构。刚架为 2 次超静定，去掉 B 端水平、竖向支座链杆，并以多余未知力 X_1、X_2 代替，所得基本体系如图 5 - 13b 所示。

（2）列力法典型方程。根据基本结构在 X_1、X_2 和 q 作用下，沿 X_1、X_2 方向的位移与原结构相应处位移相同的条件，建立力法方程如下：

$$\left.\begin{array}{l} \Delta_{11} + \Delta_{12} + \Delta_{1P} = 0 \\ \Delta_{21} + \Delta_{22} + \Delta_{2P} = 0 \end{array}\right\} \tag{a}$$

（3）求 Δ_{ij}、Δ_{iP}。绘出基本结构在 X_1、X_2、q 分别作用下的 M（k）图，如图 5 - 13c、d、e 所示。以 A 为坐标原点，$\omega_0 = \varphi_0 = 0$。

对照图 5 - 13c 求 Δ_{11}、Δ_{21}。AC 段，$k_R = aX_1/2EI$，等效转角 $\varphi_{AC} = a^2 X_1/2EI$（↘）；$CB$ 段，$k_N = aX_1/EI$，$\varphi_{CB} = a^2 X_1/2EI$（↘）；$\varphi_{AC}$、$\varphi_{CB}$ 引起 B 端位移与 X_1 假设指向相同，取正号，由式（4 - 5b）知：

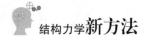

$$\Delta_{11} = \varphi_{AC} \cdot a + \varphi_{CB} \cdot 2a/3 = 5a^3 X_1/6EI$$

φ_{AC}引起 B 端竖向位移与 X_2 假设指向相同，取正号，φ_{CB} 引起竖向位移为零，由式 (4 – 5c) 有：

$$\Delta_{21} = \varphi_{AC} \cdot a/2 = a^3 X_1/4EI$$

对照图 5 – 13d、e，用类似的作法求得 Δ_{12}、Δ_{22} 和 Δ_{1P}、Δ_{2P} 如下：

$$\Delta_{12} = a^3 X_2/4EI \quad \Delta_{22} = a^3 X_2/6EI \quad \Delta_{1P} = -qa^4/12EI \quad \Delta_{2P} = -qa^4/16EI$$

（4）求未知力。将以上各位移项代入式（a），整理可得：

$$\begin{cases} 10X_1 + 3X_2 - qa = 0 \\ 3X_1 + 2X_2 - 3qa/4 = 0 \end{cases} \tag{b}$$

求解方程组（b）可得：

$$X_1 = -qa/44 \ (\leftarrow) \quad X_2 = 18qa/44 \ (\uparrow)$$

（5）绘制 M 图。将 X_1、X_2 代入图 5 – 13c、d，按式（5 – 5a）求得原结构 M 图，如图 5 – 13f 所示。

例 5 – 2   试计算图 5 – 14a 所示排架，绘出 M 图。E 为常数。

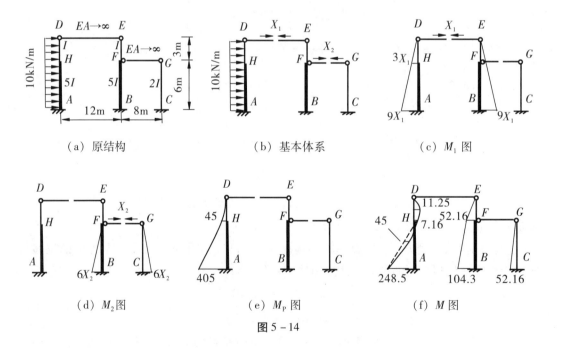

(a) 原结构　　　　　　　(b) 基本体系　　　　　　(c) M_1 图

(d) M_2 图　　　　　　(e) M_P 图　　　　　　(f) M 图

图 5 – 14

解：（1）选基本结构。切断排架两根横梁，用 X_1、X_2 代替，基本体系如图 5 – 14b 所示。

（2）列力法方程。根据基本结构在两横梁切口处两侧截面相对位移为零的条件，可有：

$$\left.\begin{array}{c} \Delta_{11} + \Delta_{12} + \Delta_{1P} = 0 \\ \Delta_{21} + \Delta_{22} + \Delta_{2P} = 0 \end{array}\right\} \tag{a}$$

（3）求 Δ_{ij}、Δ_{iP}。绘出 M_1、M_2 及 M_P 图，如图 5-14c、d、e 所示，以柱底为原点，$\omega_0 = \varphi_0 = 0$，求出各柱段曲率 k（各柱段 EI 不同），然后由式（4-5b）求 Δ_{ij}、Δ_{iP}。

由图 5-14c 知，AH 段，$k_N = 9X_1/5EI$，$k_F = 3X_1/5EI$；HD 段，$k_N = 3X_1/EI$；BF 段，$k_N = -9X_1/5EI$，$k_F = -3X_1/5EI$；FE 段，$k_N = -3X_1/EI$，各杆段曲率引起 X_1 处的位移与 X_1 假设指向相同，取正号；BE 柱 k 引起 X_2 方向的位移与 X_2 假设相反，取负号。求得 Δ_{11}、Δ_{21} 为：

$$\Delta_{11} = \left(\frac{1}{2} \times 6 \times \frac{9X_1}{5EI} \times 7 + \frac{1}{2} \times 6 \times \frac{3X_1}{5EI} \times 5 + \frac{1}{2} \times 3 \times \frac{3X_1}{EI} \times 2\right) \times 2 = 111.6X_1/EI \quad (\rightarrow \leftarrow)$$

$$\Delta_{21} = -\left(\frac{1}{2} \times 6 \times \frac{9X_1}{5EI} \times 4 + \frac{1}{2} \times 6 \times \frac{3X_1}{5EI} \times 2\right) = -25.2X_1/EI \quad (\leftarrow \rightarrow)$$

由图 5-14d 可知，BF 段，$k_N = 6X_2/5EI$；CG 段，$k_N = -6X_2/2EI$，可得 Δ_{12}、Δ_{22} 为：

$$\Delta_{12} = -\frac{1}{2} \times 6 \times \frac{6X_2}{5EI} \times 7 = -25.2X_2/EI \quad (\leftarrow \rightarrow)$$

$$\Delta_{22} = \frac{1}{2} \times 6 \times \frac{6X_2}{5EI} \times 4 + \frac{1}{2} \times 6 \times \frac{6X_2}{2EI} \times 4 = 50.4X_2/EI \quad (\rightarrow \leftarrow)$$

由图 5-14e 可知，AH 段，$k_N = 405/5EI$，$k_F = 45/5EI$，$k_P = -45/5EI$；HD 段，$k_N = 45/EI$，$k_P = -45/4EI$。由式（4-5b）可得 Δ_{1P}、Δ_{2P} 如下：

$$\Delta_{1P} = \frac{1}{2} \times 6 \times \frac{405}{5EI} \times 7 + \frac{1}{2} \times 6 \times \frac{45}{5EI} \times 5 - \frac{2}{3} \times 6 \times \frac{45}{5EI} \times 6 + \frac{1}{2} \times 3 \times \frac{45}{EI} \times 2 - \frac{2}{3} \times 3 \times$$

$$\frac{45}{4EI} \times \frac{3}{2} = 1721.25/EI \quad (\rightarrow)$$

$$\Delta_{2P} = 0$$

（4）求 X_1、X_2，绘制 M 图。将以上各值代入式（a）得：

$$\left.\begin{array}{c} 111.6X_1 - 25.2X_2 + 1721.25 = 0 \\ -25.2X_1 + 50.4X_2 = 0 \end{array}\right\} \tag{b}$$

求解方程组（b）得：

$$X_1 = -17.386 \text{kN} \quad (\leftarrow \rightarrow) \qquad X_2 = -8.693 \text{kN} \quad (\leftarrow \rightarrow)$$

将 X_1、X_2 代入图 5-14c、d，按式（5-5a）求出 M 值，最后 M 图如图 5-14f 所示。

例 5-3 图 5-15a 所示超静定桁架，各杆 EA 相同，在 C 点受水平荷载 30kN、D 点受竖向荷载 60kN 作用。试求各杆内力。

解：（1）选基本结构、列力法方程。切断链杆 CD，其轴力用 X_1 代替，基本体系如图 5-15b 所示。由链杆切断处两侧截面沿 X_1 方向的位移为零的条件，可得力法方程：

$$\Delta_{11} + \Delta_{1P} = 0 \tag{a}$$

（2）求 Δ_{11}。基本结构在 X_1 作用下各杆内力如图 5-15c 所示。由图可知：Δ_{11} 为

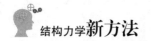
Δ_{Cx}、Δ_{Dx} 与 CD 杆轴向变形 S_{CD} 三者之和，具体计算如下。

取二元体 $AC - BC$ 计算 Δ_{Cx}。对照图 5 - 15c 可知，AC 杆（杆 1），$\alpha = 90°$，由式（4 - 20a）得 $\Delta_{Cy} = S_1 = 2.25X_1/EA$；$BC$ 杆（杆 2），$b_x = -4X_1/EA$，$b_y = 0$，$\sin\beta = 0.6$，$\cos\beta = -0.8$，$S_b = -6.25X_1/EA$，$S_2 = -9.45X_1/EA$，由式（4 - 20b）有：

$$\Delta_{Cx} = (S_2 - \Delta_{Cy}\sin\beta)/\cos\beta = 13.5X_1/EA \quad (\rightarrow)$$

取二元体 $BD - AD$ 计算 Δ_{Dx}。BD 杆（杆 1），$\alpha = 90°$，由式（4 - 20a）求得 $\Delta_{Dy} = S_1 = 2.25X_1/EA$；$AD$ 杆（杆 2），$\sin\beta = 0.6$，$\cos\beta = 0.8$，$S_2 = -6.25X_1/EA$，由式（4 - 20b）得：

$$\Delta_{Dx} = (S_2 - \Delta_{Dy}\sin\beta)/\cos\beta = -9.5X_1/EA \quad (\leftarrow)$$

CD 杆轴向变形 S_{CD} 为：

$$S_{CD} = 4X_1/EA \quad (\rightarrow \leftarrow)$$

Δ_{Cx}、Δ_{Dx}、S_{CD} 位移方向均与 X_1 假设方向一致，取正值，于是可得 Δ_{11} 为：

$$\Delta_{11} = (13.5 + 9.5 + 4)X_1/EA = 27X_1/EA \qquad (b)$$

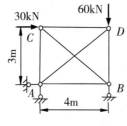
（a）超静定桁架

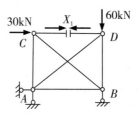
（b）基本体系

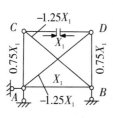
（c）F_{N1} 值

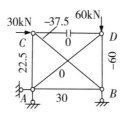
（d）F_{NP} 值

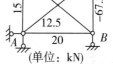
（e）F_N 值

图 5 - 15

（3）求 Δ_{1P}。求 Δ_{1P} 与求 Δ_{11} 的作法相同。荷载作用下各杆内力如图 5 - 15d 所示。取二元体 AC（杆 1）$- BC$（杆 2），对照图 5 - 15d 求出 S_1 及 $\sin\beta$、$\cos\beta$、S_2，代入式（4 - 20b）得：

$$\Delta_{Cx} = 405X_1/EA \quad (\rightarrow)$$

取二元体 BD（杆 1）$- AD$（杆 2），对照图 5 - 15d，由式（4 - 20b）求得 Δ_{Dx}：

$$\Delta_{Dx} = 135/EA \quad (\rightarrow)$$

CD 杆轴向变形 $S_{CD} = 0$，Δ_{1P} 为 Δ_{Cx} 与 Δ_{Dx} 之和。其中，Δ_{Cx} 与 X_1 假设方向一致，取正值；Δ_{Dx} 与 X_1 假设方向相反，取负值，可得 Δ_{1P} 为：

$$\Delta_{1P} = (405 - 135)/EA = 270/EA \quad (\rightarrow \leftarrow) \tag{c}$$

（4）求 X_1。将 Δ_{11}、Δ_{1P} 代入式（a）求得：

$$X_1 = -270/27 = -10\text{kN（压力）}$$

（5）求 F_N。将 X_1 代入图 5 – 15c 得 F_{N1}，再与 F_{NP} 相加，即得 F_N 值，如图 5 – 15e 所示。

例 5 – 4　如图 5 – 16a 所示加劲梁，截面惯性矩 $I = 1 \times 10^{-4}\text{m}^4$，链杆 AD、BD 截面面积为 A，链杆 CD 截面面积为 $2A$，已知 $A = 1 \times 10^{-3}\text{m}^2$，各杆弹性模量 $E = $ 常数，不考虑横梁的轴向变形，试求横梁弯矩及各链杆轴力。

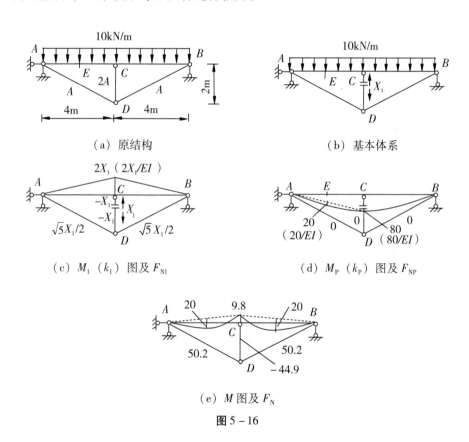

（a）原结构　　　　　　　　　（b）基本体系

（c）M_1（k_1）图及 F_{N1}　　　　　（d）M_P（k_P）图及 F_{NP}

（e）M 图及 F_N

图 5 – 16

解：（1）选基本结构、列力法方程。切断链杆 CD，用 X_1 代替，基本体系如图 5 – 16b 所示。根据基本结构在均布荷载（10kN/m）和 X_1 共同作用下，链杆切口两侧相对位移为零的条件，可得力法方程：

$$\Delta_{11} + \Delta_{1P} = 0 \tag{a}$$

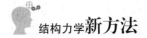结构力学新方法

（2）求 Δ_{11}。在 X_1 作用下，Δ_{11} 是横梁 C 点竖向位移 $\omega_C^{X_1}$、结点 D 竖向位移 Δ_{DV} 与 CD 杆轴向变形 S_{CD} 三者之和。

由横梁弯曲变形求 $\omega_C^{X_1}$。基本结构在 X_1 作用下的内力如图 $5-16c$ 所示。横梁 C 点曲率 $k_{C1} = 2X_1/EI$，A、B 两端侧移 $\omega_A = \omega_B = 0$，梁上 k 分布已知。由式（$4-4$）得：

$$\varphi_A = -（1/2）\times 8k_{C1} \times 4/8 = -4X_1/EI （\curvearrowleft）$$

C 截面侧移为：

$$\omega_C^{X_1} = \varphi_A l_{AC} + k_{C1} l_{AC}{}^2/6 = 32X_1/3EI （\uparrow）$$

取二元体 $AD-BD$ 求 Δ_{DV}。AD 杆，$a_x = a_y = 0$，$\sin\alpha = -0.447$，$\cos\alpha = 0.894$，$S_1 = \frac{\sqrt{5}}{2}X_1 \times 2\sqrt{5}/EA = 5X_1/EA$；$BD$ 杆，$b_x = b_y = 0$，$\sin\beta = -0.447$，$\cos\beta = -0.894$，$S_2 = S_b = \frac{\sqrt{5}}{2}X_1 \times 2\sqrt{5}/EA = 5X_1/EA$；$\sin（\alpha-\beta）= 0.8$。由式（$4-18b$）求得：

$$\Delta_{DV} = [5\times(-0.894)-5\times 0.894]（X_1/EA）/0.8 = -11.18 X_1/EA （\downarrow）$$

在 X_1 作用下，CD 杆因压力而使结点 C、D 变远，其值 S_{CD} 为：

$$S_{CD} = X_1 \times 2/E/2A = X_1/EA （{}^{\uparrow}{}_{\downarrow}）$$

$\omega_C^{X_1}$、Δ_{DV}、S_{CD} 都使结点 C、D 变远，取正号，求出它们之和并将 I、A 值代入得：

$$\Delta_{11} = 1.189 \times 10^5 X_1/E （{}^{\uparrow}{}_{\downarrow}） \qquad (b)$$

（3）求 Δ_{1P}。在荷载作用下，各链杆无轴力，Δ_{1P} 等于横梁 C 截面侧移 ω_C^P。

取梁 AB，两端 $\omega_A = \omega_B = 0$，由图 $5-16d$ 知，C 点曲率值 $k_C = -80/EI$。由式（$4-4$）有：

$$\varphi_A = -\frac{2}{3}l_{AB}k_C \cdot \frac{1}{2}l_{AB}/l_{AB} = \frac{640}{3EI} （\curvearrowright）$$

AC 段曲率为 $k_F = -80/EI$ 与 $k_P = -20/EI$ 叠加。将 φ_A、k_F、k_P 代入式（$4-4$）并计入 I 值可得 Δ_{1P}：

$$\Delta_{1P} = \varphi_A l_{AC} + k_F l_{AC}{}^2/6 + k_P l_{AC}{}^2/3 = 16\times 10^6/3E （\downarrow） \qquad (c)$$

Δ_{1P} 使 C、D 两点距离变近，与 X_1 假设方向相反，取负值。

（4）求 X_1。将 Δ_{11} 和 Δ_{1P} 代入式（a）有：

$$1.189 \times 10^5 X_1/E - 16\times 10^6/3E = 0$$

求得：

$$X_1 = 44.86\text{kN} （压力）$$

（5）求各杆内力。将 X_1 代入图 $5-16c$ 再与图 $5-16d$ 内力叠加，可得最后内力，如图 $5-16e$ 所示。

5.5 温度改变和支座移动时的内力计算

超静定结构在温度改变、支座移动、制造误差、材料收缩等非荷载因素作用下，都

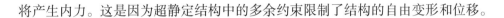

将产生内力。这是因为超静定结构中的多余约束限制了结构的自由变形和位移。

5.5.1　温度改变时的内力计算

超静定结构由于温度改变引起的内力计算，与荷载作用下的步骤一样，也是选取基本结构；列出力法典型方程；求方程各位移项；解方程求出多余未知力。

力法方程中的未知位移项 Δ_{ij} 与外因无关，其计算与第 4 章所述相同。方程的自由项改为 Δ_{it}，表示基本结构因温度改变引起 X_i 作用点沿其方向的位移，按"4.3.1"节计算。

Δ_{ij}、Δ_{it} 确定后，即可解方程求出多余未知力。因基本结构是静定的，温度改变时各杆内力为零，故由多余未知力产生的内力就是结构的最后内力，其值按下式计算：

$$M = M_1 + M_2 + \cdots + M_n = \sum M_n \tag{5-6a}$$

$$F_Q = F_{Q1} + F_{Q2} + \cdots + F_{Qn} = \sum F_{Qn} \tag{5-6b}$$

$$F_N = F_{N1} + F_{N2} + \cdots + F_{Nn} = \sum F_{Nn} \tag{5-6c}$$

例 5-5　图 5-17a 所示超静定桁架，BD 杆外侧升温 25℃，内侧升温 15℃，其余杆件温度无变化。各杆 $E = 2 \times 10^8 \mathrm{kN/m^2}$，$A = 36\mathrm{cm^2}$，线膨胀系数 $\alpha = 1.25 \times 10^{-5}$，试求各杆内力。

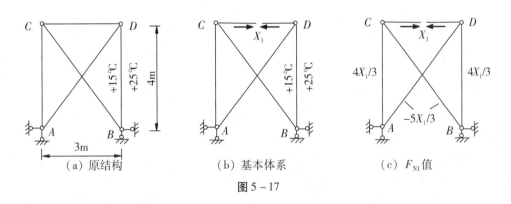

(a) 原结构　　　　(b) 基本体系　　　　(c) F_{N1} 值

图 5-17

解：（1）选基本结构、列力法方程。切断链杆 CD，用 X_1 代替，基本体系见图 5-17b。在 X_1 和温度变化共同作用下，CD 杆切口处两侧截面相对位移为零，据此可列出力法方程：

$$\Delta_{11} + \Delta_{1t} = 0 \tag{a}$$

（2）求 Δ_{11}。Δ_{11} 为 C 点水平位移 Δ_{Cx}、D 点水平位移 Δ_{Dx}、CD 杆轴向变形 S_{CD} 三者之和。基本结构在 X_1 作用下各杆轴力，如图 5-17c 所示。

取二元体 $AC-BC$ 求 Δ_{Cx}。AC 杆（杆1），$\alpha = 90°$，由式（4-20a）得 $\Delta_{Cy} = S_1 = S_a = 16X_1/3EA$；$BC$ 杆（杆2），$b_x = b_y = 0$，$\sin\beta = 0.8$，$\cos\beta = -0.6$，$S_2 = S_b = -25X_1/3EA$。由式（4-20b）得：

$$\Delta_{Cx} = (S_2 - \Delta_{Cy}\sin\beta)/\cos\beta = 21X_1/EA \quad (\rightarrow)$$

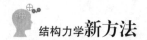

利用对称关系可得：$\Delta_{Dx} = -\Delta_{Cx} = -21X_1/EA$ （←）

在 X_1 作用下，链杆 CD 切口处位移为：$S_{CD} = 3X_1/EA$ （→ ←）

Δ_{Cx}、Δ_{Dx}、S_{CD} 均与 X_1 假设方向一致，取正值，故有：

$$\Delta_{11} = (21 + 21 + 3)\, X_1/EA = 45X_1/EA \tag{b}$$

（3）计算 Δ_{1t}。温度变化时，基本结构只有 BD 杆轴向变形，使 D 点产生位移 Δ_{Dx}，故有 $\Delta_{1t} = \Delta_{Dx}$。

取二元体 $BD - AD$ 求 Δ_{Dx}。BD 杆（杆1），$\alpha = 90^0$，由式（4-20a）得 $\Delta_{Dy} = S_1 = S_a = \alpha t_0 l_{BD} = 80\alpha$；$AD$ 杆（杆2），$\sin\beta = 0.8$，$\cos\beta = 0.6$，$S_2 = 0$。由式（4-20b）得：

$$\Delta_{Dx} = (0 - 80\alpha \times 0.8)/0.6 = -320\alpha/3 \quad (←)$$

Δ_{Dx} 与 X_1 假设方向一致，故：

$$\Delta_{1t} = \Delta_{Dx} = 320\alpha/3 \tag{c}$$

（4）求 X_1。将式 Δ_{11}、Δ_{1t} 代入式（a），并计入 α、E、A 之值求解得：

$$X_1 = -320\alpha EA/135 = -21.33\text{kN} \quad （压力） \tag{d}$$

（5）求各杆轴力。X_1 产生的轴力就是杆件最后轴力，由图 5-17c 可得：

$$F_{NCD} = -21.33\text{kN}（压力）;F_{NAC} = F_{NBD} = -28.44\text{kN}（压力）;F_{NAD} = F_{NBC} = 35.55\text{kN}（拉力）$$

5.5.2　支座移动时的内力计算

支座移动时超静定结构的计算原理和步骤，与荷载作用、温度变化时相同。力法方程中的未知位移项 Δ_{ij} 按第4章所述方法计算；自由项改为 $\Delta_{i\Delta}$，其计算与"4.3.2"节作法相同。

需要指出的是：力法方程等号右边有时并不为零，其值应根据原结构与基本结构 X_i 方向对应处的位移来确定。例如图 5-18a 所示刚架，支座 A 产生了水平位移 a 及转角 φ。若取图 5-18b 所示基本体系，在多余未知力 X_1、X_2 和支座 A 处水平位移 a 共同作用下，沿 X_1 方向的位移应与原结构 B 支座水平位移相同，即 $\Delta_1 = 0$；而沿 X_2 方向的位移应等于原结构 A 支座转角，即 $\Delta_2 = \varphi$。于是可得力法方程：

$$\left.\begin{array}{l} \Delta_{11} + \Delta_{12} + \Delta_{1\Delta} = 0 \\ \Delta_{21} + \Delta_{22} + \Delta_{2\Delta} = \varphi \end{array}\right\}$$

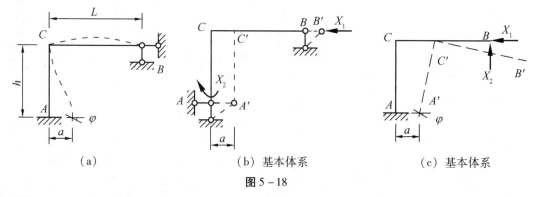

（a）　　　　　　　（b）基本体系　　　　　　（c）基本体系

图 5-18

若取图 5 - 18c 所示基本体系，则在 X_1、X_2 和支座 A 处水平位移 a、转角 φ 共同作用下，根据基本结构沿 X_1、X_2 方向的位移应与原结构 B 支座水平、竖向位移相同的条件，$\Delta_1 = 0$，$\Delta_2 = 0$。于是，力法方程为：

$$\left.\begin{array}{l} \Delta_{11} + \Delta_{12} + \Delta_{1\Delta} = 0 \\ \Delta_{21} + \Delta_{22} + \Delta_{2\Delta} = 0 \end{array}\right\}$$

支座移动时，基本结构各杆内力为零，故原结构最后内力也是只有多余未知力引起的内力，按式（5 - 6）求出。

例 5 - 6　图 5 - 19a 所示单跨超静定梁，$EI =$ 常数，B 端支座下沉 Δ，试求杆件内力。

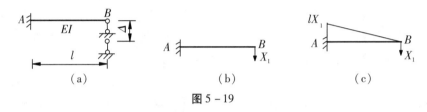

图 5 - 19

解：（1）选基本结构、列力法方程。切断 B 端支座链杆，用 X_1 代替，基本体系如图 5 - 19b 所示。基本结构是悬臂梁，无支座位移，自由项 $\Delta_{1\Delta} = 0$。在 X_1 作用下，B 端沿 X_1 方向的位移为 Δ_{11}，它应与原结构 B 端相应的位移 Δ 相等，据此可列出力法方程：

$$\Delta_{11} = \Delta \tag{a}$$

（2）求 X_1。绘出 M_1 图，见图 5 - 19c。由图可知，$k_N = lX_1/EI$。由式（4 - 4）求得：

$$\Delta_{11} = k_N l^2/3 = l^3 X_1/3EI \tag{b}$$

式（b）代入式（a）求得：

$$X_1 = 3EI\Delta/l^3 \quad (\downarrow)$$

（3）求杆件内力。将 X_1 代入图 5 - 19c，求得杆端内力为：

$$M_{AB} = 3EI\Delta/l^2 \ (\curvearrowright) \quad M_{BA} = 0 \quad F_{QAB} = 3EI\Delta/l^3 (\uparrow) \quad F_{QBA} = 3EI\Delta/l^3 (\downarrow)$$

5.6　超静定结构最后内力图的校核

最后内力图是结构设计的依据，为了保证它的正确性，必须认真校核。在校核最后内力前，应认真检查计算简图、原始数据、基本结构是否正确。然后，从平衡条件和位移条件两个方面对最后内力图进行校核。

5.6.1　平衡条件校核

平衡条件校核，一般是从结构中任取一部分（一个结点、一根杆件、某一部分或整体），采用平面一般力系的三个平衡方程进行验算，如不满足，则表明内力计算有错。

对于 M 图,可取刚结点,检查力矩是否平衡;也可取一根杆件、某一部分或整体,检查 M 图与荷载的微分关系是否满足。例如集中力作用处 M 图有无尖点,集中力偶作用处 M 值有无突变,均布荷载作用区段是否为二次抛物线等;也可以用力矩方程 $\sum M = 0$ 验算某截面 M 值是否正确。

对于 F_N 图、F_Q 图,则用投影方程 $\sum F_x = 0$、$\sum F_y = 0$ 验算某一部分 F_N、F_Q 值是否满足。

用平衡条件校核,计算一般比较简单,很多情况下可通过直接观察或简单心算完成,这里不再赘述。

5.6.2 位移条件校核

最后内力图用平衡条件校核后,并不能确保其正确性。因为,最后内力图是在多余未知力求出后绘出的,而多余未知力无论正确与否,都可以绘制出能够满足平衡条件的内力图。所以,还必须应用位移条件校核多余未知力是否正确。可见,对超静定结构而言,位移条件不仅在求内力时必不可少,而且在校核最后内力时也非常重要。

进行位移条件校核,就是计算基本结构在多余未知力作用处的位移,是否与原结构的已知位移相等,如果相等,则最后内力正确。传统力法是选取原结构的基本结构,用虚功法计算位移,具体校核详见结构力学教材;而直接力法,则是用几何法校核。

由于最后内力引起的位移必然与原结构的位移处处相等,于是用几何法校核时,无需选取基本结构,而是直接用最后内力计算原结构的支座或结点位移,若满足已知的约束条件,则内力图正确。用几何法校核,一次可以计算多个位移。此外,超静定结构具有多余约束,杆端侧移与转角常为已知,计算更加便捷。

下面给出几何法校核位移条件的几个示例。

例 5 – 7 超静定刚架在荷载作用下的 M 图已绘出,如图 5 – 20a 所示。横梁刚度 EI、立柱刚度 $2EI$。试用位移条件进行校核。

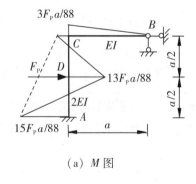
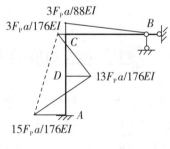

(a) M 图　　　　　　　　　　(b) k 图

图 5 – 20

解：由 M 值和抗弯刚度求出曲率 k，如图 5-20b 所示。

（1）验算 A 端转角 φ_A 是否为零。已知 CB 杆两端侧移为零，由式（4-4）求得：

$$\varphi_{CB} = -\frac{1}{2}a\frac{3F_{\mathrm{P}}a}{88EI}\cdot\frac{2a}{3}\cdot\frac{1}{a} = -\frac{F_{\mathrm{P}}a^2}{88EI}\ (\curvearrowleft)$$

由刚结点 C 可知，$\varphi_{CA} = \varphi_{CB} = -\dfrac{F_{\mathrm{P}}a^2}{88EI}$。

取 AC 杆，根据杆件曲率分布，由式（4-3）求得：

$$\varphi_A = \varphi_{CA} + \frac{1}{2}\cdot\frac{a}{2}\cdot\frac{13-3}{176}\cdot\frac{F_{\mathrm{P}}a}{EI} + \frac{1}{2}\cdot\frac{a}{2}\cdot\frac{13-15}{176}\cdot\frac{F_{\mathrm{P}}a}{EI} = 0$$

（2）验算支座 B 竖向位移 Δ_{BV} 是否为零。取 CB 杆，$\omega_{Cy}=0$，φ_{CB} 已求出，由式（4-4）求得 Δ_{BV}：

$$\Delta_{BV} = \varphi_{CB}a + \frac{1}{2}a\frac{3F_{\mathrm{P}}a}{88EI}\frac{2a}{3} = 0$$

（3）验算支座 B 水平位移 Δ_{BH} 是否为零。忽略杆件轴向变形后，$\Delta_{BH}=\Delta_{CH}$。

取 AC 杆，以 A 为坐标原点，$\omega_{Ax}=\varphi_A=0$，由式（4-5b）求出简单分布 AD 段 $k_{\mathrm{N1}}=-\dfrac{15F_{\mathrm{P}}a}{176EI}$、$k_{\mathrm{F1}}=\dfrac{13F_{\mathrm{P}}a}{176EI}$，$DC$ 段 $k_{\mathrm{N2}}=\dfrac{13F_{\mathrm{P}}a}{176EI}$、$k_{\mathrm{F2}}=-\dfrac{3F_{\mathrm{P}}a}{176EI}$，对 C 点的面积矩之和就是 Δ_{CH}，即

$$\Delta_{CH} = \frac{1}{2}\cdot\frac{a}{2}\left(k_{\mathrm{N1}}\cdot\frac{5a}{6} + k_{\mathrm{F1}}\cdot\frac{4a}{6} + k_{\mathrm{N2}}\cdot\frac{2a}{6} + k_{\mathrm{F2}}\cdot\frac{a}{6}\right) = 0$$

由计算可知，由最后内力求出的位移都满足边界条件，表明内力图正确。

例 5-8　图 5-21a 为两跨两层框架，作用于楼层标高处的总水平力和各杆抗弯刚度如图所示。框架内力已求出，M 图见图 5-21b。试用位移条件校核 M 图是否正确。

解：（1）变形分析。

与柱的抗弯刚度相比，楼板在平面内的刚度为无限大，各柱在同一楼层标高处的水平位移均相同。在不计柱的轴向变形时，各梁端竖向位移均为零。此外，根据刚结点变形特点，同一刚结点各杆端转角应相同。若由 M 图求出的结点位移满足以上边界约束条件，则是正确的，否则是错误的。

（2）验算各立柱侧移。

各杆 M 值除以抗弯刚度反号即得曲率 k，如图 5-21c 所示。各柱支座均为固定端，$\omega_0=\varphi_0=0$。由式（4-5b）可依次求出左柱在一、二层顶板处的水平位移：

$$\omega_{Dx} = \frac{1}{2}\times6\times\frac{54.6}{EI}\times4 - \frac{1}{2}\times6\times\frac{47.25}{EI}\times2 = \frac{371.7}{EI}$$

$$\omega_{Gx} = \frac{1}{2}\times6\times\frac{54.6}{EI}\times8 - \frac{1}{2}\times6\times\frac{47.25}{EI}\times6 + \frac{1}{2}\times4\times\frac{15.83}{EI}\times\frac{8}{3} - \frac{1}{2}\times4\times\frac{23.85}{EI}\times\frac{4}{3}$$

$$= \frac{480.73}{EI}$$

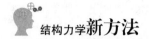

同样可求得中柱、右柱各楼层标高处水平位移（具体计算从略）：

$$\omega_{Ex} = \frac{371.76}{EI} \quad \omega_{Hx} = \frac{480.73}{EI} \quad \omega_{Fx} = \frac{371.7}{EI} \quad \omega_{Ix} = \frac{480.78}{EI}$$

由上可知，各柱同一楼层标高处侧移相同，满足位移条件。

注：各侧移值有微小误差，系计算精度所致。

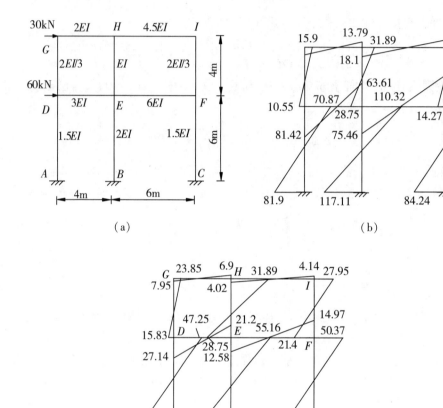

图 5 – 21

（3）验算刚结点各杆端转角。以各柱支座为起始端，由式（4 – 3）求出各结点转角为：

$$\varphi_D = 22.05/EI, \quad \varphi_G = 6.01/EI, \quad \varphi_E = 10.17/EI$$

$$\varphi_H = 3.89/EI, \quad \varphi_F = 17.37/EI, \quad \varphi_I = 4.27/EI$$

再以任一结点转角值求横梁另一端转角，看是否与已求出的结点转角相同。例如：

$$\varphi_{FE} = \varphi_{EF} + A_{EFk} = 10.17/EI - 6 \times (12.58 - 14.97)/2EI = 17.34/EI$$

该值与已求出的 φ_F 有微小误差，系计算精度所致。计算表明各刚结点转角均满足位移条件。

（4）验算各梁端侧移。各梁端侧移可由式（4 – 5c）计算（计算从略），结果也满足位移条件。

结论：各结点位移都满足位移条件，表明 M 图正确。

例 5 – 9　图 5 – 22a 为装配式钢筋混凝土单跨单层厂房排架，其左、右柱为阶梯形变截面杆件，横梁为 $EA = \infty$ 的二力杆，左柱受风荷载 q 作用。排架 M 图已求出，如图 5 – 22b 所示。试分析排架柱的侧移曲线形状并绘制左柱 ω 图。

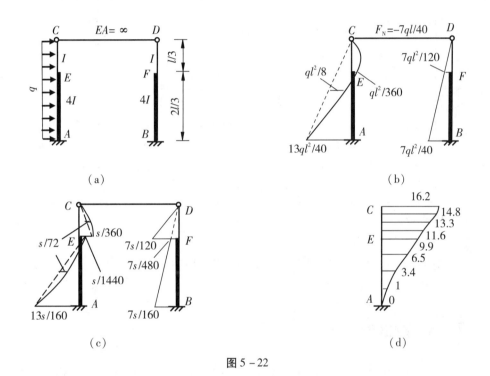

图 5 – 22

解：（1）排架柱的侧移曲线形状。横梁 $EA = \infty$，可知柱顶 C、D 两点水平位移相同。两柱均为固定支座，根据 M（即 k）图形状，由位移演示可知，侧移曲线均在排架柱右侧。其中左柱的下柱在 $M = 0$（$k = 0$）处以下部分侧移曲线向左凸，以上部分向右凸，是一条有反弯点的曲线；右柱的上柱和下柱侧移曲线均向左凸，无反弯点。两柱最大侧移值在柱顶。

由 k 与 ω 的微分关系可知，左柱侧移曲线为 4 次抛物线，右柱为 3 次抛物线。

（2）绘左柱 ω 图。下柱长 $l_{AE} = 2l/3$，上柱长 $l_{EC} = l/3$。令 $s = ql^2/EI$，下柱 M 值除以 $4EI$、上柱 M 值除以 EI，再反号即得 k 图，如图 5 – 22c 所示。

AE 段，$\omega_0 = \varphi_0 = 0$，$k_{R1} = 13s/160$，$k_{F1} = -s/1440 - 13s/160 = -59s/720$，$k_{P1} = -s/72$。按式（4 – 6b）计算出 5 个等分点 ω 值，见表 5 – 1。

EC 段，ω_E 已由 AE 段求出，$\varphi_E^- = (k_{R1} + k_{F1}/2 + 2k_{P1}/3)\, l_{AE} = 0.0207ql^3/EI$，$k_{R2} = -s/360$，$k_{F2} = s/360$，$k_{P2} = -s/72$。按式（4-6b）求出各控制截面 ω 值，见表 5-1。

将各控制截面 ω 值扩大 1000 倍，绘出左柱的 ω 图如图 5-22d 所示。

表 5-1　*AC* 柱侧移计算表

$S_R = k_R \cdot x^2/2$				$S_F = k_F \cdot x^3/6l$		$S_P = k_P \cdot (2l-x)\, x^3/3l^2$			$\omega = \omega_0 + \varphi_0 \cdot x + S_R + S_F + S_P$			
区段	l	ω_0	φ_0	k_R	k_F	k_P	x	S_R	S_F	S_P	$\varphi_0 \cdot x$	ω
AE	0.667	0	0	0.0813	-0.082	-0.014	0	0	0	0	0	0
							0.17	0.001	$-9E-05$	$-6E-05$	0	0.001
							0.33	0.005	$-8E-04$	$-4E-04$	0	0.0034
							0.5	0.01	-0.003	-0.001	0	0.0065
							0.67	0.018	-0.006	-0.002	0	0.0099
EC	0.333	0.021	0.01	-0.003	0.0028	-0.014	0	0	0	0	0	0.0099
							0.089	-0	$8E-07$	$-1E-05$	0.002	0.0116
							0.167	-0	$6E-06$	$-1E-04$	0.003	0.0133
							0.25	-0	$2E-05$	$-3E-04$	0.005	0.0148
							0.33	-0	$5E-05$	$-5E-04$	0.007	0.0162

注：表中各侧移 ω 值乘以 ql^4/EI。

以上算例表明，超静定结构的最后内力图，用几何法校核位移条件，方便、简单、快捷。

5.7　对称性的利用

工程实际中，对称结构的应用十分普遍。所谓对称结构，是指结构计算简图至少具有一个对称轴且同时满足以下条件：

（1）结构的几何形状和支承情况均对称于此轴；

（2）杆件的截面尺寸和材料也对称于此轴。

将对称结构沿对称轴对折后，对称轴两侧对称位置上的力或位移，如果位置重合、数值相等、方向（转向）相同，则称该力或位移为正对称；如果位置重合、数值相等、方向（转向）相反，则称该力或位移为反对称。这里的力可以是作用于结构上的荷载、约束反力，也可以是内力；位移则可以是外因引起结构某截面的线位移和角位移。

利用对称结构的对称性，可以使内力、位移计算进一步简化。常用的作法有选取对称的基本结构、荷载分组、取半个结构计算。

5.7.1 选取对称的基本结构

如图 5 – 23a 所示对称结构，用力法计算时，若沿对称轴切断横梁，并用多余未知力代替切口两侧截面的内力，则可得到对称的基本结构，如图 5 – 23b 所示。三对多余未知力（弯矩 X_1、轴力 X_2、剪力 X_3）各自大小相等、方向相反。将结构沿对称轴对折后，X_1、X_2 两对力各自作用点和作用线重合且方向相同，为正对称的力；X_3 则是作用点和作用线重合但方向相反，为反对称的力。根据切口两侧截面的相对转角、相对线位移为零的条件，结构在荷载作用下的直接力法方程为：

$$\left.\begin{array}{l}\Delta_{11} + \Delta_{12} + \Delta_{13} + \Delta_{1P} = 0 \\ \Delta_{21} + \Delta_{22} + \Delta_{23} + \Delta_{2P} = 0 \\ \Delta_{31} + \Delta_{32} + \Delta_{33} + \Delta_{3P} = 0\end{array}\right\} \qquad (5-7)$$

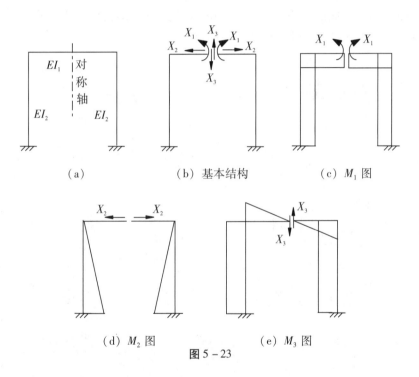

（a） 　　　（b） 基本结构 　　　（c） M_1 图

（d） M_2 图 　　　（e） M_3 图

图 5 – 23

绘出各多余未知力作用下的弯矩图，如图 5 – 23c、d、e 所示。可以看出，正对称的力产生的 M_1（k_1）、M_2（k_2）图也是正对称的，反对称的力产生的 M_3（k_3）图也是反对称的。用位移演示容易判断，正对称力的 k 图求得位移 Δ_{11}、Δ_{12}、Δ_{21}、Δ_{22} 是正对称的，求得沿 X_3 方向的位移为零，即 $\Delta_{31} = 0$，$\Delta_{32} = 0$；反对称力的 k 图求得位移是反对称的，沿 X_1、X_2 方向的位移亦为零，即 $\Delta_{13} = 0$，$\Delta_{23} = 0$。从而，力法典型方程简化为：

$$\left.\begin{array}{l}\Delta_{11} + \Delta_{12} + \Delta_{1P} = 0 \\ \Delta_{21} + \Delta_{22} + \Delta_{2P} = 0 \\ \Delta_{33} + \Delta_{3P} = 0\end{array}\right\} \qquad (5-8)$$

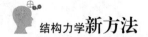

其中，前两个方程为一组，未知量只有正对称的内力 X_1、X_2；第三个方程为一组，未知量只有反对称的内力 X_3。计算它们要比求解三元一次方程组简单得多。

以上分析表明：计算对称结构时，取对称的基本结构，分别以正对称和反对称的多余未知力为基本未知量，则力法方程将由原来的高阶方程组分解为两个独立的低阶方程组。

5.7.2 荷载分组

仍以图 5 - 23a 所示对称结构为例，选取对称的基本结构计算时，如果承受正对称荷载作用（图 5 - 24a），M_P（k_P）图也是正对称的（图 5 - 24b）。由 M_P 图求得沿 X_3 方向的位移为零，即自由项 $\Delta_{3P} = 0$，于是由式（5 - 8）第三式可得：$X_3 = 0$；而由 M_P 图求得沿 X_1、X_2 方向的位移 Δ_{1P}、Δ_{2P} 代入式（5 - 8）前两式，可求得正对称的未知力 X_1、X_2。可见，对称的基本结构在正对称荷载和正对称多余未知力共同作用下，只有正对称的反力、内力和位移，这也是原结构的反力、内力和位移。

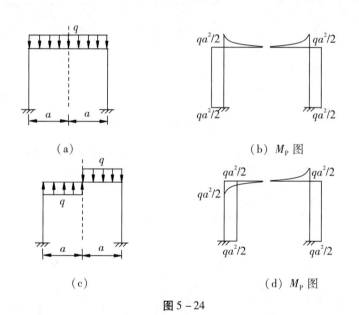

（a）

（b）M_P 图

（c）

（d）M_P 图

图 5 - 24

如果上述对称结构承受反对称荷载作用（图 5 - 24c），则 M_P（k_P）图也是反对称的（图 5 - 24d），由 M_P 图求得 $\Delta_{1P} = 0$，$\Delta_{2P} = 0$，$\Delta_{3P} \neq 0$。由式（5 - 8）前两式可得 $X_1 = 0$、$X_2 = 0$，由式（5 - 8）第三式可求出 X_3。说明对称的基本结构在反对称多余未知力和反对称荷载共同作用下，反力、内力、位移也是反对称的，它们也是原结构的反力、内力和位移。

综上所述，可得结论如下：对称结构在正对称荷载作用下，反对称的未知力为零。对称结构在反对称荷载作用下，正对称的未知力为零。

当对称结构受到非对称荷载作用时（图 5 - 25a），可将荷载分解为正对称和反对称两组（图 5 – 25b、c），然后利用上述结论分别求解，并将计算结果叠加，即得原结构的最后内力，这就是所谓的荷载分组。

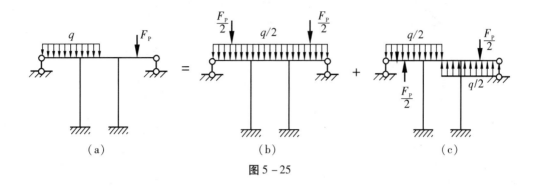

图 5 – 25

例 5 – 10 试分析图 5 – 26a 所示对称刚架，绘出 M 图。各杆 EI = 常数。

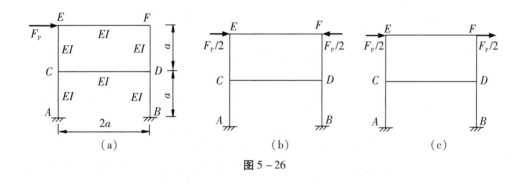

图 5 – 26

解：对称刚架是 6 次超静定结构，承受非对称荷载作用。现将荷载分解成正对称荷载（图 5 – 26b）和反对称荷载（图 5 – 26c）分别计算。

（1）正对称荷载作用

刚架在图 5 – 26b 所示一对大小为 $F_P/2$ 的平衡力系作用下，杆件 EF 只有轴力。在忽略轴向变形的情况下，截面 E、F 不会产生任何位移，其余各杆也不会有位移发生，各杆均无变形，内力为零。可见，正对称荷载作用下，刚架的弯矩为零。

（2）反对称荷载作用

将两根横梁中点截开，用多余未知力 X_1、X_2、X_3、X_4、X_5、X_6 代替，得到对称的基本结构，如图 5 – 27a 所示。此时，对称结构在反对称荷载作用下，对称的内力 X_1、X_2、X_4、X_5 均为零，只需计算 X_3、X_6。这就将一个 6 次超静定结构转化为 2 次超静定，力法方程简化为：

$$\left.\begin{array}{l} \Delta_{33} + \Delta_{36} + \Delta_{3P} = 0 \\ \Delta_{63} + \Delta_{66} + \Delta_{6P} = 0 \end{array}\right\} \tag{a}$$

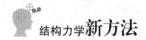

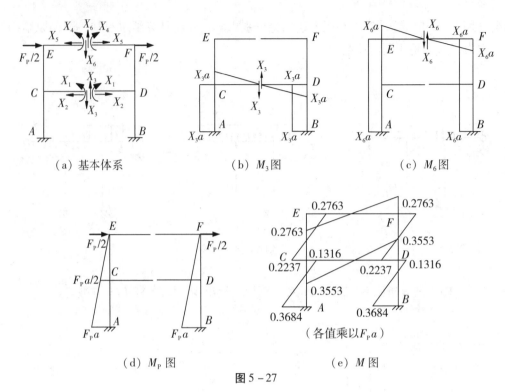

图 5-27

绘出 M_3、M_6、M_P 图，如图 5-27b、c、d 所示。求出各杆 k 值代入式（4-5c）可依次求得式（a）各位移项：

$$\Delta_{33}=2\times(a^3X_3/EI+a^3X_3/3EI)=8a^3X_3/3EI \qquad \Delta_{63}=2a^3X_3/EI$$

$$\Delta_{36}=2a^3X_6/EI \qquad \Delta_{66}=2\times(2a^3X_6/EI+a^3X_6/3EI)=14a^3X_6/3EI$$

$$\Delta_{3P}=2\times(a^3F_P/2EI+a^3F_P/4EI)=3a^3F_P/2EI \qquad \Delta_{6P}=2a^3F_P/EI$$

将以上各值代入式（a）求解得：

$$X_3=-0.3553F_P \quad X_6=-0.2763F_P \tag{b}$$

按式（5-5a）可叠加出 M 图，如图 5-27e 所示。由于正对称荷载作用下 $\overline{M}$ 图为零，故图 5-27e 就是原结构（图 5-26a）的最后弯矩图。

5.7.3 取半个结构计算

当对称结构承受正对称荷载或反对称荷载作用时，还可以取半个结构的计算简图来代替原结构进行受力分析。下面通过对称刚架为奇数跨和偶数跨的情况来说明。

1. 奇数跨对称刚架

图 5-28a 所示单跨对称刚架（奇数跨），承受正对称荷载作用。根据上述结论可知，在对称轴截面 C 的两侧只能有正对称的内力（弯矩和轴力），而反对称的内力（剪力）为零；同时由变形连续性可知，对称轴截面两侧不会有相对转角和水平线位移，只能有竖向线位移。若将结构从对称轴截开取其一半，用滑动支座代替截面 C 的约束（无转角

和水平线位移），可得到图 5 - 28b 所示的结构，它与原结构对称轴一侧的受力、变形完全相同，但超静定次数比原结构减少了 1 次。求出这一结构的内力即为原结构对称轴一侧的内力，而原结构对称轴另一侧，可由内力正对称的条件得出。

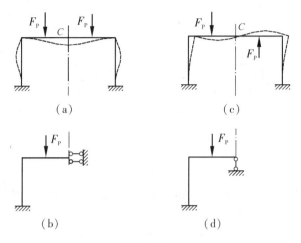

图 5 - 28

当单跨对称刚架承受反对称荷载作用时（图 5 - 28c），只有反对称的内力和位移。C 截面上的弯矩和轴力均为零，而只有剪力（反对称）。这时，对称轴截面 C 的两侧可产生转角和水平线位移，但不会发生竖向线位移。因此，从对称轴截面处截开取其一半，用竖向链杆支座代替原有联系，所得结构如图 5 - 28d 所示，它与原结构对称轴一侧的受力、变形完全相同，但超静定次数由 3 次降为 1 次。求出这一结构的内力并由内力反对称的条件，可得出原结构对称轴另一侧的内力。

2．偶数跨对称刚架

图 5 - 29a 所示双跨对称刚架（偶数跨），在正对称荷载作用下，只有正对称的内力和位移。如果忽略柱的轴向变形，则在对称轴截面 C 处将无任何位移，而横梁在 C 端除有弯矩和轴力外，还有剪力。故取一半结构计算时，可用固定支座代替截面 C 的原有联系，由此所得结构与原结构对称轴一侧的受力、变形完全相同，但超静定次数由原来的 6 次降为 3 次（图 5 - 29b）。求出该结构的内力，并根据内力正对称的条件，可得到原结构的最后内力。

双跨对称结构承受反对称荷载作用时（图 5 - 29c），若忽略杆件的轴向变形，在对称轴上的截面 C 处无竖向线位移，设想沿对称轴将中间柱截开为两根刚度各 $I/2$ 的竖柱，但在顶端处的横梁不截开，可得如图 5 - 29d 所示的结构，它与原结构所受荷载、约束情况均相同，因而是等效的。若再沿对称轴把横梁截开，可知在反对称荷载作用下，切口处只有一对剪力 F_{QC}（图 5 - 29e），它只会使两根竖柱产生轴力，而对其他杆件的内力无影响，可将其去掉。显然它与原结构受力、变形完全相同，因此，可取对称轴任一侧的半个结构（图 5 - 29f）计算，并利用内力反对称条件得到另外半个结构的内力。

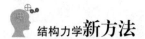

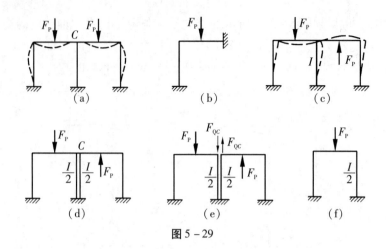

图 5 – 29

例 5 – 11 试作图 5 – 30a 所示对称刚架的弯矩图。各杆 EI = 常数。

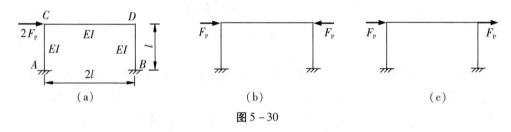

图 5 – 30

解：先将荷载分解为正对称和反对称的两组，如图 5 – 30b、c 所示。

刚架受正对称荷载作用时（图 5 – 30b），在忽略轴向变形的情况下，各结点无位移，杆件弯矩为零。

刚架在反对称荷载作用下（图 5 – 30c），可取半个结构计算，计算简图如图 5 – 31a 所示，超静定次数仅为 1 次，基本体系如图 5 – 31b 所示。直接力法方程为：

$$\Delta_{11} + \Delta_{1P} = 0$$

图 5 – 31

绘出 M_1、M_P 图，如图 5 - 31c、d 所示。对照弯矩图，由式（4 - 5c）求得 Δ_{11}、Δ_{1P} 为：

$$\Delta_{11} = l \cdot \frac{X_1 l}{EI} \cdot l + \frac{l}{2} \cdot \frac{X_1 l}{EI} \cdot \frac{2l}{3} = \frac{4l^3}{3EI} X_1 (\uparrow) \quad \Delta_{1P} = -\frac{l}{2} \cdot \frac{F_P l}{EI} \cdot l = -\frac{F_P l^3}{2EI} (\downarrow)$$

将它们代入力法方程求得：

$$X_1 = 3F_P/8$$

按式（5 - 5a）叠加出对称轴左侧部分弯矩图，并由内力反对称条件绘出刚架 M 图，如图 5 - 31e 所示，它也就是图 5 - 30a 所示刚架的最后弯矩图。

5.8　超静定拱的内力计算

超静定拱的内力与三铰拱一样，也是以轴向压力为主，可利用抗压性能强而抗拉性能差的砖、石、混凝土等价格较低的材料建造，在工程中应用很广，例如钢筋混凝土拱桥，石拱桥，隧道中的混凝土拱圈，房屋建筑中的拱形屋架、门窗过梁等。超静定拱的常用型式有两铰拱和无铰拱（见第 3 章图 3 - 32a、b）。

在超静定拱的计算中，由于拱轴为曲线，严格地说，应考虑拱轴曲率对变形的影响。但在工程实际中，拱的截面高度与拱轴的曲率半径相比小得多，拱轴曲率对变形的影响很小，用力法求解超静定拱时，仍可用直杆位移计算公式求方程的各位移项。

5.8.1　两铰拱及系杆拱

用直接力法计算两铰拱（图 5 - 32a），可采用图 5 - 32b 所示简支曲梁为基本结构。在多余未知力 X_1 和荷载共同作用下，基本结构在 X_1 作用点沿其方向的位移应与原结构相应处的位移相等，据此可列出力法方程：

$$\Delta_{11} + \Delta_{1P} = 0 \tag{5 - 9a}$$

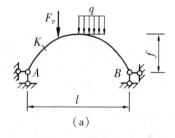

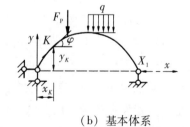

（a）　　　　　　　　　　　　　（b）　基本体系

图 5 - 32

经验表明，在力法方程位移项的计算中，剪力对变形的影响可略去不计，而且只有 $f \leq l/3$ 时，才考虑轴力的影响。此时，基本结构在 X_1 作用下的位移 Δ_{11} 为由弯矩 M 引起的位移 Δ_{11}^M 与轴力 F_N 引起的位移 $\Delta_{11}^{F_N}$ 之和，力法方程变为：

$$\Delta_{11}^M + \Delta_{11}^{F_N} + \Delta_{1P} = 0 \tag{5 - 9b}$$

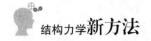

式中，Δ_{11}^M、Δ_{1P} 均可由 "4.5" 节相关公式计算。$\Delta_{11}^{F_N}$ 可按以下情况计算：

（1）用积分计算时，$ds = dx/\cos\varphi$，$F_N = X_1\cos\varphi$，则有

$$\Delta_{11}^{F_N} = \int_0^l \frac{F_N\cos\varphi}{EA}ds = \int_0^l \frac{X_1\cos\varphi}{EA}dx \qquad (5-10a)$$

（2）用划分直段法计算时，$l_i = \Delta x_i/\cos\theta_i$，$F_N = X_1\cos\theta_i$，可得

$$\Delta_{11}^{F_N} = \sum_1^n \frac{F_{Ni}\cos\theta_i}{EA}l_i = \frac{X_1}{EA}\sum_1^n \cos\theta_i\Delta x_i \qquad (5-10b)$$

式（5-10）中，φ 是坐标 (x, y) 处拱轴切线的倾角，θ_i 是第 i 直段 l_i 的倾角，当划分区段数 $n\to\infty$ 时，有 $\theta_i\to\varphi$，$l_i\to ds$。

由式（5-9）求出 X_1 后，各截面 M 值可由下式求出：

$$M = M_P - M_1 = M_P - X_1y \qquad (5-11)$$

当基础比较弱时，为避免支座承受水平推力，常在两铰拱底部设置拉杆，将支座改为简支，称为系杆拱，计算简图如图 5-33a 所示。用直接力法计算时，可将拉杆切断，以拉杆内力为多余未知力，基本体系如图 5-33b 所示。然后根据拉杆切口处的变形连续条件建立力法方程，其计算方法和步骤均与两铰拱相同，但在多余未知力 X_1 引起的位移计算式中多了拉杆轴向变形 X_1l/E_1A_1 一项，此时力法方程为：

$$\Delta_{11} + X_1l/E_1A_1 + \Delta_{1P} = 0 \qquad (5-12)$$

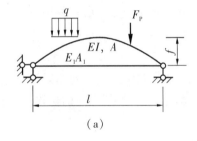
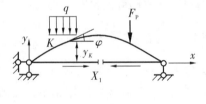

|（a）|（b）基本体系|

图 5-33

由式（5-12）求出 X_1 后，反力和任一截面的内力可由平衡条件求得。当拱仅承受竖向荷载时，任一截面弯矩可按式（5-11）计算。

由式（5-12）可知，当系杆的抗拉刚度 $E_1A_1\to\infty$ 时，系杆的轴力 X_1 与两铰拱的水平推力相同，拱的内力也与两铰拱相同；而当 $E_1A_1\to0$ 时，$X_1\to0$，系杆将失去作用，系杆拱成为简支曲梁。因此，适当加大系杆的 E_1A_1 值，能够减少拱内弯矩。

两铰拱是一次超静定结构，用力法求解时取简支曲梁为基本结构。若考虑轴力的影响，$\Delta_{11} = \Delta_{11}^M + \Delta_{11}^{F_N}$，否则 $\Delta_{11} = \Delta_{11}^M$；对于系杆拱，$\Delta_{11}$ 还要加上拉杆轴向变形 X_1l/E_1A_1。无论哪种情况，Δ_{1P} 都只计算弯矩引起的变形。

例5-12 试绘制图 5-34a 所示抛物线两铰拱的 M 图。已知 $l = 20m$，$f = 5m$，拱轴方程为 $y = 0.05x(20-x)$，拱截面面积 $A = 10m^2$，惯性矩 $I = 0.833m^4$，$E = 3.4\times10^7$ kN/m^2。

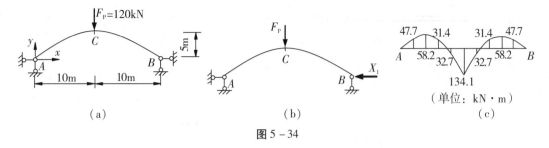

$$（a）\qquad\qquad\qquad（b）\qquad\qquad\qquad（c）$$

$$图\ 5-34$$

解：本例 $f<l/3$，需要考虑轴力对变形的影响，力法方程为：

$$\Delta_{11}^{M}+\Delta_{11}^{F_N}+\Delta_{1P}=0 \qquad\qquad （a）$$

（1）求 Δ_{11}^{M} 和 Δ_{1P}。基本结构如图 5-34b 所示，在 X_1、F_P 单独作用下，任一截面的弯矩表达式为：

$$M_1=-X_1y\ （0\leqslant x\leqslant 20）$$

$$M_P=60x\ （0\leqslant x\leqslant 10）及 M_P=1200-60x\ （10\leqslant x\leqslant 20）$$

由 k 与 M 的关系可得 X_1 引起的曲率 k^{X_1} 与荷载引起的曲率 k^{F_P} 为：

$$k^{X_1}=yX_1/EI\ （0\leqslant x\leqslant 20）$$

$$k^{F_P}=-60x/EI\ （0\leqslant x\leqslant 10）及 k^{F_P}=（60x-1200）/EI\ （10\leqslant x\leqslant 20）$$

k 的上标表示引起曲率的外力。

将结构沿跨度等分为 10 段，$\Delta x=2\text{m}$，每等份视作直段。按式（4-15）求出各等分点 x_i、y_i 值及直杆长 l_i、斜高 Δy_i。再由 k^{X_1}、k^{F_P} 计算式求出各等分点处曲率 $k_{i-1}^{X_1}$、$k_i^{X_1}$、$k_{i-1}^{F_P}$、$k_i^{F_P}$。以上各值计算见表 5-2。

按式（4-17b）计算 Δ_{11}^{M} 和 Δ_{1P}，式中 $y_j=y_B=0$，$\varphi_0y_j=0$。此外，结构无分布荷载，式中 $k_P=0$。于是，计算 Δ_{11}^{M} 和 Δ_{1P} 的公式（4-17b）简化为：

$$\Delta^M=\sum_{i=1}^{10}（l_i/2）\left[k_{i-1}（-y_i+2\Delta y_i/3）+k_i（-y_i+\Delta y_i/3）\right] \qquad （b）$$

按式（b）计算的 Δ_{11}^{M}、Δ_{1P} 见表 5-2 第 8 列、第 12 列。

（2）求 $\Delta_{11}^{F_N}$。由式（5-10b）得：

$$\Delta_{11}^{F_N}=\frac{X_1}{EA}\sum_{i=1}^{10}\cos\theta_i\Delta x_i=\frac{X_1}{EI}\cdot\frac{I}{A}\sum_{i=1}^{10}\frac{\Delta x_i^2}{l_i} \qquad （c）$$

注意：$\Delta x_i=\Delta x=2$，$I/A=0.0833$，将它们代入式（c）可得：

$$\Delta_{11}^{F_N}=\frac{X_1}{EI}\sum_{i=1}^{10}\frac{0.3333}{l_i}$$

按上式计算的 $\Delta_{11}^{F_N}$ 见表 5-2 第 9 列。

表 5 - 2 划分直段法计算 Δ_{11}、Δ_{1P} 表

区段	x_i	y_i	Δ_{yi}	l_i	$k_{i-1}^{X_1}$	$k_i^{X_1}$	Δ_{i11}^M	$\Delta_{i11}^{F_N}$	$k_{i-1}^{F_P}$	$k_i^{F_P}$	Δ_{i1P}^M
1	2	1.8	1.8	2.6907	0	1.8	-2.906	0.1239	0	-120	193.73
2	4	3.2	1.4	2.4413	1.8	3.2	-15.657	0.1365	-120	-240	1132.8
3	6	4.2	1	2.2361	3.2	4.2	-30.798	0.1491	-240	-360	2504.4
4	8	4.8	0.6	2.0881	4.2	4.8	-42.346	0.1596	-360	-480	3959
5	10	5	0.2	2.01	4.8	5	-48.266	0.1658	-480	-600	5322.4
6	12	4.8	-0.2	2.01	5	4.8	-48.266	0.1658	-600	-480	5322.4
7	14	4.2	-0.6	2.0881	4.8	4.2	-42.346	0.1596	-480	-360	3959
8	16	3.2	-1	2.2361	4.2	3.2	-30.798	0.1491	-360	-240	2504.4
9	18	1.8	-1.4	2.4413	3.2	1.8	-15.657	0.1365	-240	-120	1132.8
10	20	0	-1.8	2.6907	1.8	0	-2.906	0.1239	-120	0	193.73
	$\Delta_{11}=$	281.416		$\Delta_{1P}=$	-26225		-279.95	1.4698			26225

（3）求 X_1。表 5 - 2 第 8、9、12 列最后一行表示的位移值应除以 EI。此外，Δ_{11}^M、$\Delta_{11}^{F_N}$ 与 X_1 假设指向相同，取正号；Δ_{1P} 与 X_1 假设指向相反，取负号。将它们代入式（a）得：

$$279.946X_1/EI + 1.468X_1/EI - 26224.55/EI = 0$$

求解得：

$$X_1 = 93.19\text{kN}（\leftarrow）$$

（4）绘制 M 图。将各等分点 M_P、$X_1 y_i$ 代入式（5 - 11）求出 M 值，如表 5 - 3 所示。以拱跨为基线，将各点 M 值用竖标标于基线，然后将 C 点两侧各竖标顶点用光滑的曲线相连，即得 M 图，如图 5 - 34c 所示。

表 5 - 3 两铰拱弯矩计算表

等分点	x_i	y_i	X_1	$M_1 = X_1 y_i$	M_P	M
0	0	0	93.19	0	0	0
1	2	1.8	93.19	167.74	120	-47.742
2	4	3.2	93.19	298.21	240	-58.208
3	6	4.2	93.19	391.4	360	-31.398
4	8	4.8	93.19	447.31	480	32.688
5	10	5	93.19	465.95	600	134.05
6	12	4.8	93.19	447.31	480	32.688
7	14	4.2	93.19	391.4	360	-31.398
8	16	3.2	93.19	298.21	240	-58.208
9	18	1.8	93.19	167.74	120	-47.742
10	20	0	93.19	0	0	0

（5）讨论。本例用虚功法求得解析解 $X_1 = 92.61\text{kN}$（计算从略），将两种方法的 X_1 值对比可知，当划分区段数 $n = 10$ 时，误差为 0.9%；$n = 20$ 时，误差为 0.27%。n 越大，误差越小。

5.8.2　无铰拱

工程中常见的无铰拱是对称结构，为 3 次超静定。通常利用结构的对称性，取对称的基本结构，将力法方程简化为式（5 - 8）所示两组独立的方程。当拱的高跨比 $f/l > 1/5$ 以及拱截面与拱跨比 $h_c/l < 1/10$ 时，可忽略轴向变形和剪切变形的影响。用直接力法计算时，对于等截面圆弧拱，若方便积分，可直接积分计算。下面是一个直接积分的算例。

例 5 - 13　试绘制图 5 - 35a 所示等截面半圆无铰拱的 M 图。已知拱轴 $EI =$ 常数，半径为 R，受均布荷载 q 作用，不计轴力、剪力的影响。

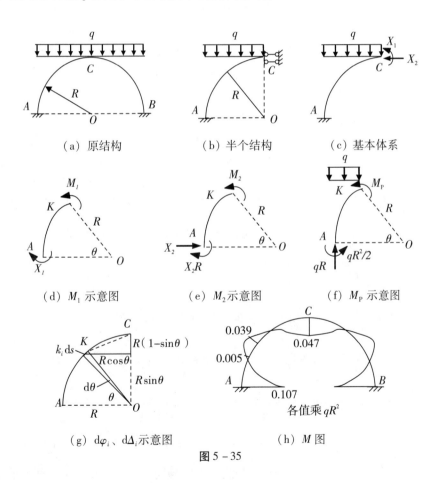

（a）原结构　　　　（b）半个结构　　　　（c）基本体系

（d）M_1 示意图　　　（e）M_2 示意图　　　（f）M_P 示意图

（g）$\text{d}\varphi_i$、$\text{d}\Delta_i$ 示意图　　　（h）M 图

图 5 - 35

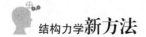

解：（1）选基本结构、列力法方程。利用对称性，取半个结构（图 5 – 35b）计算，基本体系如图 5 – 35c 所示。根据基本结构在 X_1、X_2、q 共同作用下，C 截面角位移和水平线位移为零的条件，可列出直接力法方程：

$$\left.\begin{array}{l} \Delta_{11} + \Delta_{12} + \Delta_{1P} = 0 \\ \Delta_{21} + \Delta_{22} + \Delta_{2P} = 0 \end{array}\right\} \qquad (a)$$

（2）求 X_1、X_2。变量 θ 从 OA 起算，由图 5 – 35d、e、f 所示隔离体可知，X_1、X_2、q 引起任一截面弯矩计算式为：

$$M_1 = X_1 \qquad M_2 = X_2 R \ (1 - \sin\theta) \qquad M_P = -qR^2 \cos^2\theta/2$$

相应的曲率为：

$$k_1 = -X_1/EI \qquad k_2 = -X_2 R \ (1 - \sin\theta) \ /EI \qquad k_P = qR^2 \cos^2\theta/2EI$$

X_1、X_2、q 单独作用下微段 $\mathrm{d}s$（$= R\mathrm{d}\theta$）两侧截面转角改变量分别为：

$$\mathrm{d}\varphi_1 = k_1 R\mathrm{d}\theta = -X_1 R\mathrm{d}\theta/EI$$

$$\mathrm{d}\varphi_2 = k_2 R\mathrm{d}\theta = -X_2 R^2 \ (1 - \sin\theta) \ \mathrm{d}\theta/EI$$

$$\mathrm{d}\varphi_P = k_P R\mathrm{d}\theta = qR^3 \cos^2\theta \mathrm{d}\theta/2EI$$

微段转角 $\mathrm{d}\varphi$ 引起 C 截面水平线位移 $\mathrm{d}\Delta_{CH}$，等于 $\mathrm{d}\varphi$ 乘以微段与 C 点竖向高度之差 R（$1 - \sin\theta$），如图 5 – 35g 所示。当 $\mathrm{d}\varphi$ 由 X_1、X_2、q 单独作用引起时，C 截面水平线位移依次为：

$$\mathrm{d}\Delta_1 = \mathrm{d}\varphi_1 \times R \ (1 - \sin\theta) = -X_1 R^2 \ (1 - \sin\theta) \ \mathrm{d}\theta/EI$$

$$\mathrm{d}\Delta_2 = \mathrm{d}\varphi_2 \times R \ (1 - \sin\theta) = -X_2 R^3 \ (1 - \sin\theta)^2 \mathrm{d}\theta/EI$$

$$\mathrm{d}\Delta_P = \mathrm{d}\varphi_P \times R \ (1 - \sin\theta) = qR^4 \ (1 - \sin\theta) \ \cos^2\theta \mathrm{d}\theta/2EI$$

A 端为固定端，$\Delta_{AH} = 0$，$\varphi_A = 0$。将 $\mathrm{d}\varphi_1$、$\mathrm{d}\varphi_2$、$\mathrm{d}\varphi_P$ 及 $\mathrm{d}\Delta_1$、$\mathrm{d}\Delta_2$、$\mathrm{d}\Delta_P$ 沿 AC 段积分，可得 X_1、X_2、q 分别引起基本结构 C 截面沿 X_1、X_2 方向的位移为：

$$\Delta_{11} = \int_0^{90} \mathrm{d}\varphi_1 = \frac{-X_1 R}{EI} \int_0^{90} \mathrm{d}\theta = -1.5708 X_1 R \ /EI \ (\text{↘})$$

$$\Delta_{12} = \int_0^{90} \mathrm{d}\varphi_2 = \frac{-X_2 R^2}{EI} \int_0^{90} \ (1 - \sin\theta) \mathrm{d}\theta = -0.5708 X_2 R^2/EI (\text{↘})$$

$$\Delta_{1P} = \int_0^{90} \mathrm{d}\varphi_P = \frac{qR^3}{EI} \int_0^{90} \cos^2\theta \mathrm{d}\theta/2 = 0.3927 qR^3/EI (\text{↗})$$

$$\Delta_{21} = \int_0^{90} \mathrm{d}\Delta_1 = \frac{-X_1 R^2}{EI} \int_0^{90} \ (1 - \sin\theta) \mathrm{d}\theta = -0.5708 X_1 R^2/EI (\leftarrow)$$

$$\Delta_{22} = \int_0^{90} \mathrm{d}\Delta_2 = \frac{-X_2 R^3}{EI} \int_0^{90} \ (1 - \sin\theta)^2 \mathrm{d}\theta = -0.3562 X_2 R^3/EI (\leftarrow)$$

$$\Delta_{2P} = \int_0^{90} \mathrm{d}\Delta_P = \frac{qR^4}{EI} \int_0^{90} \ (1 - \sin\theta) \cos^2\theta \mathrm{d}\theta/2 = 0.2261 qR^4/EI (\rightarrow)$$

以上位移代入式（a）（实际方向与 X_i 假设方向相同取正号，反之取负号）得：

$$\left.\begin{array}{l} 1.5708 X_1 + 0.5708 R X_2 = 0.3927 qR^2 \\ 0.5708 X_1 + 0.3562 R X_2 = 0.2261 qR^2 \end{array}\right\} \qquad (b)$$

解联立方程组（b）得：

$$X_1 = 0.047qR^2 \quad (\curvearrowleft) \qquad X_2 = 0.56qR \quad (\leftarrow)$$

（3）绘制 M 图。将同一截面的 M_1、M_2、M_P 表达式叠加可得最后弯矩表达式：

$$M = X_1 + (1 - \sin\theta)\,RX_2 - (qR^2\cos^2\theta)/2 \qquad (c)$$

将 X_1、X_2 之值代入式（c），取 $\theta = 0°$（C 截面）、45°、75°、90°（A 截面），求得 M 值依次为：$0.047qR^2$、$-0.039qR^2$、$-0.005qR^2$、$0.107qR^2$。M 图见图 5–35h。

（4）讨论。本例也可以用划分直段法计算（计算从略），与直接积分相比，当 AC 段划分段数 $n = 9$、18 时，X_1 误差分别为 5.1% 和 2.1%，X_2 误差分别为 0.7% 和 0.18%。

实际工程中，拱轴方程比较复杂，拱截面也常常是变化的，用积分计算常常遇到困难，对此，可采用划分直段法，现以抛物线无铰拱为例说明如下。

如图 5–36a 所示对称无铰拱，从拱顶处截开，将三对多余未知力作用到拱顶，得到对称的基本结构，如图 5–36b 所示。利用对称性，力法方程简化为式（5–8），即：

$$\left.\begin{aligned} \Delta_{11} + \Delta_{12} + \Delta_{1P} &= 0 \\ \Delta_{21} + \Delta_{22} + \Delta_{2P} &= 0 \\ \Delta_{33} + \Delta_{3P} &= 0 \end{aligned}\right\}$$

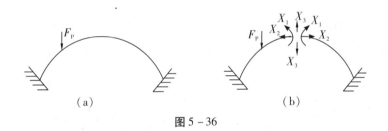

图 5–36

将结构沿跨度 l 等分为 $2n$ 份，每份长 $\Delta x = l/2n$，其对应的拱段视作等截面直杆，EI_i 为常数。设第 i 个直段始、末端 y 坐标值为 y_{i-1}、y_i，斜高 $\Delta y_i = y_i - y_{i-1}$，直段长 l_i，倾角余弦 $\cos\theta_i = \Delta x/l_i$。显然，随着分段数的增加，$l_i$ 将趋近于拱轴微段长 ds，直段倾角 θ_i 将趋近于第 $i-1$ 个分段点处拱轴的切线倾角 φ。

以左端为坐标原点，x 轴向右为正，y 轴向上为正。拱轴各点切线的倾角 φ 在左半拱取正，右半拱取负；弯矩使拱内侧受拉为正，剪力绕隔离体顺时针转为正，轴力以压力为正。

在常见荷载（集中力偶、集中力、均布力）作用下，第 i 直段 k 可分解为以始、末端曲率 $k_{i-1} = -M_{P(i-1)}/EI_i$，$k_i = -M_{Pi}/EI_i$ 为高的直角三角形和以 $k_{qi} = -q\Delta x^2/8EI_i$ 为高的标准二次曲线。

计算时将荷载分组，利用对称性，各多余未知力和荷载产生的位移只需计算半拱。结构支座为固定端，$\omega_0 = \varphi_0 = 0$，各点位移只与直段曲率面积或面积矩有关。

只计算弯矩引起的位移时，式（5–8）各位移项均可按式（4–17）计算。

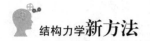

根据实际经验，当拱高 $f < l/5$ 时，Δ_{22} 应考虑轴向变形 $\Delta_{22}^{F_N}$；当 $f > l/5$ 且拱顶截面高度 $h_c > l/10$ 时，Δ_{22} 应考虑轴向变形 $\Delta_{22}^{F_N}$ 和剪切变形 $\Delta_{22}^{F_Q}$，Δ_{33} 应考虑剪切变形 $\Delta_{33}^{F_Q}$。作与式（5 – 10b）类似的推导，可得 $\Delta_{22}^{F_N}$、$\Delta_{22}^{F_Q}$、$\Delta_{33}^{F_Q}$ 为：

$$\Delta_{22}^{F_N} = \frac{X_2}{E} \sum_1^n \frac{l_i \cos^2 \theta_i}{A_i} \qquad (5-13a)$$

$$\Delta_{22}^{F_Q} = \frac{\mu X_2}{G} \sum_1^n \frac{l_i \sin^2 \theta_i}{A_i} \qquad (5-13b)$$

$$\Delta_{33}^{F_Q} = \frac{\mu X_3}{G} \sum_1^n \frac{l_i \cos^2 \theta_i}{A_i} \qquad (5-13c)$$

式中各 Δ 的上标 F_N、F_Q 表示引起位移的内力。

按式（4 – 17）、式（5 – 13）求出各位移项，即可代入式（5 – 8）求出 X_1、X_2、X_3。然后由下式求出拱截面内力：

$$M = X_1 + X_2 y + X_3 x + M_P \qquad (5-14a)$$

$$F_Q = X_2 \sin\varphi + X_3 \cos\varphi + F_{QP} \qquad (5-14b)$$

$$F_N = X_2 \cos\varphi - X_3 \sin\varphi + F_{NP} \qquad (5-14c)$$

式中，φ 为拱轴任一点切线的倾角。

例 5 – 14   试用划分直段法计算图 5 – 37a 所示对称无铰拱。已知拱截面为矩形，拱顶截面高度 $h_c = 0.6\text{m}$，拱轴方程为 $y = (12 - x)\,x/9$，拱轴截面惯性矩 $I = I_c/\cos\varphi$。

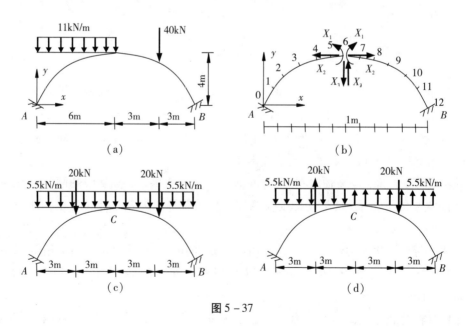

图 5 – 37

解：（1）选基本结构，列力法方程。在拱顶对称轴处将拱切开，用三对多余未知力 X_1、X_2、X_3 代替，得到对称的基本结构（图 5 – 37b），力法方程简化为：

$$\left.\begin{array}{r}\Delta_{11} + \Delta_{12} + \Delta_{1P} = 0 \\ \Delta_{21} + \Delta_{22} + \Delta_{2P} = 0 \\ \Delta_{33} + \Delta_{3P} = 0 \end{array}\right\} \qquad (\text{a})$$

（2）求计算参数。将拱沿跨度等分为 12 段，$\Delta x = 1\text{m}$，每段拱轴视作等截面直杆。以 A 端为坐标原点，等分点处 $x_i = i\Delta x = i$，$y_i = (12 - x_i)x_i/9$，$\Delta y_i = y_i - y_{i-1}$，直段长度 $l_i = \sqrt{\Delta x^2 + \Delta y_i^2}$，倾角余弦 $\cos\theta_i = \Delta x/l_i$，以上参数计算见表 5-4 第 2~6 列。各直段 I_i 用 $I_i = I_c/\cos\theta_i$ 近似代替 $I_c/\cos\varphi$。

表 5-4　图 5-37a 无铰拱 Δ_{ij}、Δ_{iP} 计算表

等分点	x_i	y_i	Δy_i	l_i	$\cos\theta_i$	Δ_{11}	Δ_{21}	Δ_{12}	Δ_{22}	Δ_{1P}	Δ_{2P}	Δ_{33}	Δ_{3P}
1	1	1.22222	1.2222	1.5792	0.63324	-1	-3.389	-3.389	-11.61	133.4	457.25	30.3333	184.6458
2	2	2.22222	1	1.4142	0.70711	-1	-2.278	-2.278	-5.272	85.92	199.43	20.3333	117.0208
3	3	3	0.7778	1.2669	0.78935	-1	-1.389	-1.389	-1.979	43.92	63.539	12.3333	83.64583
4	4	3.55556	0.5556	1.144	0.87416	-1	-0.722	-0.722	-0.547	17.42	13.215	6.33333	44.6875
5	5	3.88889	0.3333	1.0541	0.94868	-1	-0.278	-0.278	-0.086	6.417	2.0116	2.33333	10.3125
6	6	4	0.1111	1.0062	0.99388	-1	-0.056	-0.056	-0.004	0.917	0.0764	0.33333	0.6875
						-6	-8.111	-8.11	-19.5	288	735.52	72	441

（3）计算式（a）各位移项。$f/l = 1/3 > 1/5$，$h_c/l = 1/20 < 1/10$，各位移只需计算弯矩引起的变形。且 $\varphi_0 = 0$，$\omega_0 = 0$，只需计算各直段曲率 k 的影响。将荷载分解为正对称荷载和反对称荷载两组，如图 5-37c、d 所示，利用对称性，式（a）各项均可由左半拱计算。

基本结构在 X_1 作用下，第 i 直段弯矩 $M_1 = X_1$，曲率 k_{i-1}、k_i 为：

$$k_{i-1} = k_i = -X_1\cos\theta_i/EI_c \qquad (\text{b})$$

将式（b）代入式（4-17a）、（4-17b）可得 X_1 引起拱顶沿 X_1、X_2 方向的位移计算式：

$$\Delta_{11} = -\frac{X_1}{EI_c}\sum_1^6 l_i\cos\theta_i \quad (\curvearrowleft)$$

$$\Delta_{21} = -\frac{X_1}{EI_c}\sum_1^6 l_i\cos\theta_i\,(4 - y_i + \Delta y_i/2) \quad (\leftarrow)$$

基本结构在 X_2 作用下，第 i 直段弯矩 $M_2 = (4 - y)X_2$，曲率 k_{i-1}、k_i 为：

$$k_{i-1} = -(4 - y_{i-1})X_2\cos\theta_i/EI_c \qquad k_i = -(4 - y_i)X_2\cos\theta_i/EI_c \qquad (\text{c})$$

将式（c）代入式（4-17a）、（4-17b）可得 X_2 引起拱顶沿 X_1、X_2 方向的位移计算式：

$$\Delta_{12} = -\frac{X_2}{EI_c}\sum_1^6 l_i\cos\theta_i\,(4 - y_{i-1}/2 + y_i/2) \quad (\curvearrowleft)$$

$$\Delta_{22} = -\frac{X_2}{EI_c}\sum_1^6 l_i\cos\theta_i\big[(4 - y_{i-1})(4 - y_i + 2\Delta y_i/3) + (4 - y_i)(4 - y_i + \Delta y_i/3)\big]/2 \quad (\leftarrow)$$

基本结构在正对称荷载作用下，左半拱 M_P 为：

$$M_P = -\frac{5.5}{2}(6-x)^2 - 20(3-x) \quad (0 \leqslant x \leqslant 3) \qquad M_P = -\frac{5.5}{2}(6-x)^2 \quad (3 \leqslant x \leqslant 6)$$

各直段曲率 k_{i-1}、k_i、k_{qi} 为：

$$k_{i-1} = \left[\frac{5.5}{2}(6-x_{i-1})^2 + 20(3-x_{i-1})\right]\cos\theta_i/EI_c \quad [0 \leqslant x \leqslant 6, (3-x_{i-1}) \leqslant 0时取零] \quad (d)$$

$$k_i = \left[\frac{5.5}{2}(6-x_i)^2 + 20(3-x_i)\right]\cos\theta_i/EI_c \quad [0 \leqslant x \leqslant 6, (3-x_i) \leqslant 0时取零] \quad (e)$$

$$k_{qi} = -\frac{5.5}{8}\Delta x^2 \cos\theta_i/EI_c \quad (0 \leqslant x \leqslant 6) \quad (f)$$

将式（d）、（e）、（f）代入式（4-17a）、（4-17b）可得正对称荷载引起拱顶沿 X_1、X_2 方向的位移：

$$\Delta_{1P} = \frac{1}{EI_c}\sum_1^6 l_i\cos\theta_i\left[\frac{5.5}{4}(6-x_{i-1})^2 + 10(3-x_{i-1}) + \frac{5.5}{4}(6-x_i)^2 + 10(3-x_i) - \frac{2}{3}\times\right.$$
$$\left.\frac{5.5}{8}\Delta x^2\right](\curvearrowleft)$$

$$\Delta_{2P} = \frac{1}{EI_c}\sum_1^6 l_i\cos\theta_i\left\{\left[\frac{5.5}{4}(6-x_{i-1})^2 + 10(3-x_{i-1})\right](4-y_i+2\Delta y_i/3) + \right.$$
$$\left.\left[\frac{5.5}{4}(6-x_i)^2 + 10(3-x_i)\right](4-y_i+\Delta y_i/3) - \frac{2}{3}\times\frac{5.5}{8}\Delta x^2(4-y_i+\Delta y_i/2)\right\}(\rightarrow)$$

以上位移具体计算见表 5-4 第 7～12 列。表中，Δ_{11}、Δ_{21} 列乘以 X_1/EI_c；Δ_{12}、Δ_{22} 列乘以 X_2/EI_c；Δ_{1P}、Δ_{2P} 列乘以 $1/EI_c$。

基本结构在 X_3 作用下，各直段弯矩 $M_3 = -(6-x)X_3$，曲率 k_{i-1}、k_i 为：

$$k_{i-1} = (6-x_{i-1})X_3\cos\theta_i/EI_c \qquad k_i = (6-x_i)X_3\cos\theta_i/EI_c \quad (g)$$

将式（g）代入式（4-17c）可得 X_3 引起拱顶沿 X_3 方向的位移为：

$$\Delta_{33} = \frac{X_3}{EI_c}\sum_1^6 l_i\cos\theta_i\left[(6-x_{i-1})(6-x_i+2\Delta x/3) + (6-x_i)(6-x_i+\Delta x/3)\right]/2 \, (\downarrow)$$

基本结构在反对称荷载作用下，左半拱 M_P 为：

$$M_P = -\frac{5.5}{2}(6-x)^2 + 20(3-x) \quad (0 \leqslant x \leqslant 3)$$

$$M_P = -\frac{5.5}{2}(6-x)^2 \quad (3 \leqslant x \leqslant 6)$$

各直段曲率 k_{i-1}、k_i、k_{qi} 为：

$$k_{i-1} = \left[\frac{5.5}{2}(6-x_{i-1})^2 - 20(3-x_{i-1})\right]\cos\theta_i/EI_c \quad [0 \leqslant x \leqslant 6, 3-x_{i-1} \leqslant 0时取零] \quad (h)$$

$$k_i = \left[\frac{5.5}{2}(6-x_i)^2 - 20(3-x_i)\right]\cos\theta_i/EI_c \quad [0 \leqslant x \leqslant 6, 3-x_i \leqslant 0时取零] \quad (i)$$

$$k_{qi} = -\frac{5.5}{8}\Delta x^2\cos\theta_i/EI_c \quad (0 \leqslant x \leqslant 6) \quad (j)$$

将式（h）、（i）、（j）代入式（4-17c）可得反对称荷载引起拱顶沿 X_3 方向的位移为：

$$\Delta_{3P} = \frac{1}{EI_c} \sum_1^6 l_i \cos\theta_i \left\{ \left[\frac{5.5}{4}(6-x_{i-1})^2 - 10(3-x_{i-1}) \right](6 - x_i + 2\Delta x/3) + \right.$$

$$\left. \left[\frac{5.5}{4}(6-x_i)^2 - 10(3-x_i) \right](6 - x_i + \Delta x/3) + \frac{2}{3} \times \frac{5.5}{8}\Delta x^2(6 - x_i + \Delta x/2) \right\} (\downarrow)$$

以上计算见表 5-4 第 13、14 列。Δ_{33} 列各值乘以 X_3/EI_c，Δ_{3P} 列各值乘以 $1/EI_c$。

（4）求 X_i。以上求出的 Δ_{ij}、Δ_{iP} 值见表 5-4 最后一行，实际方向标在各自计算式后面括号内，若与相应未知力假设方向相同取正号，否则取负号，然后代入式（a）可得：

$$\left. \begin{array}{l} 6X_1/EI_c + 8.11X_2/EI_c = 288/EI_c \\ 8.11X_1/EI_c + 19.498X_2/EI_c = 735.5/EI_c \\ 72X_3/EI_c = -441/EI_c \end{array} \right\} \qquad (k)$$

解方程组（k）得：

$X_1 = -6.84 \text{kN} \cdot \text{m}$（↙↘）　　$X_2 = 40.57 \text{kN}$（←→）　　$X_3 = -6.13 \text{kN}$（↑↓）

（5）绘制最后内力图。对称的基本结构在正对称多余未知力和正对称荷载作用下的内力，与反对称多余未知力和反对称荷载作用下的内力叠加，即为结构的最后内力。由于正对称荷载与反对称荷载是由原结构荷载分组得到的，因此，它们引起基本结构的内力之和可由原结构荷载作用于基本结构直接求出，具体如下：

$0 \leqslant x \leqslant 6$ 时，　$M_P = -5.5(6-x)^2$　$F_{QP} = 11(6-x)\cos\varphi$　$F_{NP} = 11(6-x)\sin\varphi$

$6 \leqslant x \leqslant 9$ 时，　$M_P = 0$　　　　　　$F_{QP} = 0$　　　　　　　$F_{NP} = 0$

$9 \leqslant x \leqslant 12$ 时，　$M_P = -40(x-9)$　$F_{QP} = -40\cos\varphi$　　　$F_{NP} = 40\sin\varphi$

以上 F_{QP}、F_{NP} 表达式中，φ 为拱轴切线与 x 轴的夹角。

将 X_1、X_2、X_3 及 M_P、F_{QP}、F_{NP} 代入式（5-14）可求出拱轴各等分点内力，见表 5-5。表中 $y' = (12-2x_i)/9$，$\sin\varphi = y'/(1+y'^2)^{0.5}$，$\cos\varphi = 1/(1+y'^2)^{0.5}$。

将表 5-5 中 M、F_Q、F_N 各值分别用竖标标于基线，并用光滑的曲线将各值顶点相连，即得 M、F_Q、F_N 图，如图 5-38 所示。

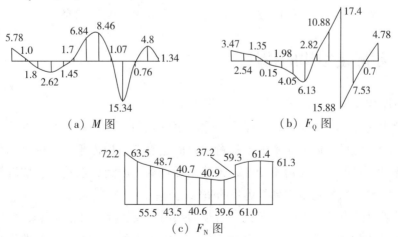

（a）M 图　　　　　　　　　　　　（b）F_Q 图

（c）F_N 图

图 5-38

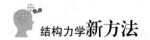

表 5-5　图 5-37a 无铰拱内力计算表

等分点	x_i	y_i	y'	$\sin\varphi$	$\cos\varphi$	M_P	F_{QP}	F_{NP}	M	F_Q	F_N
				$X_1 = -6.84$		$X_2 = 40.57$		$X_3 = -6.13$			
0	0	0	1.3333	0.8	0.6	-198	39.6	52.8	-5.78	3.466	72.238
1	1	1.22222	1.1111	0.7433	0.66896	-137.5	36.7931	40.881	-0.996	2.537	63.465
2	2	2.22222	0.8889	0.6644	0.74741	-88	32.886	29.232	1.8044	1.351	55.482
3	3	3	0.6667	0.5547	0.83205	-49.5	27.4577	18.305	2.62	-0.15	48.661
4	4	3.55556	0.4444	0.4061	0.91381	-22	20.1039	8.935	1.4511	-1.98	43.519
5	5	3.88889	0.2222	0.2169	0.97619	-5.5	10.7381	2.3862	-1.702	-4.05	40.66
6	6	4	0	0	1	0	0	0	-6.84	-6.13	40.57
7	7	3.88889	-0.222	-0.2169	0.97619	0	0	0	-8.462	2.817	40.934
8	8	3.55556	-0.444	-0.4061	0.91381	0	0	0	-1.069	10.88	39.563
9 左	9	3	-0.667	-0.5547	0.83205	0	0	0	15.34	17.4	37.157
9 右	9	3	-0.667	-0.5547	0.83205	0	-33.282	22.188	15.34	-15.9	59.345
10	10	2.22222	-0.889	-0.6644	0.74741	-40	-29.896	26.575	0.7644	-7.53	60.969
11	11	1.22222	-1.111	-0.7433	0.66896	-80	-26.759	29.732	-4.796	-0.7	61.428
12	12	0	-1.333	-0.8	0.6	-120	-24	32	-1.34	4.778	61.246

（6）讨论。采用划分直段法，有效解决了由拱轴方程复杂、截面变化造成的积分困难。与结构力学传统作法相比，减少了对弹性中心法、总和法等知识的需求。

本例曾先后取 $n = 12$、24、48 计算，随着分段数的增多，结果越来越接近解析解。采用 Excel，通过"复制—粘贴"、拖动鼠标的作法，即使分段数增多，也不会增加太多的计算时间。

无铰拱有固定端，原点截面侧移、转角为零，也给计算带来方便。

5.9　超静定结构的特性

与静定结构相比，超静定结构具有以下重要特性。

（1）在几何组成上，静定结构是无多余约束的几何不变体系，结构的任一约束遭破坏后，即成为几何可变体系而不能承受荷载；而超静定结构由于具有多余约束，在多余约束被破坏后，仍能维持几何不变性，继续承受荷载。因此，在军事、抗震等突发事故方面，超静定结构比静定结构具有更强的防御能力。

（2）在静力分析上，静定结构的所有反力和内力仅凭静力平衡条件就能唯一地确定，其值与组成结构的材料性质和截面尺寸无关。而超静定结构的内力不仅要满足静力平衡条件，还必须同时满足位移条件。位移条件涉及结构的刚度（EI、EA 等），因此超静定

.

结构的内力与结构的材料性质、截面尺寸有关。这就要求设计超静定结构时，须事先确定结构的材料和截面尺寸，但内力尚未算出又无法确定材料和截面尺寸。对此，通常是先选定材料并用较简单的方法估算各杆截面尺寸、进行内力计算，然后再按算出的内力确定所需要的截面尺寸。若与初估尺寸相差较大，则重新调整尺寸再计算。如此反复调整，直到满意为止。因此，超静定结构的设计要比静定结构复杂。

（3）在内力产生的原因上，静定结构除了荷载以外，其他任何因素，如温度改变、支座移动、制造误差、材料收缩等都不会引起结构的内力；而超静定结构由于具有多余约束，在上述任何因素作用时，都将受到多余约束的限制而产生内力。利用这一特性，在设计超静定结构时，对可能产生的不利内力，可以采取适当措施减轻甚至消除其影响，也可以调整结构的整体内力状态，使内力分布更合理。

（4）在内力分布上，静定结构的某一几何不变部分若能与荷载平衡，其余部分则不受影响。或者说，静定结构在局部荷载作用下，内力分布范围小，但峰值较大。而超静定结构由于具有多余约束，任何部分受力都将影响整个结构。或者说，超静定结构在局部荷载作用下，内力分布范围广，但较均匀。这一特性可用图 5 - 39a、b 所示的三跨连续梁与三跨简支梁说明。在跨度、材料、截面相同的情况下，显然前者的最大挠度、最大弯矩值都较后者为小，但内力、变形分布范围广。连续梁的较平滑变形曲线，在桥梁中可以减小行车时的冲击作用。

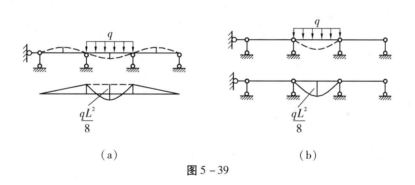

（a）   （b）

图 5 - 39

第 **6** 章　直接位移法

6.1　概述

根据线性弹性理论，在给定的外因作用下，结构的内力和位移恒具有一定的对应关系。在分析超静定结构时，可以像力法那样，把多余未知力作为基本未知量，通过位移条件列出力法方程并求解，然后求其余反力和内力。也可以把独立结点位移作为基本未知量，通过平衡条件求出它，再计算杆件内力，这便是位移法。

用位移法计算，通常采用以下假定：

（1）对于受弯杆件，只考虑弯曲变形，忽略轴向变形和剪切变形的影响；

（2）杆件弯曲变形是微小的，认为在变形前后各杆两端之间的距离保持不变。

现以图 6 - 1a 所示超静定刚架为例，说明位移法的基本思路。

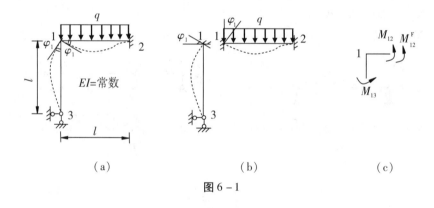

（a）　　　　　　　　（b）　　　　　　　　（c）

图 6 - 1

刚架由两根杆件组成，在均布荷载 q 作用下，刚架将会发生图中虚线所示的变形。由于支座 2、3 无线位移，根据忽略轴向变形的假定，两杆长度不变，故结点 1 也无线位移，只有转角。由于结点 1 为刚结点，12 杆、13 杆的 1 端转角相同，设为 φ_1。对杆件分析不难发现，12 杆与两端固定的梁受荷载 q 作用，同时在 1 端发生转角 φ_1 的受力和变形完全相同；13 杆与 1 端固定、3 端铰支的梁在 1 端发生转角 φ_1 的受力和变形完全相同，如图 6 - 1b 所示。而这两种单跨超静定梁的内力都可以用力法求出。可见，计算图 6 - 1a 所示刚架时，以结点 1 的转角 φ_1 为基本未知量，并设法求出它，则各杆内力随之即可确定。

为了求出 φ_1，用直接力法先求出两端固定梁 12 在 q 作用下的杆端弯矩，其中 1 端弯矩 $M_{12}^{F} = -ql^2/12$（⌒）；再求出两端固定梁 12 在 1 端发生转角 φ_1 引起的杆端弯矩，其中

1 端弯矩 $M_{12} = 4EI\varphi_1/l$（ ）；然后求出 1 端固定 3 端铰支梁因 1 端转角 φ_1 引起的杆端弯矩，其中 1 端弯矩 $M_{13} = 3EI\varphi_1/l$（ ）。

由于 φ_1 未知，故 M_{12}、M_{13} 是未知量 φ_1 的函数，而 M_{12}^{F} 是已知值。

取结点 1 为隔离体，如图 6 – 1c 所示。根据刚结点的力矩平衡条件 $\sum M_1 = 0$ 有：

$$M_{12} + M_{13} + M_{12}^{\mathrm{F}} = 7EI\varphi_1/l - ql^2/12 = 0$$

由上式求出 φ_1，即可求出各杆内力，这就是位移法的基本思路。由于必须先求出未知结点位移，才能计算各杆内力，因此结点位移是位移法的基本未知量。

由上可知，用位移法求解超静定结构，需要先确定基本未知量；再将各杆视作荷载和未知结点位移共同作用下的单跨超静定梁，用直接力法求出各杆杆端力；然后由平衡条件列出求结点位移的方程并求解；最后计算各杆件内力。为方便叙述，把这一求解过程称为直接位移法，把结构力学中用传统力法计算单跨超静定梁的杆端力、建立位移法方程、解方程求位移、然后求内力的作法称为传统位移法。

下面逐一介绍用直接力法计算单跨超静定梁的杆端力；确定位移法的基本未知量；建立直接位移法方程；计算杆件内力等内容。

6.2　用直接力法计算单跨超静定梁的杆端力

首先对杆端力和杆端位移的符号及正负规定如下。

1. 杆端力

对杆端弯矩 M、杆端剪力 F_Q，用两个下标标注其所在截面及所属杆件。如图 6 – 2a 所示两端固定梁中，ik 杆 i 端弯矩用 M_{ik} 表示，k 端剪力用 F_{Qki} 表示。作用于杆端的弯矩以顺时针转为正（作用于支座或结点以逆时针转为正），杆端剪力以绕隔离体顺时针转为正。

单跨超静定梁因荷载、温度变化等引起的杆端弯矩和剪力，称为固端弯矩和固端剪力，用上标 F 表示，例如引起 ik 杆杆端弯矩和剪力用 M_{ik}^{F}、M_{ki}^{F} 及 F_{Qik}^{F}、F_{Qki}^{F} 表示。

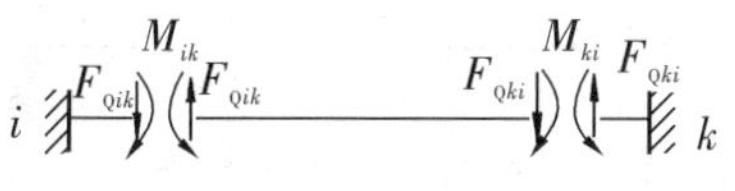

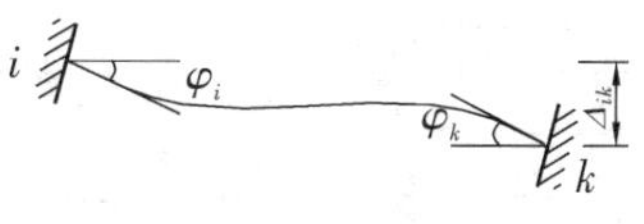

图 6 – 2

2. 杆端位移

根据忽略轴向变形的假定，杆端位移只有转角和垂直于杆轴方向的线位移，即侧移。对图 6 – 2b 所示两端固定梁 ik，杆端转角记为 φ_i、φ_k，以顺时针转为正；两端侧移之差用 Δ_{ik} 表示，规定 Δ_{ik} 使杆件顺时针转为正。图中 φ_i、φ_k、Δ_{ik} 均为正值。

根据杆端约束情况，单跨超静定梁有两端固定、一端固定一端铰支、一端固定一端滑动三种型式。它们在荷载、温度变化、支座或结点位移等外因作用下，杆端力均可由直接力法求出。例如一端固定一端铰支的梁，在"5.2"节已求得跨中受荷载 F_P 作用时的杆端弯矩、杆端剪力，在例 5－6 求得两端相对侧移 Δ 时的杆端弯矩和剪力。

为方便应用，现将直接力法求出的单跨超静定梁在荷载作用、温度改变以及某个杆端位移单独作用时的杆端力汇集于表 6－1，表中 $i = EI/l$，称为杆件的线刚度。根据叠加原理，多个外因同时作用下的杆端力，则是相应的各单一外因作用时杆端力的代数和。例如，两端固定梁 AB 在 A 端转角 φ_A、B 端侧移 Δ_B 共同作用下，A 端弯矩为表 6－1 第 1 栏与第 2 栏 M_{AB} 之和，即 $4i\varphi_A - 6i\Delta_B/l$。又如，一端固定一端铰支梁 AB 在均布荷载 q 和 A 端转角 φ_A 共同作用下，B 端剪力为表 6－1 第 7、10 栏 B 端剪力之和，即 $F_{QBA} = -3i\varphi_A/l - 3ql/8$。

表 6－1　单跨超静定梁的杆端力 $(i = EI/l)$

编号	梁的简图	杆端弯矩		杆端剪力	
		M_{AB}	M_{BA}	F_{QAB}	F_{QBA}
1		$4i\varphi$	$2i\varphi$	$-6i\varphi/l$	$-6i\varphi/l$
2		$-6i\Delta/l$	$-6i\Delta/l$	$12i\Delta/l^2$	$12i\Delta/l^2$
3		$-F_P ab^2/l^2$ 当 $a = b = l/2$, $-F_P l/8$	$F_P a^2 b/l^2$ 当 $a = b = l/2$, $F_P l/8$	$F_P b^2(l+2a)/l^3$ $F_P/2$	$-F_P a^2(l+2b)/l^3$ $-F_P/2$
4		$-ql^2/12$	$ql^2/12$	$ql/2$	$-ql/2$
5		$Mb(3a-l)/l^2$	$Ma(3b-l)/l^2$	$-6Mab/l^3$	$-6Mab/l^3$
6		$EI\alpha\Delta t/h$	$-EI\alpha\Delta t/h$	0	0
7		$3i\varphi$	0	$-3i\varphi/l$	$-3i\varphi/l$

（续上表）

编号	梁的简图	杆端弯矩		杆端剪力	
		M_{AB}	M_{BA}	F_{QAB}	F_{QBA}
8		$-3i\Delta/l$	0	$3i\Delta/l^2$	$3i\Delta/l^2$
9		$-F_{\mathrm{P}}ab(l+b)/2l^2$	0	$F_{\mathrm{P}}b(3l^2-b^2)/2l^3$	$-F_{\mathrm{P}}a^2(2l+b)/2l^3$
		当 $a=b=l/2$， $-3F_{\mathrm{P}}l/16$	0	$11F_{\mathrm{P}}/16$	$-5F_{\mathrm{P}}/16$
10		$-ql^2/8$	0	$5ql/8$	$-3ql/8$
11		$M(l^2-3b^2)/2l^2$	0	$-3M(l^2-b^2)/2l^3$	$-3M(l^2-b^2)/2l^3$
		当 $a=l$ 时， $M/2$	当 $a=l$ 时， $M_B^{\mathrm{L}}=M$	$-3M/2l$	$-3M/2l$
12		$3EI\alpha\Delta t/2h$	0	$-3EI\alpha\Delta t/2hl$	$-3EI\alpha\Delta t/2hl$
13		$i\varphi$	$-i\varphi$	0	0
14		$-F_{\mathrm{P}}a(2l-a)/2l$	$-F_{\mathrm{P}}a^2/2l$	F_{P}	0
		当 $a=l/2$ 时， $-3F_{\mathrm{P}}l/8$	当 $a=l/2$ 时， $-F_{\mathrm{P}}l/8$	F_{P}	0
15		$-F_{\mathrm{P}}l/2$	$-F_{\mathrm{P}}l/2$	F_{P}	$F_{QB}^{\mathrm{L}}=F_{\mathrm{P}}$ $F_{QB}^{\mathrm{R}}=0$
16		$-ql^2/3$	$-ql^2/6$	ql	0
17		$EI\alpha\Delta t/h$	$-EI\alpha\Delta t/h$	0	0

对比可知，表 6-1 与传统力法求得的杆端力完全相同。此外，若表 6-1 第 1 栏 A

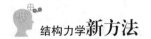

端转角 $\varphi = 1$ 引起的 B 端反力（$-6i/l$），与第 2 栏 B 端侧移 $\Delta = 1$ 引起的 A 端反力矩（$-6i/l$），两者在数值上相等；第 7 栏 A 端单位转角引起的 B 端反力（$-3i/l$），与第 8 栏 B 端单位侧移引起的 A 端反力矩（$-3i/l$），两者在数值上也相等。这种反力互等的关系称为反力互等定理，已被虚功原理所证明。

6.3 位移法的基本未知量及基本体系

1. 位移法的基本未知量

位移法的基本未知量包括独立结点角位移和独立结点线位移。

（1）独立结点角位移

一个刚结点只有一个结点角位移，而且是独立的，因而可作为位移法的基本未知量。铰结端转角虽然未知，但可用两端固定梁的杆端转角、杆端侧移和固端弯矩表示（见"7.9"节），不是独立的，不作为基本未知量。此外，固定支座、滑动支座处的转角是零或给定值，不是未知量。

（2）独立结点线位移

对于简单刚架，根据杆端约束和杆件变形前后长度不变的假定，其独立的结点线位移可通过观察确定；对于较复杂的刚架，可用"铰化结点，增设链杆"的作法，即将结构中所有刚结点、固定端都换成铰结点，从而得到一个完全的铰结链杆体系。若体系几何可变，就添加支座链杆（通常添加水平链杆或竖向链杆），使其成为几何不变，则所添加的最少链杆数就是原结构的独立结点线位移数；若体系几何不变，表明原结构没有独立结点线位移。滑动支座端的侧移虽然未知，但可由两端固定梁的杆端转角及与滑动支座处对应端的固端剪力求出（见"7.9"节），不是独立的结点线位移，不作为基本未知量。

简单地说，结构有几个刚结点，就有几个独立结点角位移；结构变成铰结链杆体系后使其几何不变，最少需要添加几根链杆，就有几个独立结点线位移。

结构中，刚结点数与独立结点线位移数之和，就是位移法的基本未知量数。例如，图 6 - 1a 所示刚架，有 1 个刚结点；再根据支座约束和杆长不变的假定，可知无独立结点线位移；因此，位移法的基本未知量数为 1。又如，图 6 - 3a 所示刚架，有 2 个刚结点；将其变为铰结链杆体系后，它是几何可变的，在结点 1 或 3 添加一根水平支座链杆，体系成为几何不变（图 6 - 3b），有一个独立结点线位移；故原结构的基本未知量数为 3。

2. 位移法的基本体系

位移法的基本未知量确定后，在原结构的受力图上标出独立结点位移。为避免与结构的结点荷载混淆，结点角位移用符号 φ 加带箭头的虚弧线表示，结点线位移用符号 Δ 加带箭头的虚直线表示。这样，就得到一个由若干单跨超静定梁组合成的受力体系，称为位移法基本体系。例如，在图 6 - 3a 所示刚架标出荷载和独立结点位移后，所得基本体系如图 6 - 3c 所示。此时，杆件 41 可视为受荷载 q 及 1 端有转角 φ_1 和侧移 Δ 的两端固定梁；杆件 63 如同 3 端有转角 φ_3 和侧移 Δ 的两端固定梁；杆件 12、32 可看成固定端 1、3 有转角 φ_1、φ_3 的一端固定一端铰支梁；杆件 52 可看作 2 端有侧移 Δ 的一端固定一端铰支梁；原结构则变成五根单跨超静定梁的组合体。比较图 6 - 3a 与图 6 - 3c 可知，基本体系仅仅是把原结构实际存在的结点位移表示出来，各杆所受荷载和杆端位移与原结构对应杆件完全相同，二者是等价的。因此，对原结构的计算就可转化为对基本体系的计算。换言之，由基本体系求出的内力和变形，就是原结构的内力和变形。

基本体系与原结构完全等价的必要充分条件是，基本体系中每根单跨超静定梁的受力和杆端位移与原结构对应杆件的受力和结点位移完全相同。

由上可知，在原结构上标出未知结点位移和作用的荷载、温度改变等外因，即可得到位移法的基本体系。

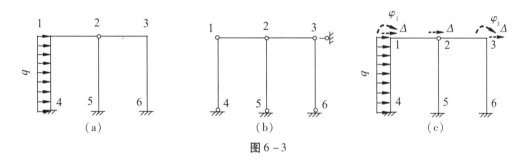

图 6 - 3

6.4　直接位移法方程及解题步骤

由上节可知，基本体系是单跨超静定梁的组合体。为了求出独立结点位移，可以先将基本体系拆散，根据杆端位移和杆件上的荷载，利用表 6 - 1 写出杆端内力表达式。然后根据各杆件原来的联结方式，建立各杆杆力应满足的平衡方程，便可得到求未知结点位移的方程，即位移法方程。每个刚结点可列出一个力矩方程，沿每个独立结点线位移方向整体平移的杆件，可列出一个力的投影方程，可列出的平衡方程数与独立结点位移数相同。因此，由位移法方程能够求出全部独立结点位移的唯一解答。下面通过示例说明。

图 6 - 4a 所示刚架受荷载 q 作用，各杆长为 l，EI = 常数，$i = EI/l$。结构的独立结点位移有：结点 1 处转角 φ_1 和水平线位移 Δ，结点 2 处水平线位移 Δ。为此，在结构荷载图上用带箭头的虚线在结点 1 处标注 φ_1 和 Δ，在结点 2 处标出 Δ，便得到直接位移法基本体系，如图 6 - 4b 所示。它是两端固定梁 31 与一端固定、一端铰支梁 12、42 的组合体。此时，每根单跨超静定梁的杆端位移、梁上荷载都已标出，对照表 6 - 1，可写出杆端力表达式如下：

31 杆受荷载 q 作用并在 1 端有转角 φ_1 和侧移 Δ。由表 6 - 1 第 1、2、4 栏有：

$$M_{31} = 2i\varphi_1 - 6i\Delta/l - ql^2/12 \qquad M_{13} = 4i\varphi_1 - 6i\Delta/l + ql^2/12$$

$$F_{Q31} = -6i\varphi_1/l + 12i\Delta/l^2 + ql/2 \qquad F_{Q13} = -6i\varphi_1/l + 12i\Delta/l^2 - ql/2$$

12 杆在 1 端有转角 φ_1。由表 6 – 1 第 7 栏查得：

$$M_{12} = 3i\varphi_1 \quad M_{21} = 0 \quad F_{Q12} = F_{Q21} = -3i\varphi_1/l$$

42 杆在 2 端有侧移 Δ。由表 6 – 1 第 8 栏查得：

$$M_{42} = -3i\Delta/l \quad M_{24} = 0 \quad F_{Q42} = F_{Q24} = 3i\Delta/l^2$$

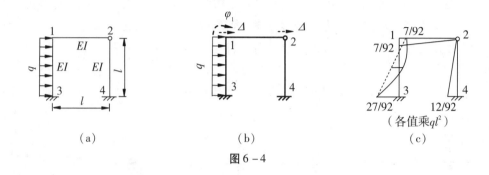

图 6 – 4

根据基本体系与原结构受力、变形完全相同的要求，可列出各杆端力应满足的平衡方程，具体如下。

取刚结点 1 为隔离体，列出力矩平衡方程。结点 1 受 31 杆 1 端弯矩 M_{13} 和 12 杆 1 端弯矩 M_{12} 作用，由 $\sum M_1 = 0$ 有：

$$M_{13} + M_{12} = 0 \qquad\qquad (a)$$

由表 6 – 1 查出的杆端弯矩对杆端是顺时针为正，反向后对结点为逆时针，也是正值。因此，在力矩方程中，按表 6 – 1 查出的杆端弯矩不用改变正负号；若结点还受外力偶矩作用，写入力矩方程时，也是以逆时针转为正。

取有线位移 Δ 的 12 杆为隔离体，列出力的投影平衡方程。作用于 12 杆沿 Δ 方向的杆端力有 31 杆 1 端剪力 F_{Q13} 和 42 杆 2 端剪力 F_{Q24}，由 $\sum F_\Delta = 0$ 有：

$$F_{Q13} + F_{Q24} = 0 \qquad\qquad (b)$$

作用于 Δ 方向的力，包括相关杆端剪力和外荷载，它们均与 Δ 设定指向相反时取正号。

将上面查出的 M_{13}、M_{12} 及 F_{Q13}、F_{Q24} 表达式代入式（a）、（b），可得：

$$\left.\begin{array}{l} 7i\varphi_1 - 6i\Delta/l + ql^2/12 = 0 \\ -6i\varphi_1/l + 15i\Delta/l^2 - ql/2 = 0 \end{array}\right\} \qquad (6-1)$$

式（6 – 1）是含有独立结点位移的方程，称为直接位移法方程。它的第一个方程表示原结构结点 1 发生 φ_1 时的力矩平衡条件（$\sum M_1 = 0$）；第二个方程表示原结构杆件 12 平移 Δ 时该方向力的平衡条件（$\sum F_\Delta = 0$）。

求解方程组式（6 – 1）得：

$$\varphi_1 = 7ql^2/276i \quad \Delta = ql^3/23i$$

φ_1、Δ 均为正值，说明各结点位移的实际方向与所设方向一致。

直接位移法方程是根据平衡条件建立的，同时在求杆端力时，也考虑了每个刚结点各杆端变形协调和每个结点线位移杆件的变形连续，因此，位移法方程既满足平衡条件，也保证了位移条件。

将求出的 φ_1、Δ 值代入各杆杆端力表达式可得：

$$M_{31} = -27ql^2/92 \quad M_{13} = -7ql^2/92 \quad F_{Q31} = 80ql/92 \quad F_{Q13} = -12ql/92$$

$$M_{12} = 7ql^2/92 \quad M_{21} = 0 \quad F_{Q12} = F_{Q21} = -7ql/92$$

$$M_{42} = -12ql^2/92 \quad M_{24} = 0 \quad F_{Q42} = F_{Q24} = 12ql/92$$

根据杆端力可绘出原结构的最后内力图，其中 M 图如图 6-4c 所示。

对于具有 n 个独立结点位移的结构，根据基本体系与原结构受力、变形完全相同的要求，对应于每个独立结点角位移，都有一个相应的刚结点力矩平衡方程；对应于每个独立结点线位移，都有一个该线位移方向的力投影平衡方程。据此，可列出 n 个平衡方程，记为：

$$\sum_{i=1}^{n} R_i = 0 \qquad (6-2)$$

式（6-2）即为具有 n 个独立独立结点位移的直接位移法方程。式中，R_i 表示力矩平衡方程时，则是汇交于第 i 个刚结点各力矩的代数和，R_i 表示力投影平衡方程时，则是作用于第 i 个独立结点线位移方向相关各力投影的代数和。

由式（6-2）可求出 n 个独立结点位移，代入杆端力表达式即可求出杆件内力。

综上所述，可将直接位移法解题步骤归纳如下：

（1）确定基本未知量、绘出基本体系。

（2）对照表 6-1 写出各杆端力表达式（与求位移或绘内力图无关的杆端力不写）。杆端力矩、外力偶矩以绕刚结点逆时针转为正，杆端剪力、外力与线位移设定方向相反为正。

（3）根据每个刚结点力矩平衡条件和每个结点线位移方向相关各力投影平衡条件，列出位移法方程。

（4）解方程求出未知结点位移。

（5）将求出的结点位移代回杆端内力表达求出杆件内力，绘出最后内力图。

6.5 直接位移法算例

例 6-1 试绘制图 6-5a 所示有侧移刚架的 M 图，各杆 $i = EI/4 = 1$。

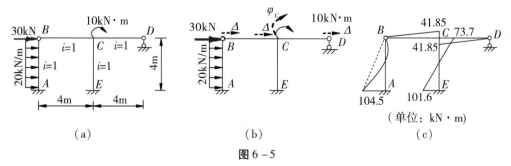

图 6-5

解：（1）确定基本未知量。刚结点 C 的转角 φ_C 为独立结点角位移；由忽略轴向变形的假定可知，结点 B、C、D 有相同的水平线位移 Δ；基本未知量为 φ_C 和 Δ。在结构荷载图上用带箭头虚弧线加 φ_C 标在 C 点，用带箭头虚直线加 Δ 标在 B、C、D 点，即得基本体系，如图 6-5b 所示，它是两端固定梁 EC 与一端固定、一端铰支梁 AB、CB、CD 的组合体。

（2）写杆端力表达式。题意要求只绘 M 图，故只需写出各杆端弯矩和两竖杆顶端剪力表达式。注意到 $i=1$，对照基本体系和表 6-1 可写出各杆杆端力如下：

AB 杆受 Δ 和均布荷载 20kN/m 作用，$M_{AB}=-3\Delta/4-40$　$M_{BA}=0$　$F_{QBA}=-3\Delta/16-30$

CB 杆受 φ_C 作用，$M_{CB}=3\varphi_C$　$M_{BC}=0$

CD 杆受 φ_C 作用，$M_{CD}=3\varphi_C$　$M_{DC}=0$

EC 杆受 φ_C、Δ 作用，$M_{EC}=2\varphi_C-3\Delta/2$　$M_{CE}=4\varphi_C-3\Delta/2$　$F_{QCE}=-3\varphi_C/2+3\Delta/4$

（3）列位移法方程。

刚结点 C 受 EC 杆、CB 杆、CD 杆 C 端力矩和外力偶 10kN·m（↗）作用，各值逆时针转动为正。由 $\sum M_C=0$ 有：

$$M_{CB}+M_{CD}+M_{CE}-10=0 \tag{a}$$

线位移 Δ 方向的横梁 BD 受 AB 杆 B 端剪力 F_{QBA}、EC 杆 C 端剪力 F_{QCE} 和水平力 30kN（→）作用，各力与 Δ 设定指向相反时为正。由力的投影平衡方程 $\sum F_\Delta=0$ 有：

$$F_{QBA}+F_{QCE}-30=0 \tag{b}$$

将相关杆端力表达式代入（a）、（b），可得到含 φ_C、Δ 的方程：

$$\left.\begin{array}{l}10\varphi_C-3\Delta/2-10=0\\-3\varphi_C/2+15\Delta/16-60=0\end{array}\right\} \tag{c}$$

式（c）即为直接位移法方程。

（4）解方程求未知位移。求解方程组（c）得：

$$\varphi_C=13.95 \qquad \Delta=86.32$$

（5）绘 M 图。

将 φ_C、Δ 值代回各杆端弯矩表达式求得：

$$M_{AB}=-104.5 \quad M_{BA}=0 \quad M_{BC}=0 \quad M_{CB}=41.85$$

$$M_{CD}=41.85 \quad M_{DC}=0 \quad M_{EC}=-101.6 \quad M_{CE}=-73.7$$

由以上弯矩值及 AB 杆均布荷载可绘出 M 图，如图 6-5c 所示。

例 6-2　试绘制图 6-6a 所示刚架的 M 图。不考虑杆件轴向变形。

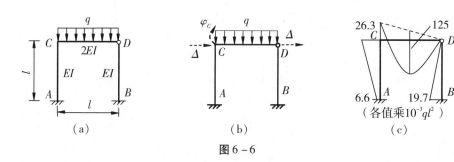

图 6-6

解：（1）选取基本体系。基本未知量为 C 点转角 φ_C 和结点 C（D）相同的水平线位移 Δ。在结构荷载图上用带箭头的虚弧线加 φ_C 标在 C 点，用带箭头的虚直线加 Δ 标在 C、D 点，基本体系如图 6-6b 所示，它是两端固定梁 AC 与一端固定、一端铰支梁 BD、CD 的组合体。

（2）写杆端力表达式。各杆长度 l，令 $i = EI/l$。按绘 M 图要求，只写各杆端弯矩和 F_{QCA}、F_{QDB} 表达式。对照图 6-6b 和表 6-1 可有：

AC 杆受 φ_C、Δ 作用，$M_{AC} = 2i\varphi_C - 6i\Delta/l$，$M_{CA} = 4i\varphi_C - 6i\Delta/l$，$F_{QCA} = -6i\varphi_C/l + 12i\Delta/l^2$

CD 杆受 φ_C、q 作用，$M_{CD} = 6i\varphi_C - ql^2/8$，$M_{DC} = 0$

BD 杆受 Δ 作用，$M_{BD} = -3i\Delta/l$，$M_{DB} = 0$，$F_{QDB} = 3i\Delta/l^2$

（3）列位移法方程。AC 杆 C 端、CD 杆 C 端汇交于刚结点 C，由 $\sum M_C = 0$ 有：

$$M_{CA} + M_{CD} = 0 \tag{a}$$

AC 杆 C 端、BD 杆 D 端与横梁相连，由 Δ 方向力平衡条件 $\sum F_\Delta = 0$ 有：

$$F_{QCA} + F_{QDB} = 0 \tag{b}$$

将 M_{CA}、M_{CD} 及 F_{QCA}、F_{QDB} 表达式代入式（a）、（b），可得位移法方程：

$$\left. \begin{aligned} 10i\varphi_C - 6i\Delta/l - ql^2/8 &= 0 \\ -6i\varphi_C/l + 15i\Delta/l^2 &= 0 \end{aligned} \right\} \tag{c}$$

（4）解方程组（c）得：

$$\varphi_C = 0.0164ql^2/i \quad \Delta = 0.00658ql^3/i$$

（5）绘制 M 图。将 φ_C、Δ 值代入各杆端弯矩表达式有：

$$M_{AC} = -0.0066ql^2 \quad M_{CA} = 0.0263ql^2 \quad M_{CD} = -0.0263ql^2$$

$$M_{DC} = 0 \quad M_{BD} = -0.0197ql^2 \quad M_{DB} = 0$$

由以上值及 CD 杆均布荷载可绘出 M 图，如图 6-6c 所示。

6.6　对称性的利用

工程中对称结构的应用很多。在第 5 章已经讨论过对称性的利用，指出：对称结构在正对称荷载作用下，其内力和位移都是正对称的；对称结构在反对称荷载作用下，其内力和位移都是反对称的。对于对称结构受非对称荷载作用，可将荷载分解为正对称和反对称两组，分别作用于结构上求解，再将结果叠加。

利用上述结论，不必计算就能知道某些结点位移之值或彼此的关系，用直接位移法求解时，就会减少未知量数目，使计算简化。例如图 6-7a 所示刚架，位移法的基本未知量数为 3（φ_1、φ_2、Δ）。若在正对称荷载作用下（图 6-7b），φ_1、φ_2 大小相等转向相反，$\Delta = 0$，只有 1 个未知量；若在反对称荷载作用下（图 6-7c），φ_1、φ_2 大小相等转向相同，$\Delta \neq 0$，有 2 个未知量。

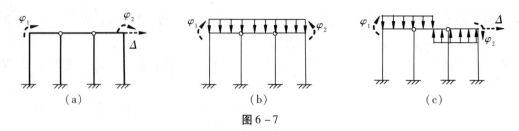

图 6-7

"5.7" 节关于对称结构可取半个结构计算的结论，是由对称结构的特性确定的，与选用的计算方法无关。一般来说，在正对称荷载作用下，取半个结构计算宜用位移法；在反对称荷载作用下，取半个结构计算宜用力法。如图 6-8a 所示单跨刚架（奇数跨），在正对称荷载作用下，取图 6-8b 所示半个结构计算，用位移法有 1 个未知量，用力法有 2 个未知量；在反对称荷载作用下，取图 6-8c 所示半个结构计算，用位移法有 2 个未知量，用力法有 1 个未知量。需要指出的是，在图 6-8b 和图 6-8c 中，由于 CE 杆长度为 CD 杆的一半，故线刚度要比 CD 杆增加一倍，即 $i_{CE} = 2i_{CD}$。

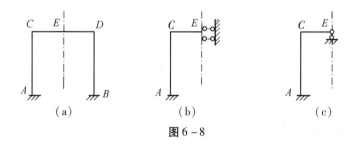

图 6-8

又如图 6-9a 所示两跨刚架（偶数跨），在正对称荷载作用下，取图 6-9b 所示结构计算，用位移法有 1 个未知量，用力法有 3 个未知量；在反对称荷载作用下，取图6-9c所示结构，用位移法或力法计算都是 3 个未知量。

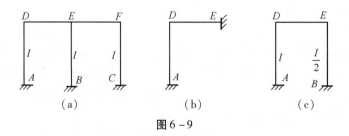

图 6-9

对称结构取半个结构后，应根据计算方法的未知量最少原则来确定选用位移法还是力法，这样要比单纯使用一种方法简便。

例 6 – 3　试利用对称性计算图 6 – 10a 所示刚架，作出弯矩图。

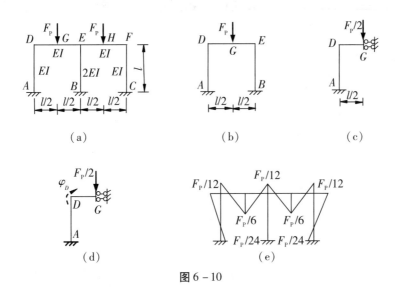

图 6 – 10

解：（1）确定基本体系。此结构为两跨对称刚架承受正对称荷载作用，取半个结构（图 6 – 10b）后，仍为对称结构，因此再次取半个结构，如图 6 – 10c 所示。采用位移法计算时，只有刚结点 D 点转角 φ_D 一个未知量。基本体系如图 6 – 10d 所示，它是两端固定梁 AD 与一端固定、一端滑动梁 DG 的组合体。

（2）写出杆端力表达式。令 $i = EI/l$，AD 杆线刚度 $i_{AD} = EI/l_{AD} = i$，DG 杆线刚度 $i_{DG} = EI/l_{DG} = 2i$，对照图 6 – 10d，由表 6 – 1 可写出各杆端力矩表达式。其中，

AD 杆受 D 点转角 φ_D 作用，$M_{AD} = 2i\varphi_D$，$M_{DA} = 4i\varphi_D$

DG 杆受 D 点转角 φ_D 和 G 点 $F_P/2$ 作用，$M_{DG} = 2i\varphi_D - F_P l/8$，$M_{GD} = -2i\varphi_D - F_P l/8$

（3）列直接位移法方程，求出 φ_D。

AD 杆 D 端与 DG 杆 D 端汇交于刚结点 D，由 $\sum M_D = 0$ 有：

$$M_{DA} + M_{DG} = 0 \tag{a}$$

将 M_{DA}、M_{DG} 表达式代入式（a）可得位移法方程：

$$4i\varphi_D + 2i\varphi_D - F_P l/8 = 0 \tag{b}$$

求解得：

$$\varphi_D = F_P l/48i \tag{c}$$

（4）绘 M 图。将 φ_D 代入各杆端弯矩表达式可得：

$$M_{AD} = F_P l/24 \quad M_{DA} = F_P l/12 \quad M_{DG} = -F_P l/12 \quad M_{GD} = -F_P l/6$$

由以上值绘出 ADG 部分 M 图，然后利用内力正对称关系绘出 $ADEB$ 部分 M 图，再次利用这一关系即可得到整个刚架的 M 图，如图 6 – 10e 所示。

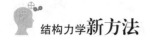

6.7 支座移动和温度改变时超静定结构的计算

6.7.1 支座移动时的内力计算

用直接位移法计算超静定结构因支座移动产生的内力时，各杆端力表达式由已知支座移动值和未知结点位移表述，仍可对照基本体系由表 6 - 1 写出。其余计算步骤与荷载作用时相同。下面结合算例说明。

例 6 - 4 图 6 - 11a 所示刚架支座 D 产生转角 φ，支座 C 产生竖向位移 $\Delta = l\varphi$，试绘制刚架弯矩图。已知 EI = 常数。

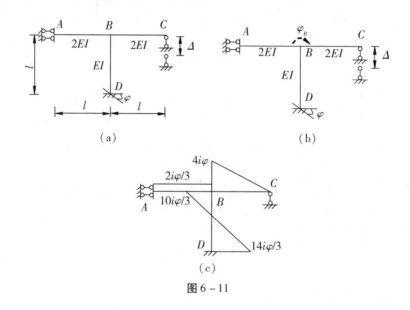

图 6 - 11

解：（1）选取基本体系。B 点为刚结点，转角 φ_B 为基本未知量；忽略杆件轴向变形后结点 A、B、C 无水平线位移，B 点也无竖向线位移，A 点是滑动支座，其竖向线位移不作为基本未知量，C 点支座移动 Δ 是已知值，故结构只有一个基本未知量。用带箭头的虚曲线加 φ_B 标注在 B 点，可得图 6 - 11b 所示的基本体系，它是三个单跨超静定梁的组合体。

（2）写杆端力表达式。令 $i = EI/l$，有 $i_{BD} = i$，$i_{BA} = i_{BC} = 2i$。对照图 6 - 11b 由表 6 - 1 可写出各杆端力矩：

AB 杆为 A 端滑动 B 端固定梁受 B 点 φ_B 作用，$M_{AB} = -2i\varphi_B$，$M_{BA} = 2i\varphi_B$

BC 杆为 B 端固定 C 端铰支梁在受 B 点 φ_B 和 C 端 $\Delta = l\varphi$ 作用，$M_{BC} = 6i\varphi_B - 6i\varphi$，$M_{CB} = 0$

DB 杆为两端固定梁受 D 端转角 φ 和 B 点 φ_B 作用，$M_{DB} = 2i\varphi_B + 4i\varphi$，$M_{BD} = 4i\varphi_B + 2i\varphi$

（3）列位移法方程求 φ_B。三个杆件的 B 端汇交于刚结点 B，由 $\sum M_B = 0$ 有：

$$M_{BA} + M_{BC} + M_{BD} = 0 \qquad\qquad (a)$$

将 M_{BA}、M_{BC}、M_{BD} 表达式代入式（a）可得：

$$12i\varphi_B - 4i\varphi = 0 \qquad\qquad (b)$$

求得：

$$\varphi_B = \varphi/3 \qquad\qquad (c)$$

（4）绘 M 图。将 φ_B 代入各杆端弯矩表达式可得：

$M_{AB} = -2i\varphi/3 \quad M_{BA} = 2i\varphi/3 \quad M_{BC} = -4i\varphi \quad M_{CB} = 0 \quad M_{DB} = 14i\varphi/3 \quad M_{BD} = 10i\varphi/3$

由以上弯矩值可绘出 M 图，见图 6-11c。

6.7.2　温度改变时的内力计算

用直接位移法求解超静定结构因温度改变引起的内力，步骤与荷载作用、支座移动时相同。由温度变化和独立结点位移引起的杆端力表达式，同样可对照基本体系和表 6-1写出。需要说明的是，温度变化将使杆件产生弯曲变形和轴向变形，致使杆件结点产生线位移和角位移。因此，各杆端力表达式需要考虑三种情况：①未知结点位移引起的杆端力；②杆件轴向变形引起的杆端力；③杆件弯曲变形引起的杆端力。

为方便讨论，将上述三种情况的杆端力依次加上标（1）、（2）、（3）表示。

图 6-12a 所示刚架，材料线膨胀系数 α，外侧温度升高 $t_1 = 10℃$，内侧温度升高 $t_2 = 30℃$，各杆为对称等截面直杆，$i = EI/l$，截面高度 $h = l/10$。刚架无独立结点线位移，只有刚结点 C 的转角 φ_C，用带箭头的虚曲线加 φ_C 标出，再标明 t_1、t_2，可得基本体系如图 6-12b 所示。

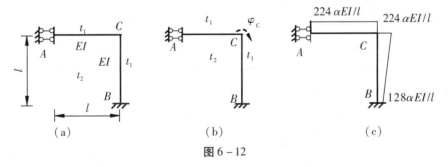

图 6-12

对照图 6-12b，由表 6-1第 13栏、第 1栏查得：

$$M_{AC}{}^{(1)} = -i\varphi_C \quad M_{CA}{}^{(1)} = i\varphi_C \quad M_{BC}{}^{(1)} = 2i\varphi_C \quad M_{CB}{}^{(1)} = 4i\varphi_C$$

温度改变时，各杆轴线处温度升高 $t_0 = (t_1 + t_2)/2 = 20℃$。$BC$ 杆轴向变形使 AC 杆整体平移，两端不会产生相对侧移，即 $M_{AC}{}^{(2)} = M_{CA}{}^{(2)} = 0$。$AC$ 杆轴向变形为 $u = \alpha t_0 l = 20\alpha l$，它使 BC 杆 C 端产生侧移，引起的杆端弯矩由表 6-1第 2栏查得：

$$M_{BC}{}^{(2)} = M_{CB}{}^{(2)} = -6iu/l = -120i\alpha$$

各杆 $h = l/10$，$\Delta t = t_2 - t_1 = 20℃$，弯曲变形引起的杆端弯矩可由表 6-1第 6栏、第

17 栏查得：

$$M_{AC}^{(3)} = -200i\alpha \quad M_{CA}^{(3)} = 200i\alpha \quad M_{BC}^{(3)} = 200i\alpha \quad M_{CB}^{(3)} = -200i\alpha$$

将上述三种情况的杆端弯矩相加可得：

$$M_{AC} = M_{AC}^{(1)} + M_{AC}^{(2)} + M_{AC}^{(3)} = -i\varphi_C - 200i\alpha \tag{a}$$

$$M_{CA} = M_{CA}^{(1)} + M_{CA}^{(2)} + M_{CA}^{(3)} = i\varphi_C + 200i\alpha \tag{b}$$

$$M_{BC} = M_{BC}^{(1)} + M_{BC}^{(2)} + M_{BC}^{(3)} = 2i\varphi_C + 80i\alpha \tag{c}$$

$$M_{CB} = M_{CB}^{(1)} + M_{CB}^{(2)} + M_{CB}^{(3)} = 4i\varphi_C - 320i\alpha \tag{d}$$

根据结点 C 力矩平衡条件 $\sum M_C = 0$ 有：

$$M_{CA} + M_{CB} = 0 \tag{e}$$

将式（b）、（d）代入式（e）求得：

$$\varphi_C = 24\alpha$$

将 φ_C 代入式（a）~式（d），注意到 $i = EI/l$，可得各杆端最后弯矩：

$$M_{AC} = -224\alpha EI/l \quad M_{CA} = 224\alpha EI/l \quad M_{BC} = 128\alpha EI/l \quad M_{CB} = -224\alpha EI/l$$

由以上值绘出的 M 图如图 6 – 12c 所示。

6.8 超静定桁架的计算

桁架结构中结点是由两个及两个以上链杆联结在一起的，同一结点的各杆有着共同的结点线位移（通常用水平分量、竖直分量表示），而每个杆件只有轴向变形和轴向力。为此，需要建立结点位移与杆端力之间的关系。

为方便讨论，规定以水平向右、竖直向上为结构坐标系 x、y 轴正方向。结点位移、结点荷载和杆端力、杆端位移与坐标轴正方向一致时为正。

如图 6 – 13a 所示杆件 AB，杆长为 l，抗拉刚度为 EA，从 A 到 B 为杆件坐标正方向，结构坐标系 x 轴正向到杆件正向夹角为 α，逆时针转为正。设 B 端水平支座链杆沿 x 方向产生位移 u_B，其余支座链杆位移为零，试求由此引起的杆端力。

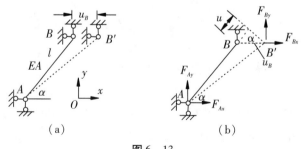

图 6 – 13

杆件 AB 为一次超静定，去掉 B 点水平支座链杆用 F_{Bx} 代替（图 6 – 13b）。由平衡条件求得 B 端 y 方向约束力 F_{By} 和 A 端 x、y 方向约束力 F_{Ax}、F_{Ay} 为：

$$F_{By} = F_{Bx}\sin\alpha/\cos\alpha \quad F_{Ax} = -F_{Bx} \quad F_{Ay} = -F_{Bx}\sin\alpha/\cos\alpha \tag{a}$$

由力的合成求得 B 端轴力 F_{NB} 为:

$$F_{NB} = \sqrt{F_{Bx}^2 + F_{By}^2} = F_{Bx}/\cos\alpha \tag{b}$$

可知, 杆件 AB 的轴向变形为 $u = F_{NB}l/EA$。换言之, B 端轴向变形为 u 时轴力为:

$$F_{NB} = uEA/l = au \tag{c}$$

式中, $a = EA/l$ 是杆端产生单位轴向变形所需要施加的轴力, 称为轴向变形刚度系数。

式 (c) 代入式 (b) 可有:

$$F_{Bx} = au\cos\alpha \tag{d}$$

由图 6 - 13b 知, $u = u_B\cos\alpha$, 将其代入式 (d) 再代入式 (a) 可得杆件两端沿 x、y 方向的杆端力分量为:

$$\left.\begin{array}{ll} F_{Ax} = -au_B\cos^2\alpha & F_{Ay} = -au_B\sin\alpha\cos\alpha \\ F_{Bx} = au_B\cos^2\alpha & F_{By} = au_B\sin\alpha\cos\alpha \end{array}\right\} \tag{e}$$

式 (e) 就是结点 B 位移 u_B 引起的杆件 AB 的杆端力。

类似地分析, 可求出结点 B 沿 y 方向位移 v_B, 结点 A 沿 x、y 方向位移 u_A、v_A 各自单独发生时, 杆件两端沿 x、y 方向的杆端力为:

$$\left.\begin{array}{ll} F_{Ax} = -av_B\sin\alpha\cos\alpha & F_{Ay} = -av_B\sin^2\alpha \\ F_{Bx} = av_B\sin\alpha\cos\alpha & F_{By} = av_B\sin^2\alpha \end{array}\right\} \tag{f}$$

$$\left.\begin{array}{ll} F_{Ax} = au_A\cos^2\alpha & F_{Ay} = au_A\sin\alpha\cos\alpha \\ F_{Bx} = -au_A\cos^2\alpha & F_{By} = -au_A\sin\alpha\cos\alpha \end{array}\right\} \tag{g}$$

$$\left.\begin{array}{ll} F_{Ax} = av_A\sin\alpha\cos\alpha & F_{Ay} = av_A\sin^2\alpha \\ F_{Bx} = -av_A\sin\alpha\cos\alpha & F_{By} = -av_A\sin^2\alpha \end{array}\right\} \tag{h}$$

将式 (e) ~ 式 (h) 叠加, 可得杆件两端结点位移为 u_A、v_A、u_B、v_B 时, 引起的每一端沿 x、y 方向的杆端力:

$$F_{Ax} = a(u_A - u_B)\cos^2\alpha + a(v_A - v_B)\sin\alpha\cos\alpha \tag{6-3a}$$

$$F_{Ay} = a(u_A - u_B)\sin\alpha\cos\alpha + a(v_A - v_B)\sin^2\alpha \tag{6-3b}$$

$$F_{Bx} = a(-u_A + u_B)\cos^2\alpha + a(-v_A + v_B)\sin\alpha\cos\alpha \tag{6-3c}$$

$$F_{By} = a(-u_A + u_B)\sin\alpha\cos\alpha + a(-v_A + v_B)\sin^2\alpha \tag{6-3d}$$

式 (6 - 3) 就是轴力杆的杆端力与结点位移关系式。现列于表 6 - 2, 以备查用。

結構力学**新方法**

表 6 – 2   杆端位移引起的杆端力 ($a = EA/l$)

杆端位移	杆端力	A 端（始端）	杆端力	B 端（末端）
	F_{Ax}	$a(u_A - u_B)\cos^2\alpha + a(v_A - v_B)\sin\alpha\cos\alpha$	F_{Bx}	$a(-u_A + u_B)\cos^2\alpha + a(-v_A + v_B)\sin\alpha\cos\alpha$
	F_{Ay}	$a(u_A - u_B)\sin\alpha\cos\alpha + a(v_A - v_B)\sin^2\alpha$	F_{By}	$a(-u_A + u_B)\sin\alpha\cos\alpha + a(-v_A + v_B)\sin^2\alpha$

桁架结构每个结点有 2 个结点线位移，作用于每个结点的杆端力、结点荷载组成一个平面汇交力系，可建立 2 个平衡方程，即结点线位移数目与力的平衡方程数目相同。因而，能够求出全部未知结点线位移，并且是唯一的确定值。

用直接位移法求解桁架结构，与求解超静定梁、超静定刚架作法相同。步骤如下：

（1）确定未知量。每个铰结点有 x、y 方向两个未知结点线位移，当某个线位移方向有支座链杆约束时，位移为零。用位移符号和带箭头的虚线标出未知结点线位移。

（2）对照表 6 – 2 写出各杆端力表达式。表达式中结点线位移为零的以 "0" 代入；并且该方向的杆端力表达式不必写出。

（3）根据各未知结点线位移方向力的平衡条件，建立位移法方程。杆端力、结点荷载与相应的结点线位移分量方向相同时，在方程中取正值。

（4）解方程求出未知结点线位移。

（5）求各杆轴力。将求出的结点线位移代入杆端力表达式，可得杆件在 x、y 方向的杆端力分量 F_x、F_y，杆件轴力 F_N 可由下式求出：

$$F_N = \sqrt{F_x^2 + F_y^2} \tag{6-4}$$

对于支座移动、温度改变、制造误差、材料收缩等非结点荷载作用的情况，求解步骤均与结点荷载作用时相同。只是在非结点荷载作用下引起的结点力（相当于结点荷载）以及杆件最后内力的计算上有区别，可按以下作法求出。

（1）假定结点不动，求出非结点荷载作用下的杆件轴力（称为单杆变形轴力），然后将其反向作用于结点，即得结点力，并以此作为结点荷载。

（2）按结点荷载作用下的步骤，求出结点力引起的各杆轴力，并与单杆变形轴力叠加，即得杆件最后轴力。

例 6 – 5   试求图 6 – 14a 所示超静定桁架的杆件内力。各杆 $EA =$ 常数。

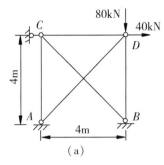

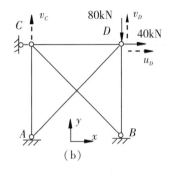

图 6 – 14

解：（1）确定未知量。D 点沿 x、y 方向的线位移和 C 点沿 y 方向的线位移为未知量，在结构受力图上用位移符号 u_D、v_D、v_C 及带箭头的虚线标出，如图 6 – 14b 所示。

（2）写杆端力表达式。以 CD 杆 D 端为例，C 端为始端，D 端为末端，$\sin\alpha = 0$，$\cos\alpha = 1$，$a = EA/4$，$u_C = 0$，由表 6 – 2 最后一列有：$F_{DCx} = u_D EA/4$，$F_{DCy} = 0$。

按照求 D 端杆端力作法写出其余杆端力表达式。桁架杆件较多，杆端力宜用表格列出，如表 6 – 3 所示。

表 6 – 3 　图 6 – 14 结点位移 u_D、v_D、v_C 引起的杆端力

结点	杆件	$\sin\alpha$	$\cos\alpha$	$a = EA/l$	x 方向	y 方向
	CD	0	1	$EA/4$	$F_{DCx} = u_D EA/4$	$F_{DCy} = 0$
D	AD	$\sqrt{2}/2$	$\sqrt{2}/2$	$\sqrt{2}EA/8$	$F_{DAx} = \sqrt{2}u_D EA/16 + \sqrt{2}v_D EA/16$	$F_{DAy} = \sqrt{2}u_D EA/16 + \sqrt{2}v_D EA/16$
	BD	1	0	$EA/4$	$F_{DBx} = 0$	$F_{DBy} = v_D EA/4$
	DC	0	1	$EA/4$	$F_{CDx} = -u_D EA/4$	$F_{CDy} = 0$
C	BC	$\sqrt{2}/2$	$-\sqrt{2}/2$	$\sqrt{2}EA/8$	$F_{CBx} = -\sqrt{2}v_C EA/16$	$F_{CBy} = \sqrt{2}v_C EA/16$
	AC	1	0	$EA/4$	$F_{CAx} = 0$	$F_{CAy} = v_C EA/4$

（3）列出结点荷载，建立位移法方程。与 u_D、v_D、v_C 对应的结点荷载为 $F_{1P} = 40\text{kN}$，$F_{2P} = -80\text{kN}$，$F_{3P} = 0$。

由表 6 – 3 查出汇交于 D 点 x 方向的杆端力有 F_{DCx}、F_{DAx}、F_{DBx}，将它们反向与 F_{1P} 一起作用于结点，由 $\sum F_x = 0$ 得：

$$-u_D EA/4 - \sqrt{2}u_D EA/16 - \sqrt{2}av_D EA/16 + 40 = 0 \qquad (\text{a})$$

同样的作法，由 D 点、C 点 y 方向力的平衡条件 $\sum F_y = 0$ 可得：

$$-\sqrt{2}u_D EA/16 - \sqrt{2}v_D EA/16 - v_D EA/4 - 80 = 0 \qquad (\text{b})$$

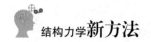

$$- \sqrt{2}v_C EA/16 - v_C EA/4 = 0 \qquad (c)$$

上述三式整理可得位移法方程：

$$\left.\begin{array}{l} (4 + \sqrt{2})au_D + \sqrt{2}av_D = 160 \\[2mm] \sqrt{2}au_D + (4 + \sqrt{2})av_D = -320 \\[2mm] (4 + \sqrt{2})av_C = 0 \end{array}\right\} \qquad (d)$$

（4）求解方程组式（d）可得：

$$u_D = 193.1371/EA \qquad v_D = -286.863/EA \qquad v_C = 0$$

（5）求各杆轴力。将 u_D、v_D、v_C 值代入表6-3相关杆端力表达式，求出各杆端沿 x、y 方向的杆端力分量，结果如下：

$$F_{DCx} = 48.28 \quad F_{DCy} = 0; \quad F_{DAx} = -8.28 \quad F_{DAy} = -8.28; \quad F_{DBx} = 0 \quad F_{DBy} = -71.72;$$

$$F_{CDx} = -48.28 \quad F_{CDy} = 0; \quad F_{CBx} = 0 \quad F_{CBy} = 0; \quad F_{ACx} = 0 \quad F_{ACy} = 0$$

将上述各值代入式（6-4），并注意各分力指向，可求得各杆轴力：

$$F_{NCD} = \sqrt{F_{DCx}^2 + F_{DCy}^2} = 48.28\text{kN（拉力）} \qquad F_{NAD} = -\sqrt{F_{DAx}^2 + F_{DAy}^2} = -11.72\text{kN（压力）}$$

$$F_{NBD} = -\sqrt{F_{DBx}^2 + F_{DBy}^2} = -71.72\text{kN（压力）} \qquad F_{NBC} = 0 \qquad F_{NAC} = 0$$

例6-6 图6-15a所示超静定桁架，两根斜杆制作时比原设计长了 $\Delta = 0.01\text{m}$。试计算由此引起的杆件轴力。各杆 $EA = 10^5\text{kN}$。

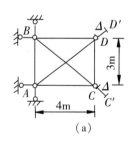 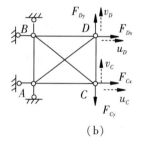

图6-15

解：（1）确定未知量。以 D、C 点沿 x、y 方向的线位移 u_D、v_D、u_C、v_C 为未知量，用位移符号加带箭头的虚线标出，位移法基本体系如图6-15b所示。

（2）写出杆端力表达式。表示杆件的第一个字母为始端，对照表6-2始、末端杆端力计算式，将杆件的 $\sin\alpha$、$\cos\alpha$、a 值代入，即得欲求的杆端力表达。将它们用表格列出，见表6-4。

表 6 - 4　图 6 - 15 结点位移 u_D、v_D、u_C、v_C 引起的杆端力

结点	杆件	$\sin\alpha$	$\cos\alpha$	$a = EA/l$	x 方向	y 方向
D	BD	0	1	$EA/4$	$F_{DBx} = u_D EA/4$	$F_{DBy} = 0$
	AD	0.6	0.8	$EA/5$	$F_{DAx} = (0.64u_D + 0.48v_D)EA/5$	$F_{DAy} = (0.48u_D + 0.36v_D)EA/5$
	CD	1	0	$EA/3$	$F_{DCx} = 0$	$F_{DCy} = (-v_C + v_D)EA/3$
C	AC	0	1	$EA/4$	$F_{CAx} = u_C EA/4$	$F_{CAy} = 0$
	BC	-0.6	0.8	$EA/5$	$F_{CBx} = (0.64u_C - 0.48v_C)EA/5$	$F_{CBy} = (-0.48u_C + 0.36v_C)EA/5$
	DC	1	0	$EA/3$	$F_{CDx} = 0$	$F_{CDy} = (v_C - v_D)EA/3$

（3）求结点力。将 D、C 点暂时固定，使其不能有 x、y 方向线位移，再将斜杆 AD、BC 各压缩 0.01m 进行安装，引起斜杆的轴力为：$F_N = -0.01EA/5 = -200\text{kN}$（压力）。将 F_N 反向作用于结点，其在 x、y 方向的分力即为结点力（图 6 - 15b）。其中，

结点 D，$F_{Dx} = F_N\cos\alpha_1 = 4EA/2500$（→），$F_{Dy} = F_N\sin\alpha_1 = 3EA/2500$（↑）

结点 C，$F_{Cx} = F_N\cos\alpha_2 = 4EA/2500$（→），$F_{Cy} = F_N\sin\alpha_2 = -3EA/2500$（↓）

这里，α_1、α_2 分别为 AD 杆、BC 杆的倾角。

（4）建立位移法方程。作用于结点 D 沿 x 方向的杆端力有 F_{DBx}、F_{DAx}、F_{DCx} 以及结点力 F_{Dx}，由 $\sum F_x = 0$ 得：

$$-u_D EA/4 - 0.64u_D EA/5 - 0.48v_D EA/5 + 4EA/2500 = 0$$

整理可得：

$$7.56u_D/20 + 0.48v_D/5 = 4/2500 \tag{a}$$

与求式（a）类似地作法，由 $\sum F_y = 0$，$\sum F_x = 0$ 可得：

$$0.48u_D/5 + 6.08v_D/15 - v_C/3 = 3/2500 \tag{b}$$

$$7.56u_C/20 - 0.48v_C/5 = 4/2500 \tag{c}$$

$$v_D/3 + 0.48u_C/5 - 6.08v_C/15 = 3/2500 \tag{d}$$

（5）求结点位移。式（a）～式（d）即为所求的位移法方程，解方程可得结点位移如下：

$$u_D = 0.003951 \quad v_D = 0.001111$$

$$u_C = 0.003951 \quad v_C = -0.001111$$

（6）求最后轴力。将求出的结点位移代入表 6 - 4 求出杆端力，然后再代入式（6-4），可求出结点力引起的各杆轴力：

$$F_{NBD} = 98.775\text{kN} \quad F_{NAC} = 98.775\text{kN} \quad F_{NAD} = 76.548\text{kN}$$

$$F_{NBC} = 76.548\text{kN} \quad F_{NCD} = 74.0667\text{kN} \quad F_{NAB} = 0$$

两斜杆单杆变形轴力 $F_N = -200\text{kN}$，将其与结点力引起的轴力叠加，即得斜杆最后轴力：

$$F_{NAD} = F_{NBC} = 76.548 - 200 = -123.452\text{kN}（压力）$$

其余各杆最后轴力就是结点力引起的轴力。

6.9 直接位移法与传统位移法比较

直接位移法与传统位移法都是以独立结点位移为基本未知量、以单跨超静定梁为研究对象，根据基本体系在独立结点位移和荷载等外因作用下，与原结构内力、变形完全相同的条件建立位移法方程，解方程求出结点位移，进而计算杆件内力。

在直接位移法中，每根单跨超静定梁的杆端力是用直接力法（即用几何法计算力法方程位移项）求出的，传统位移法则是由传统力法（即用虚功法计算力法方程位移项）求出的，这是两种位移法最主要的区别。

两种方法在建立位移法方程、计算杆件内力的作法上也有所不同，现结合例 6-1 图 6-5a 所示刚架说明。为方便比较，将直接位移法基本体系重新绘于图6-16a。若用传统位移法求解此刚架，基本体系如图 6-16b 所示。对照可知，图 6-16b 的 C 点刚臂和 Z_1 与 D 点水平链杆和 Z_2 与图 6-16a 的 φ_C 与 Δ 一样，都是表示原结构 C 点转角和横梁水平位移，二者无本质区别。

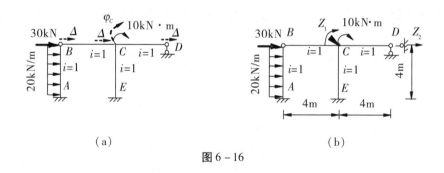

图 6-16

1. 两种方法位移法方程的建立

（1）直接位移法

直接位移法是对照基本体系和单跨超静定梁的杆端力表 6-1 直接写出每个杆端内力表达式，再根据刚结点 C 产生转角和横梁平移时，相关力的平衡条件列出位移法方程，详见例 6-1。

$$\left.\begin{array}{l} 10\varphi_C - 3\Delta/2 - 10 = 0 \\ -3\varphi_C/2 + 15\Delta/16 - 60 = 0 \end{array}\right\} \tag{a}$$

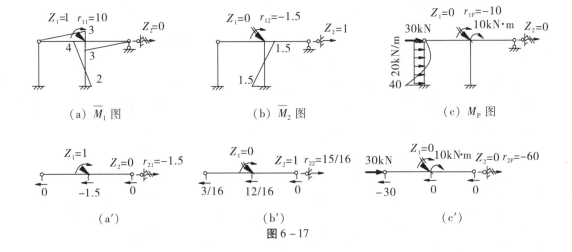

$$\text{图 } 6-17$$

（2）传统位移法

传统位移法是对照单跨超静定梁的形常数和载常数表（见结构力学教材），令 $i = EI/4 = 1$，先绘出独立结点位移 $Z_1 = 1$、$Z_2 = 1$ 及荷载单独作用下的弯矩图，如图 $6-17a$、b、c 所示。由图可知，C 点附加刚臂受到的力矩分别为 $r_{11} = 10$，$r_{12} = -1.5$，$r_{1P} = -10$。于是，在 Z_1、Z_2、荷载共同作用下附加刚臂反力矩为：$R_1 = 10Z_1 - 1.5Z_2 - 10$。而原结构 C 点并无刚臂，即 $R_1 = 0$，于是可得：

$$10Z_1 - 1.5Z_2 - 10 = 0 \tag{b}$$

再从图 $6-17a$、b、c 中取出横梁为隔离体，依次如图 $6-17a'$、b'、c'所示。由图可知，D 点附加链杆受到的力分别为 $r_{21} = -1.5$，$r_{22} = 15/16$，$r_{2P} = -60$。于是，在 Z_1、Z_2、荷载共同作用下附加链杆受到的力为：$R_2 = -1.5Z_1 + 15Z_2/16 - 60$。原结构 D 点并无水平支座链杆，故 $R_2 = 0$，因此可有：

$$-1.5Z_1 + 15Z_2/16 - 60 = 0 \tag{c}$$

将式（b）（c）中的 Z_1 改记为 φ_C、Z_2 改记为 Δ，便得到和式（a）相同的方程。

可见，两种方法所得结果完全相同。但直接位移法比传统位移法建立方程的作法更直接、更简便，而且无需绘制如图 $6-17$ 所示各图。

2. 两种方法杆件内力的计算

求解位移法方程，可得 $\varphi_C (Z_1) = 13.95$，$\Delta (Z_2) = 86.32$，见例 $6-1$。

（1）直接位移法

在直接位移法中，求出结点位移 φ_C、Δ 后，回代到杆端力表达式，即可直接求出杆端内力、绘出内力图。例如求 CE 杆 C 端弯矩 M_{CE}，则将 $\varphi_C = 13.95$、$\Delta = 86.32$ 代回表达式 $M_{CE} = 4\varphi_C - 3\Delta/2$（见例 $6-1$），即可求出 $M_{CE} = -73.7\text{kN} \cdot \text{m}$

（2）传统位移法

在传统位移法中，求出结点位移 Z_1、Z_2 后，则由下面的叠加公式（d）计算各杆端内力。

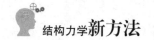

$$M = \bar{M}_1 Z_1 + \bar{M}_2 Z_2 + \cdots + M_P \qquad (d)$$

例如，求 CE 杆 C 端弯矩 M_{CE}，需要对照图 6 – 17a、b、c，进而得到：

$$M_{CE} = 4 \times 13.95 - 1.5 \times 86.32 + 0 = -73.7 \text{kN} \cdot \text{m}$$

需要指出，在传统位移法中，还有一种作法，即根据转角位移方程写出杆端内力表达式，然后利用刚结点力矩平衡条件或有结点线位移杆件的力投影平衡条件，建立求解未知位移的方程，进而求出杆件内力。这一作法其单跨超静定梁的杆端力也是用传统力法求出的。

总之，正是由于几何法的应用，使得结构的受力分析，从静定结构位移计算，到超静定结构分析方法（力法、位移法、矩阵位移法）等，都完整地统一到线性弹性理论。用这一理论对结构进行受力分析，应力—应变成正比、内力—位移一一对应的关系得到充分体现；理论知识简单易懂；易采用 Excel，计算省时省力。目前的结构力学，计算位移需要由虚功方程的一般公式［见式（Ⅰ-3）］推导出线性弹性体系的位移计算式（Ⅰ-4），计算中反映不出内力—位移的对应关系，比较抽象，计算烦琐。

第 7 章 矩阵位移法

7.1 概述

用力法或者位移法求解超静定结构，当基本未知量数目较多时，手算非常烦琐。随着计算机技术的发展与应用，结构矩阵分析方法于 20 世纪 60 年代迅速兴起，有效地解决了手算难以完成的问题。结构矩阵分析方法是以传统的结构分析方法为理论基础、以矩阵为数学表述形式、以计算机为计算工具的三位一体的方法。与力法相对应的有矩阵力法（柔度法），与位移法相对应的有矩阵位移法（刚度法）。由于矩阵位移法表达式紧凑、形式统一，易于编写程序，通用性强，因此在结构设计中得到广泛应用。

矩阵位移法的基本思路是：先将结构离散成有限个杆件（称为单元）；通过单元分析，建立单元杆端力与杆端位移之间的关系式，即单元刚度方程；再通过整体分析，根据变形协调条件和静力平衡条件，把这些离散的单元组合成原来的结构，建立整个结构的刚度方程；然后解方程，求出结点位移；最后求出各杆内力。这就把一个复杂的结构计算问题转化为简单的单元分析和集合问题。矩阵位移法主要有以下三部分内容：

（1）单元分析。即研究单元的力学特性，建立杆端位移与杆端力关系的单元刚度方程。

（2）整体分析。即对单元进行集合，得到结构整体刚度方程并求出结点位移。

（3）求杆件内力。即根据求出的结点位移，计算各杆件最后内力。

7.2 单元及单元刚度矩阵

7.2.1 单元

位移法是以单跨超静定梁作为计算单元，矩阵位移法也是将结构划分成若干单元进行计算。对于杆件结构，一般以一根杆件或杆件的一段作为一个单元。为方便讨论，我们只考虑等截面直杆这种形式的单元，并且规定荷载只作用于结点处（即单元上无荷载）。对于单元上有荷载（如均布荷载、集中力等）的情况，将在"7.5"节讨论。根据上述要求，单元的始端和末端应是结构的刚结点、铰结点、支座或截面突变点，这些点统称为结点。相邻两结点间的杆段即为一个单元，这样的单元可以仅由给定的杆端位移写出杆端力表达式。

为了描述各单元的杆端力和杆端位移，需要给每个单元建立一个局部坐标系（也称为单元坐标系）$o\bar{x}\bar{y}$。在 x、y 上面加一横线，表示它是专属于某一单元的坐标系。如图

7 - 1 所示等截面直杆单元，设其在整个结构中编号为单元 e，以单元始端 i 为坐标原点，杆轴为 $\bar{x}$ 轴，从 i 到 j 为 $\bar{x}$ 轴正向，从 $\bar{x}$ 轴正向逆时针旋转 $90°$ 为 $\bar{y}$ 轴正向，这便是单元 e 的局部坐标系。

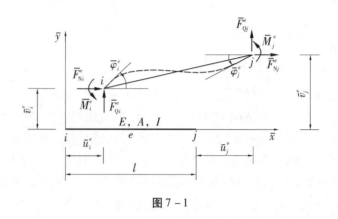

图 7 - 1

1. 一般单元

用矩阵位移法计算平面刚架，通常不再忽略杆件的轴向变形，因而单元的每个杆端有三个杆端力和三个杆端位移（图 7 - 1）。当不考虑单元两端约束情况时，一个单元共有六个杆端力分量和六个杆端位移分量，即 i 端的轴力 $\bar{F}_{Ni}^e$、剪力 $\bar{F}_{Qi}^e$、弯矩 $\bar{M}_i^e$ 和相应的杆端位移 $\bar{u}_i^e$、$\bar{v}_i^e$、$\bar{\varphi}_i^e$ 以及 j 端的轴力 $\bar{F}_{Nj}^e$、剪力 $\bar{F}_{Qj}^e$、弯矩 $\bar{M}_j^e$ 和相应的杆端位移 $\bar{u}_j^e$、$\bar{v}_j^e$、$\bar{\varphi}_j^e$（以上各量符号上面加一横线，表示它们是局部坐标系中的量，上标 e 表示它们属于单元 e，下同）。上述这种两端不受约束的单元称为一般单元或自由单元。杆端轴力 $\bar{F}_N^e$、剪力 $\bar{F}_Q^e$ 和相应的杆端位移 $\bar{u}^e$、$\bar{v}^e$ 均规定与局部坐标系正向一致为正；杆端弯矩 $\bar{M}^e$ 和相应的杆端转角 $\bar{\varphi}^e$ 均以逆时针转向为正。六个杆端力分量和杆端位移分量按照先 i 端后 j 端的顺序排列，形成如下杆端力列向量 $\bar{F}^e$ 和杆端位移列向量 $\bar{\delta}^e$：

$$\bar{F}^e = \begin{bmatrix} \bar{F}_{Ni}^e & \bar{F}_{Qi}^e & \bar{M}_i^e & \bar{F}_{Nj}^e & \bar{F}_{Qj}^e & \bar{M}_j^e \end{bmatrix}^{\mathrm{T}}$$

$$\bar{\delta}^e = \begin{bmatrix} \bar{u}_i^e & \bar{v}_i^e & \bar{\varphi}_i^e & \bar{u}_j^e & \bar{v}_j^e & \bar{\varphi}_j^e \end{bmatrix}^{\mathrm{T}}$$

(7 - 1a)

显然，在同一单元中，$\bar{F}^e$ 的分量数目和 $\bar{\delta}^e$ 的分量数目相同。

2. 特殊单元

由于结构类型或计算方法的不同，除上述一般单元外，还有一些单元的某些杆端位移值为零或忽略不计，这类单元统称为特殊单元。

对于平面刚架，用位移法计算时，通常忽略杆件的轴向变形，此时每个单元的杆端只有侧移和转角，称为自由梁式单元。显然这种单元就是图 7 - 1 所示自由单元 $\bar{u}_i^e = 0$，$\bar{u}_j^e = 0$ 的情况。在局部坐标系中，自由梁式单元 i 端的杆端力为剪力 $\bar{F}_{Qi}^e$、弯矩 $\bar{M}_i^e$，相应的杆端位移为 $\bar{v}_i^e$、$\bar{\varphi}_i^e$；j 端的杆端力为剪力 $\bar{F}_{Qj}^e$、弯矩 $\bar{M}_j^e$，相应的杆端位移为 $\bar{v}_j^e$、$\bar{\varphi}_j^e$。单元杆端力列向量$\overline{\boldsymbol{F}}^e$和杆端位移列向量$\overline{\boldsymbol{\delta}}^e$分别为：

$$\overline{\boldsymbol{F}}^e = \begin{bmatrix} \overline{F}_{Qi}^e & \overline{M}_i^e & \overline{F}_{Qj}^e & \overline{M}_j^e \end{bmatrix}^T \qquad \overline{\boldsymbol{\delta}}^e = \begin{bmatrix} \overline{v}_i^e & \overline{\varphi}_i^e & \overline{v}_j^e & \overline{\varphi}_j^e \end{bmatrix}^T \qquad (7-1b)$$

对于平面桁架，以每根杆件为一个单元，称为桁架单元。桁架各杆只有轴力，杆件只有轴向变形。在局部坐标系中，i、j两端的杆端力为$\overline{F}_{Ni}^e$、$\overline{F}_{Nj}^e$，相应的杆端位移为$\overline{u}_i^e$、$\overline{u}_j^e$（图 7 - 2a）。桁架单元杆端力列向量$\overline{\boldsymbol{F}}^e$和杆端位移列向量$\overline{\boldsymbol{\delta}}^e$分别为：

$$\overline{\boldsymbol{F}}^e = \begin{bmatrix} \overline{F}_{Ni}^e & \overline{F}_{Nj}^e \end{bmatrix}^T \qquad \overline{\boldsymbol{\delta}}^e = \begin{bmatrix} \overline{u}_i^e & \overline{u}_j^e \end{bmatrix}^T \qquad (7-1c)$$

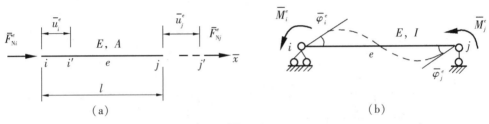

图 7 - 2

对于连续梁，通常不计梁的轴力和轴向变形，可取梁的一跨为一个单元，这种单元两端只有角位移而无线位移，称为连续梁单元（图 7 - 2b）。计算连续梁和不考虑结点线位移的刚架时，就可采用这种单元。连续梁单元i、j两端的杆端力为$\overline{M}_i^e$、$\overline{M}_j^e$，相应的杆端位移为$\overline{\varphi}_i^e$、$\overline{\varphi}_j^e$。单元杆端力列向量$\overline{\boldsymbol{F}}^e$和杆端位移列向量$\overline{\boldsymbol{\delta}}^e$为：

$$\overline{\boldsymbol{F}}^e = \begin{bmatrix} \overline{M}_i^e & \overline{M}_j^e \end{bmatrix}^T \qquad \overline{\boldsymbol{\delta}}^e = \begin{bmatrix} \overline{\varphi}_i^e & \overline{\varphi}_j^e \end{bmatrix}^T \qquad (7-1d)$$

不难看出，无论哪种单元，同一单元中的杆端力与杆端位移都是一一对应的。

7.2.2　单元刚度矩阵

仍以图 7 - 1 所示一般单元为例，设六个杆端位移分量已知，杆件上无荷载作用，现欲求六个杆端力分量。在线性弹性体系情况下，单元杆端力和杆端位移之间服从胡克定律，叠加原理也适用。为此，将单元杆端位移与其相应的杆端力视作以下两种情况的叠加：一种是杆端只有轴向位移$\overline{u}^e$和相应的杆端力$\overline{F}_N$；一种是杆端只有与杆轴垂直的位移$\overline{v}^e$、转角$\overline{\varphi}^e$和相应的杆端力$\overline{F}_Q$、$\overline{M}^e$。对前一种情况，由胡克定律可求出一端有单位轴向位移另一端位移为零时的杆端轴力，如图 7 - 3a、b 所示。对后一种情况，单元受力状态又可分解为两端固定梁某一支座仅发生$\overline{v}^e$或者$\overline{\varphi}^e$为单位位移，其余杆端位移分量均为零的情况，如图 7 - 3c ~ f 所示。由表 6 - 1 第 1、2 栏，可查出仅某一杆端位移分量为 1、其余杆端位移分量均为零时的杆端力分量（注意：本章正负号规定与第 6 章不同）。最后，将以上情况叠加，可得各杆在实际杆端位移$\overline{u}^e$、$\overline{v}^e$、$\overline{\varphi}^e$时的杆端力如下：

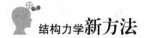

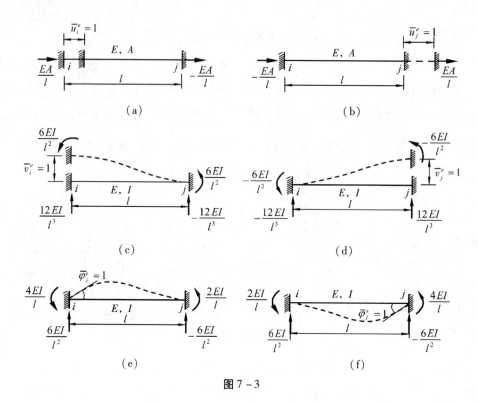

图 7－3

$$\overline{F}_{Ni}^{e} = \frac{EA}{l}\overline{u}_{i}^{e} - \frac{EA}{l}\overline{u}_{j}^{e}$$

$$\overline{F}_{Qi}^{e} = \frac{12EI}{l^{3}}\overline{v}_{i}^{e} + \frac{6EI}{l^{2}}\overline{\varphi}_{i}^{e} - \frac{12EI}{l^{3}}\overline{v}_{j}^{e} + \frac{6EI}{l^{2}}\overline{\varphi}_{j}^{e}$$

$$\overline{M}_{i}^{e} = \frac{6EI}{l^{2}}\overline{v}_{i}^{e} + \frac{4EI}{l}\overline{\varphi}_{i}^{e} - \frac{6EI}{l^{2}}\overline{v}_{j}^{e} + \frac{2EI}{l}\overline{\varphi}_{j}^{e}$$

$$\overline{F}_{Nj}^{e} = -\frac{EA}{l}\overline{u}_{i}^{e} + \frac{EA}{l}\overline{u}_{j}^{e}$$

$$\overline{F}_{Qj}^{e} = -\frac{12EI}{l^{3}}\overline{v}_{i}^{e} - \frac{6EI}{l^{2}}\overline{\varphi}_{i}^{e} + \frac{12EI}{l^{3}}\overline{v}_{j}^{e} - \frac{6EI}{l^{2}}\overline{\varphi}_{j}^{e}$$

$$\overline{M}_{j}^{e} = \frac{6EI}{l^{2}}\overline{v}_{i}^{e} + \frac{2EI}{l}\overline{\varphi}_{i}^{e} - \frac{6EI}{l^{2}}\overline{v}_{j}^{e} + \frac{4EI}{l}\overline{\varphi}_{j}^{e}$$

写成矩阵形式则有：

$$
\begin{Bmatrix} \overline{F}_{Ni}^e \\ \overline{F}_{Qi}^e \\ \overline{M}_i^e \\ \overline{F}_{Nj}^e \\ \overline{F}_{Qj}^e \\ \overline{M}_j^e \end{Bmatrix} = \begin{bmatrix} \dfrac{EA}{l} & 0 & 0 & -\dfrac{EA}{l} & 0 & 0 \\ 0 & \dfrac{12EI}{l^3} & \dfrac{6EI}{l^2} & 0 & -\dfrac{12EI}{l^3} & \dfrac{6EI}{l^2} \\ 0 & \dfrac{6EI}{l^2} & \dfrac{4EI}{l} & 0 & -\dfrac{6EI}{l^2} & \dfrac{2EI}{l} \\ -\dfrac{EA}{l} & 0 & 0 & \dfrac{EA}{l} & 0 & 0 \\ 0 & -\dfrac{12EI}{l^3} & -\dfrac{6EI}{l^2} & 0 & \dfrac{12EI}{l^3} & -\dfrac{6EI}{l^2} \\ 0 & \dfrac{6EI}{l^2} & \dfrac{2EI}{l} & 0 & -\dfrac{6EI}{l^2} & \dfrac{4EI}{l} \end{bmatrix} \begin{Bmatrix} \overline{u}_i^e \\ \overline{v}_i^e \\ \overline{\varphi}_i^e \\ \overline{u}_j^e \\ \overline{v}_j^e \\ \overline{\varphi}_j^e \end{Bmatrix}
\tag{7-2a}
$$

或简写为：

$$
\overline{F}^e = \overline{k}^e \overline{\delta}^e
\tag{7-2b}
$$

其中

$$
\overline{k}^e = \begin{array}{c} \begin{matrix} \overline{u}_i^e & \overline{v}_i^e & \overline{\varphi}_i^e & \overline{u}_j^e & \overline{v}_j^e & \overline{\varphi}_j^e \end{matrix} \\ \begin{bmatrix} \dfrac{EA}{l} & 0 & 0 & -\dfrac{EA}{l} & 0 & 0 \\ 0 & \dfrac{12EI}{l^3} & \dfrac{6EI}{l^2} & 0 & -\dfrac{12EI}{l^3} & \dfrac{6EI}{l^2} \\ 0 & \dfrac{6EI}{l^2} & \dfrac{4EI}{l} & 0 & -\dfrac{6EI}{l^2} & \dfrac{2EI}{l} \\ -\dfrac{EA}{l} & 0 & 0 & \dfrac{EA}{l} & 0 & 0 \\ 0 & -\dfrac{12EI}{l^3} & -\dfrac{6EI}{l^2} & 0 & \dfrac{12EI}{l^3} & -\dfrac{6EI}{l^2} \\ 0 & \dfrac{6EI}{l^2} & \dfrac{2EI}{l} & 0 & -\dfrac{6EI}{l^2} & \dfrac{4EI}{l} \end{bmatrix} \begin{matrix} \overline{F}_{Ni}^e \\ \overline{F}_{Qi}^e \\ \overline{M}_i^e \\ \overline{F}_N^e \\ \overline{F}_{Qj}^e \\ \overline{M}_j^e \end{matrix} \end{array}
\tag{7-3}
$$

式（7-2）即为局部坐标系中一般单元的刚度方程。它实际上就是第 6 章讨论过的两端固定梁（无荷载作用）在考虑轴向变形后用杆端位移表述杆端力的矩阵形式。式（7-3）矩阵 $\overline{k}^e$ 称为局部坐标系中的单元刚度矩阵。$\overline{k}^e$ 中的元素称为刚度系数，其第 m 行第 n 列元素 $\overline{k}_{mn}^e$（m，$n = 1$，2，…，6）表示第 n 个杆端位移分量为 1、其余杆端位移分量均为零时，引起的第 m 个杆端力分量。例如，第 3 行第 2 列元素 $6EI/l^2$，就是第 2 个杆端位移分量 $\overline{v}_i^e$ 等于 1、其余杆端位移分量全为零时，引起的第 3 个杆端力分量 $\overline{M}_i^e$（图 7-3c）。显然，单元刚度矩阵中的行数等于杆端力分量数，列数等于杆端位移分量数。由于杆端力分量数与杆端位移分量数总是相同的，因此它是一个 6×6 阶方阵，且 $\overline{k}^e$ 的各元素总是按式（7-2a）杆端力列向量和杆端位移列向量的顺序——对应排列。为方便计算，可以像式（7-3）那样，在 $\overline{k}^e$ 的上方标注杆端位移分量，在右方标注杆端力分量。

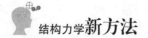

标注后，第 n 个位移分量引起的第 m 个杆端力分量的刚度系数，便可在 n 列 m 行交叉处迅速找到。

单元刚度矩阵具有如下两个重要性质：

（1）对称性。$\bar{k}^e$ 中的刚度系数 $\bar{k}_{mn}^e$ 和 $\bar{k}_{nm}^e$ 对称地处于主对角线两侧，对照图 7 - 3 可知：$\bar{k}_{mn}^e = \bar{k}_{nm}^e$，这一反力互等关系已由虚功原理和表 6 - 1 所证明。因此，$\bar{k}^e$ 是一个对称方阵。

（2）奇异性。若将式（7 - 3）中的第 1 行（列）元素与第 4 行（列）的对应元素相加，或者将第 2 行（列）元素与第 5 行（列）的对应元素相加，所得行（列）的各元素都为零，故 $\bar{k}^e$ 的行列式等于零，可知它的逆矩阵不存在，即 $\bar{k}^e$ 是一个奇异矩阵。因此，用单元刚度方程（7 - 2），只能由杆端位移 $\bar{\delta}^e$ 唯一地求出杆端力 $\bar{F}^e$，而不能由杆端力 $\bar{F}^e$ 唯一地确定杆端位移 $\bar{\delta}^e$。奇异性是由于自由单元完全没有外加约束，允许有刚体位移而产生的特性。

各种特殊单元的刚度方程无须另行推导，只要对一般单元的刚度方程作简单的修改便可得到，说明如下。

由式（7 - 2）中删去与杆端轴力对应的行以及与杆端轴向位移对应的列，便得到自由梁式单元的刚度方程：

$$\begin{bmatrix} \bar{F}_{Qi}^e \\ \bar{M}_i^e \\ \bar{F}_{Qj}^e \\ \bar{M}_j^e \end{bmatrix} = \begin{bmatrix} 12EI/l^3 & 6EI/l^2 & -12EI/l^3 & 6EI/l^2 \\ 6EI/l^2 & 4EI/l & -6EI/l^2 & 2EI/l \\ -12EI/l^3 & -6EI/l^2 & 12EI/l^3 & -6EI/l^2 \\ 6EI/l^2 & 2EI/l & -6EI/l^2 & 4EI/l \end{bmatrix} \begin{bmatrix} \bar{v}_i^e \\ \bar{\varphi}_i^e \\ \bar{v}_j^e \\ \bar{\varphi}_j^e \end{bmatrix} \qquad (7 - 4)$$

相应的单元刚度矩阵为：

$$\bar{k}^e = \begin{bmatrix} 12EI/l^3 & 6EI/l^2 & -12EI/l^3 & 6EI/l^2 \\ 6EI/l^2 & 4EI/l & -6EI/l^2 & 2EI/l \\ -12EI/l^3 & -6EI/l^2 & 12EI/l^3 & -6EI/l^2 \\ 6EI/l^2 & 2EI/l & -6EI/l^2 & 4EI/l \end{bmatrix} \qquad (7 - 5)$$

式（7 - 5）也是一个对称方阵和奇异矩阵。

由式（7 - 2）中删去与杆端剪力和杆端弯矩对应的行以及与杆端横向位移（即侧移）和转角对应的列，便得到桁架单元的刚度方程：

$$\begin{bmatrix} \bar{F}_{Ni}^e \\ \bar{F}_{Nj}^e \end{bmatrix} = \begin{bmatrix} EA/l & -EA/l \\ -EA/l & EA/l \end{bmatrix} \begin{bmatrix} \bar{u}_i^e \\ \bar{u}_j^e \end{bmatrix} \qquad (7 - 6)$$

相应的单元刚度矩阵为：

$$\bar{k}^e = \begin{bmatrix} \dfrac{EA}{l} & -\dfrac{EA}{l} \\ -\dfrac{EA}{l} & \dfrac{EA}{l} \end{bmatrix} \tag{7-7}$$

式（7-7）也是一个对称方阵和奇异矩阵。

连续梁单元的刚度方程也可由式（7-2）删去与杆端轴力、杆端剪力对应的行及与 $\bar{x}$、$\bar{y}$ 方向杆端位移对应的列而得到：

$$\begin{bmatrix} \bar{M}_i^e \\ \bar{M}_j^e \end{bmatrix} = \begin{bmatrix} \dfrac{4EI}{l} & \dfrac{2EI}{l} \\ \dfrac{2EI}{l} & \dfrac{4EI}{l} \end{bmatrix} \begin{bmatrix} \bar{\varphi}_i^e \\ \bar{\varphi}_j^e \end{bmatrix} \tag{7-8}$$

连续梁单元的刚度矩阵为：

$$\bar{k}^e = \begin{bmatrix} \dfrac{4EI}{l} & \dfrac{2EI}{l} \\ \dfrac{2EI}{l} & \dfrac{4EI}{l} \end{bmatrix} \tag{7-9}$$

需要指出，式（7-9）不是奇异矩阵，其逆矩阵是存在的。因为连续梁单元两端只有角位移，没有线位移，不会产生刚体位移，故由单元刚度方程式（7-8），可以任意指定转角求出相应的杆端弯矩，也可以任意指定杆端弯矩求出相应的杆端转角，而且都是唯一解。

7.3 单元刚度矩阵的坐标变换

局部坐标系是以杆件轴线建立的，在大多数平面结构中，杆轴方向是不同的，因此按局部坐标系表示的杆端力和杆端位移方向各异。而在结构整体分析时，为了由结点平衡条件及变形连续条件对单元进行组合，需要将各单元的杆端力和杆端位移统一到同一指定的方向。为此，必须选定一个统一的坐标系，称为结构坐标系或整体坐标系。本节讨论如何将局部坐标系中的单元杆端力、杆端位移和刚度矩阵转换成结构坐标系中的单元杆端力、杆端位移和刚度矩阵。

如图7-4所示一般单元 e，局部坐标系为 $O\bar{x}\bar{y}$，结构坐标系为 Oxy。$\boldsymbol{F}^e$ 和 $\boldsymbol{\delta}^e$ 分别表示结构坐标系中单元 e 的杆端力列向量和杆端位移列向量，即：

$$\left.\begin{array}{l} \boldsymbol{F}^e = \begin{bmatrix} F_{xi}^e & F_{yi}^e & M_i^e & F_{xj}^e & F_{yj}^e & M_j^e \end{bmatrix}^{\mathrm{T}} \\ \boldsymbol{\delta}^e = \begin{bmatrix} u_i^e & v_i^e & \varphi_i^e & u_j^e & v_j^e & \varphi_j^e \end{bmatrix}^{\mathrm{T}} \end{array}\right\} \tag{7-10}$$

其中，杆端力 F_x^e、F_y^e 和杆端位移 u^e、v^e 的指向与结构坐标系的正方向一致时为正，杆端弯矩 M^e 和杆端转角 φ^e 以逆时针转为正。

先考察两种坐标系中杆端力之间的变换关系。在两种坐标系中，弯矩都是垂直于平

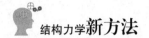

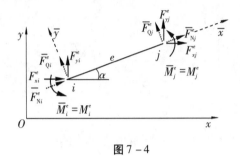

图 7-4

面的力偶矢量，不受平面内坐标变换的影响。因此，杆端弯矩 $\overline{M}_i^e$、$\overline{M}_j^e$ 从局部坐标系转换到结构坐标系，只需改写为 M_i^e、M_j^e，数值和方向都不变，即

$$\left.\begin{array}{l} \overline{M}_i^e = M_i^e \\ \overline{M}_j^e = M_j^e \end{array}\right\} \tag{a}$$

杆端力 $\overline{F}_N^e$ 和 $\overline{F}_Q^e$ 将随坐标转换而重新组合为沿结构坐标系方向的分力 F_x^e 和 F_y^e（通常是水平方向和竖直方向）。设结构坐标系的 x 轴旋转到局部坐标系的 $\overline{x}$ 轴角度为 α，逆时针转为正。根据力的投影关系，由图 7-4 可得：

$$\left.\begin{array}{l} \overline{F}_{Ni}^e = F_{xi}^e \cos\alpha + F_{yi}^e \sin\alpha \\ \overline{F}_{Qi}^e = -F_{xi}^e \sin\alpha + F_{yi}^e \cos\alpha \\ \overline{F}_{Nj}^e = F_{xj}^e \cos\alpha + F_{yj}^e \sin\alpha \\ \overline{F}_{Qj}^e = -F_{xj}^e \sin\alpha + F_{yj}^e \cos\alpha \end{array}\right\} \tag{b}$$

将式（a）、（b）按照从 i 到 j 的顺序排列，写成矩阵形式，则有

$$\begin{bmatrix} \overline{F}_{Ni}^e \\ \overline{F}_{Qi}^e \\ \overline{M}_i^e \\ \overline{F}_{Nj}^e \\ \overline{F}_{Qj}^e \\ \overline{M}_j^e \end{bmatrix} = \begin{bmatrix} \cos\alpha & \sin\alpha & 0 & 0 & 0 & 0 \\ -\sin\alpha & \cos\alpha & 0 & 0 & 0 & 0 \\ 0 & 0 & 1 & 0 & 0 & 0 \\ 0 & 0 & 0 & \cos\alpha & \sin\alpha & 0 \\ 0 & 0 & 0 & -\sin\alpha & \cos\alpha & 0 \\ 0 & 0 & 0 & 0 & 0 & 1 \end{bmatrix} \begin{bmatrix} F_{xi}^e \\ F_{yi}^e \\ M_i^e \\ F_{xj}^e \\ F_{yj}^e \\ M_j^e \end{bmatrix} \tag{7-11a}$$

或简写为：

$$\overline{F}^e = TF^e \tag{7-11b}$$

式（7-11）反映了两种坐标系中杆端力之间的转换关系。其中：

$$T = \begin{bmatrix} \cos\alpha & \sin\alpha & 0 & 0 & 0 & 0 \\ -\sin\alpha & \cos\alpha & 0 & 0 & 0 & 0 \\ 0 & 0 & 1 & 0 & 0 & 0 \\ 0 & 0 & 0 & \cos\alpha & \sin\alpha & 0 \\ 0 & 0 & 0 & -\sin\alpha & \cos\alpha & 0 \\ 0 & 0 & 0 & 0 & 0 & 1 \end{bmatrix} \tag{7-12}$$

式（7-12）是一个方阵，称为单元坐标转换矩阵。可以看出，T 的任一列元素的平方之和等于 1，且任一列元素与另一列对应元素乘积之和等于零，符合正交矩阵的判别定理，这表明 T 是一个正交矩阵。由正交矩阵的特性可知，T 的逆矩阵等于 T 的转置矩阵，即

$$T^{-1} = T^{T} \tag{7-13a}$$

或

$$T^{-1}T = T^{T}T = I \tag{7-13b}$$

式中 I 为与 T 同阶的单位矩阵。

类似地，可得到两种坐标系中杆端位移之间的转换关系：

$$\begin{bmatrix} \overline{u}_i^e \\ \overline{v}_i^e \\ \overline{\varphi}_i^e \\ \overline{u}_j^e \\ \overline{v}_j^e \\ \overline{\varphi}_j^e \end{bmatrix} = \begin{bmatrix} \cos\alpha & \sin\alpha & 0 & 0 & 0 & 0 \\ -\sin\alpha & \cos\alpha & 0 & 0 & 0 & 0 \\ 0 & 0 & 1 & 0 & 0 & 0 \\ 0 & 0 & 0 & \cos\alpha & \sin\alpha & 0 \\ 0 & 0 & 0 & -\sin\alpha & \cos\alpha & 0 \\ 0 & 0 & 0 & 0 & 0 & 1 \end{bmatrix} \begin{bmatrix} u_i^e \\ v_i^e \\ \varphi_i^e \\ u_j^e \\ v_j^e \\ \varphi_j^e \end{bmatrix} \tag{7-14a}$$

或简写为：

$$\overline{\boldsymbol{\delta}}^e = \boldsymbol{T}\boldsymbol{\delta}^e \tag{7-14b}$$

由式（7-2b）有：

$$\overline{\boldsymbol{F}}^e = \overline{\boldsymbol{k}}^e \overline{\boldsymbol{\delta}}^e \tag{7-15}$$

将式（7-11b）和式（7-14b）代入式（7-15），有 $\boldsymbol{T}\boldsymbol{F}^e = \overline{\boldsymbol{k}}^e \boldsymbol{T}\boldsymbol{\delta}^e$，两边同时左乘 $\boldsymbol{T}^{-1}$，得

$$\boldsymbol{F}^e = \boldsymbol{T}^{-1}\overline{\boldsymbol{k}}^e \boldsymbol{T}\boldsymbol{\delta}^e \tag{7-16a}$$

或写为：

$$\boldsymbol{F}^e = \boldsymbol{k}^e \boldsymbol{\delta}^e \tag{7-16b}$$

其中

$$\boldsymbol{k}^e = \boldsymbol{T}^{T}\overline{\boldsymbol{k}}^e \boldsymbol{T} \tag{7-17}$$

式（7-16）就是结构坐标系中一般单元的单元刚度方程，式（7-17）是单元刚度矩阵由局部坐标系向结构坐标系转换的运算公式。

将式（7-3）的 $\overline{\boldsymbol{k}}^e$ 和式（7-12）的 $\boldsymbol{T}$（再由 $\boldsymbol{T}$ 求出 $\boldsymbol{T}^{T}$）一并代入式（7-17）进行运算，便得到一般单元结构坐标系的单元刚度矩阵 $\boldsymbol{k}^e$（为方便书写，式中用 c 表示 $\cos\alpha$，用 s 表示 $\sin\alpha$，下同）：

$$\boldsymbol{k}^e = \begin{bmatrix} \left(\dfrac{EA}{l}c^2 + \dfrac{12EI}{l^3}s^2\right) & \left(\dfrac{EA}{l} - \dfrac{12EI}{l^3}\right)cs & -\dfrac{6EI}{l^2}s & \left(-\dfrac{EA}{l}c^2 - \dfrac{12EI}{l^3}s^2\right) & \left(-\dfrac{EA}{l} + \dfrac{12EI}{l^3}\right)cs & -\dfrac{6EI}{l^2}s \\[2ex] \left(\dfrac{EA}{l} - \dfrac{12EI}{l^3}\right)cs & \left(\dfrac{EA}{l}s^2 + \dfrac{12EI}{l^3}c^2\right) & \dfrac{6EI}{l^2}c & \left(-\dfrac{EA}{l} + \dfrac{12EI}{l^3}\right)cs & \left(-\dfrac{EA}{l}s^2 - \dfrac{12EI}{l^3}c^2\right) & \dfrac{6EI}{l^2}c \\[2ex] -\dfrac{6EI}{l^2}s & \dfrac{6EI}{l^2}c & \dfrac{4EI}{l} & \dfrac{6EI}{l^2}s & -\dfrac{6EI}{l^2}c & \dfrac{2EI}{l} \\[2ex] \left(-\dfrac{EA}{l}c^2 - \dfrac{12EI}{l^3}s^2\right) & \left(-\dfrac{EA}{l} + \dfrac{12EI}{l^3}\right)cs & \dfrac{6EI}{l^2}s & \left(\dfrac{EA}{l}c^2 + \dfrac{12EI}{l^3}s^2\right) & \left(\dfrac{EA}{l} - \dfrac{12EI}{l^3}\right)cs & \dfrac{6EI}{l^2}s \\[2ex] \left(-\dfrac{EA}{l} + \dfrac{12EI}{l^3}\right)cs & \left(-\dfrac{EA}{l}s^2 - \dfrac{12EI}{l^3}c^2\right) & -\dfrac{6EI}{l^2}c & \left(\dfrac{EA}{l} - \dfrac{12EI}{l^3}\right)cs & \left(\dfrac{EA}{l}s^2 + \dfrac{12EI}{l^3}c^2\right) & -\dfrac{6EI}{l^2}c \\[2ex] -\dfrac{6EI}{l^2}s & \dfrac{6EI}{l^2}c & \dfrac{2EI}{l} & \dfrac{6EI}{l^2}s & -\dfrac{6EI}{l^2}c & \dfrac{4EI}{l} \end{bmatrix} \tag{7-18}$$

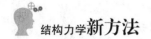

坐标变换并不改变单元刚度矩阵原来的性质，因此 $\boldsymbol{k}^e$ 仍具有对称性和奇异性。

各种特殊单元，同样可按照上述作法进行坐标变换。例如平面桁架单元，设 x 轴到 $\bar{x}$ 轴的角度为 α（图 7-5），则其在结构坐标系中的杆端力列向量和相应的杆端位移列向量分别为：

$$\boldsymbol{F}^e = \left\{\begin{array}{c} \boldsymbol{F}_i^e \\ \hdashline \boldsymbol{F}_j^e \end{array}\right\} = \begin{bmatrix} F_{xi}^e \\ F_{yi}^e \\ \hdashline F_{xj}^e \\ F_{yj}^e \end{bmatrix} \qquad \boldsymbol{\delta}^e = \left\{\begin{array}{c} \boldsymbol{\delta}_i^e \\ \hdashline \boldsymbol{\delta}_j^e \end{array}\right\} = \begin{bmatrix} u_i^e \\ v_i^e \\ \hdashline u_j^e \\ v_j^e \end{bmatrix} \qquad (7-19\text{a})$$

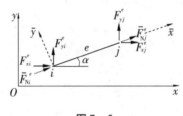

图 7-5

为了便于坐标转换，将式（7-1c）改写为：

$$\left.\begin{array}{l} \overline{\boldsymbol{F}}^e = \begin{bmatrix} \overline{F}_{Ni}^e & 0 & \overline{F}_{Nj}^e & 0 \end{bmatrix}^{\mathrm{T}} \\ \overline{\boldsymbol{\delta}}^e = \begin{bmatrix} \overline{u}_i^e & \overline{v}_i^e & \overline{u}_j^e & \overline{v}_j^e \end{bmatrix}^{\mathrm{T}} \end{array}\right\} \qquad (7-19\text{b})$$

式（7-7）改写成

$$\overline{\boldsymbol{k}}^e = \begin{bmatrix} \dfrac{EA}{l} & 0 & -\dfrac{EA}{l} & 0 \\ 0 & 0 & 0 & 0 \\ \hdashline -\dfrac{EA}{l} & 0 & \dfrac{EA}{l} & 0 \\ 0 & 0 & 0 & 0 \end{bmatrix} \qquad (7-19\text{c})$$

坐标转换矩阵 $\boldsymbol{T}$ 为：

$$\boldsymbol{T} = \begin{bmatrix} c & s & 0 & 0 \\ -s & c & 0 & 0 \\ \hdashline 0 & 0 & c & s \\ 0 & 0 & -s & c \end{bmatrix} \qquad (7-20)$$

将式（7-19c）的 $\overline{\boldsymbol{k}}^e$ 和式（7-20）的 $\boldsymbol{T}$（并由 $\boldsymbol{T}$ 求出 $\boldsymbol{T}^{\mathrm{T}}$）代入式（7-17）中进行运算，可得结构坐标系下桁架单元刚度矩阵为：

$$k^e = \frac{EA}{l} \begin{bmatrix} c^2 & cs & -c^2 & -cs \\ cs & s^2 & -cs & -s^2 \\ -c^2 & -cs & c^2 & cs \\ -cs & -s^2 & cs & s^2 \end{bmatrix} \quad (7-21)$$

事实上，各种特殊单元的刚度矩阵 k^e，均可由式（7-18）经过简单的修改得到。例如，由式（7-18）删去与两端弯矩有关的第 3、6 行与列，再去掉与 EI 有关的项，便得到桁架单元刚度矩阵式（7-21）。同样，在式（7-18）中删去与 EA 有关的项，则得到自由梁式单元的刚度矩阵 k^e：

$$k^e = \begin{bmatrix} \frac{12EI}{l^3}s^2 & -\frac{12EI}{l^3}cs & -\frac{6EI}{l^2}s & -\frac{12EI}{l^3}s^2 & \frac{12EI}{l^3}cs & -\frac{6EI}{l^2}s \\ -\frac{12EI}{l^3}cs & \frac{12EI}{l^3}c^2 & \frac{6EI}{l^2}c & \frac{12EI}{l^3}cs & -\frac{12EI}{l^3}c^2 & \frac{6EI}{l^2}c \\ -\frac{6EI}{l^2}s & \frac{6EI}{l^2}c & \frac{4EI}{l} & \frac{6EI}{l^2}s & -\frac{6EI}{l^2}c & \frac{2EI}{l} \\ -\frac{12EI}{l^3}s^2 & \frac{12EI}{l^3}cs & \frac{6EI}{l^2}s & \frac{12EI}{l^3}s^2 & -\frac{12EI}{l^3}cs & \frac{6EI}{l^2}s \\ \frac{12EI}{l^3}cs & -\frac{12EI}{l^3}c^2 & -\frac{6EI}{l^2}c & -\frac{12EI}{l^3}cs & \frac{12EI}{l^3}c^2 & -\frac{6EI}{l^2}c \\ -\frac{6EI}{l^2}s & \frac{6EI}{l^2}c & \frac{2EI}{l} & \frac{6EI}{l^2}s & -\frac{6EI}{l^2}c & \frac{4EI}{l} \end{bmatrix} \quad (7-22)$$

由式（7-18）删去与轴力、剪力相关的第 1、2、4、5 行与列，就得到连续梁单元刚度矩阵。由于连续梁单元局部坐标 $\bar{x}$ 轴与结构坐标 x 轴方向一致，因此连续梁单元的 k^e 与 $\bar{k}^e$ 相同。

以上表明，式（7-18）是结构坐标系中单元刚度矩阵最一般的形式。

对单元进行坐标变换的目的，一是将各单元不同方向的杆端力、杆端位移转换到统一指定的方向，以便进行整体分析；二是求出结构坐标系下的结点位移以后，便于计算局部坐标系下的各单元杆端力。

鉴于各种特殊单元在两种坐标系中的刚度方程均可由一般单元刚度方程经过修改而得到，因此，编写矩阵位移法计算程序时，既可以按某种特殊单元编写（程序相对简单，但计算的结构类型单一），也可以按一般单元编写（程序相对复杂，但计算的结构类型广）。

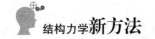

7.4 结构刚度矩阵

为了求出未知结点位移,在单元分析的基础上,还要对结构进行整体分析,作法是:

首先根据变形连续条件,用结构的结点位移代换结构坐标系中的单元杆端位移,得到结点位移描述的单元杆端力;其次根据结点平衡条件,建立单元杆端力和结点荷载的关系式,得到结点位移和结点荷载之间的方程,即结构刚度方程,具体说明如下。

对图 7-6a 所示平面刚架,按相邻两个结点之间的杆件 AC、CD、BD,将结构划分为 3 个单元,编码为①、②、③,表示单元的第一个字母为始端,第二个为末端,由始端 i 到末端 j 的指向为局部坐标 $\bar{x}$ 轴正向。选取结构坐标系,见图 7-6b。结构有刚结点 C 和 D,每个结点有两个线位移和一个角位移,即 C 点水平位移 u_C、竖向位移 v_C、转角 φ_C,D 点水平位移 u_D、竖向位移 v_D、转角 φ_D,各结点线位移以沿 x、y 轴正向为正,角位移以逆时针转向为正。6 个结点位移分量依次排成一列阵,即为结构的结点位移列向量:

$$\boldsymbol{\Delta} = \begin{bmatrix} u_C & v_C & \varphi_C & u_D & v_D & \varphi_D \end{bmatrix}^T \tag{a}$$

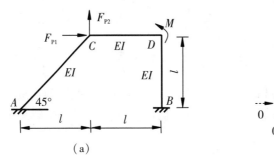
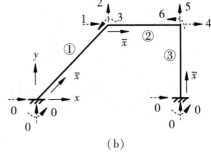

(a)　　　　　　　　　　　　(b)

图 7-6

对 6 个结点位移分量用统一的数码(称为总码)1、2、3、4、5、6 编写,总码与结点位移分量一一对应,例如总码"1"是 u_C,总码"3"是 φ_C,等等。支座 A、B 处线位移、转角都为零,相应的结点位移分量总码都用"0"表示。

本例刚架只有结点荷载(非结点荷载按下节方法处理),结点荷载分量与结点位移分量一一对应。因此,结点位移分量总码也就确定了对应的结点荷载分量。例如,总码 1 对应的结点荷载分量为 F_{P1};总码 6 对应的结点荷载分量为 M。因此,根据结点位移分量或者总码又可列出结点荷载列向量:

$$\boldsymbol{F} = \begin{bmatrix} F_{P1} & F_{P2} & 0 & 0 & 0 & M \end{bmatrix}^T \tag{b}$$

结点荷载分量的正负号规定与相应的结点位移分量相同。

为了用结点位移代换结构坐标系下的单元杆端位移,下面引入单元定位向量的概念。

由图 7-6b 可知,同一结点处,结点位移分量与结构坐标下单元杆端位移分量完全相同，因而总码也相同。例如结点 C 的三个位移分量 u_c、v_c、φ_c，与结构坐标下单元①j 端位移分量 $u_j^①$、$v_j^①$、$\varphi_j^①$ 和单元②i 端位移分量 $u_i^②$、$v_i^②$、$\varphi_i^②$ 完全相同，总码同为 1、2、3。结构坐标下单元②j 端位移分量 $u_j^②$、$v_j^②$、$\varphi_j^②$ 和单元③j 端位移分量 $u_j^③$、$v_j^③$、$\varphi_j^③$ 与结点 D 的位移分量 u_D、v_D、φ_D 完全相同，总码均为 4、5、6。可见，总码是连接结构坐标下单元杆端位移分量与结点位移分量的桥梁。这种用总码表示结点位移分量与单元杆端位移分量对应关系的一列数，称为单元定位向量，用 $\boldsymbol{\lambda}$ 加单元编码上标表示。如上所述，本例 3 个单元定位向量为：

$$\boldsymbol{\lambda}^① = \begin{bmatrix} 0 & 0 & 0 & 1 & 2 & 3 \end{bmatrix}^T$$
$$\boldsymbol{\lambda}^② = \begin{bmatrix} 1 & 2 & 3 & 4 & 5 & 6 \end{bmatrix}^T \qquad (c)$$
$$\boldsymbol{\lambda}^③ = \begin{bmatrix} 0 & 0 & 0 & 4 & 5 & 6 \end{bmatrix}^T$$

对单元①，有 $l_1 = \sqrt{2}l$，$\alpha_1 = 45°$，代入式（7-18）求出结构坐标下的单元刚度矩阵 $\boldsymbol{k}^①$。然后在 $\boldsymbol{k}^①$ 的上方和右方标注单元定位向量 $\boldsymbol{\lambda}^①$ 的总码，则有：

$$\boldsymbol{k}^① = 1/(2\sqrt{2}) \begin{array}{c} \begin{array}{cccccc} 0 & \quad 0 & \quad 0 & \quad 1 & \quad\quad 2 & \quad 3 \end{array} \\ \begin{bmatrix} a+6b & a-6b & -6c & -a-6b & -a+6b & -6c \\ a-6b & a+6b & 6c & -a+6b & -a-6b & 6c \\ -6c & 6c & 8d & 6c & -6c & 4d \\ -a-6b & -a+6b & 6c & a+6b & a-6b & 6c \\ -a+6b & -a-6b & -6c & a-6b & a+6b & -6c \\ -6c & 6c & 4d & 6c & -6c & 8d \end{bmatrix} \end{array} \begin{array}{c} 0 \\ 0 \\ 0 \\ 1 \\ 2 \\ 3 \end{array}$$

矩阵中 $a = EA/l$，$b = EI/l^3$，$c = EI/l^2$，$d = EI/l$，下同。

$\boldsymbol{k}^①$ 上方的总码表示结点位移分量，也是单元①的杆端位移分量。由于杆端位移分量与杆端力分量一一对应，因此，$\boldsymbol{k}^①$ 右方的总码就是单元①的杆端力分量。于是，根据 $\boldsymbol{k}^①$ 上方和右方的总码，就可以确定结点位移分量引起的单元杆端力分量的刚度系数。

例如，结点位移 u_c（总码为 1）引起单元①j 端力 $F_{Cy}^①$（总码为 2）的刚度系数，就是上方总码"1"的列与右方总码"2"的行交叉处之值"$(a-6b)/(2\sqrt{2})$"。又如，上方总码"3"的列与右方总码"1"的行交叉处的刚度系数"$6c/(2\sqrt{2})$"，就是总码为"3"的结点位移分量 φ_C 为 1、其余结点位移分量均为零时，引起总码为"1"的单元①j 端杆端力 $F_{Cx}^①$。

上方总码为"0"，表示结点位移分量为零，不会引起杆端力。故总码"0"对应的列不必计算；右方总码为"0"，表示该杆端力分量处无结点位移，与结构刚度方程无关，所以总码"0"对应的行也不必计算。总之，结构刚度方程只与非零总码的行、列对应元素有关。为方便叙述，用 $k_{mn}^①$（m，$n = 1$、2、3）表示 $\boldsymbol{k}^①$ 矩阵中非零总码 m 行、n 列交叉处的刚度系数。例如，$k_{11}^①$ 表示总码 1 行 1 列交叉处的系数"$(a+6b)/(2\sqrt{2})$"，$k_{23}^①$ 表示总码 2 行 3 列交叉处的系数"$-6c/(2\sqrt{2})$"。将刚度系数 $k_{mn}^①$ 与总码 1、2、3 表示的结点

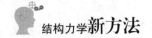

位移分量 u_C、v_C、φ_C 相乘，就是用结点 C 的位移分量描述的单元①j 端杆端力分量：

$$\begin{bmatrix} F_{Cx}^{①} \\ F_{Cy}^{①} \\ M_C^{①} \end{bmatrix} = \begin{bmatrix} k_{11}^{①} & k_{12}^{①} & k_{13}^{①} \\ k_{21}^{①} & k_{22}^{①} & k_{23}^{①} \\ k_{31}^{①} & k_{32}^{①} & k_{33}^{①} \end{bmatrix} \begin{bmatrix} u_C \\ v_C \\ \varphi_C \end{bmatrix} \tag{d}$$

式（d）刚度矩阵中的元素，就是 $\boldsymbol{k}^{①}$ 中由总码 1、2、3 指出的行、列相交处的元素。

类似地，对单元②，有 $l_2 = l$，$\alpha_2 = 0°$，代入式（7-18）求出 $\boldsymbol{k}^{②}$，并将 $\boldsymbol{\lambda}^{②}$ 的总码标注在 $\boldsymbol{k}^{②}$ 的上方和右方可得：

$$\boldsymbol{k}^{②} = \begin{array}{cccccc} 1 & 2 & 3 & 4 & 5 & 6 \end{array}$$
$$\boldsymbol{k}^{②} = \begin{bmatrix} a & 0 & 0 & -a & 0 & 0 \\ 0 & 12b & 6c & 0 & -12b & 6c \\ 0 & 6c & 4d & 0 & -6c & 2d \\ -a & 0 & 0 & a & 0 & 0 \\ 0 & -12b & -6c & 0 & 12b & -6c \\ 0 & 6c & 2d & 0 & -6c & 4d \end{bmatrix} \begin{matrix} 1 \\ 2 \\ 3 \\ 4 \\ 5 \\ 6 \end{matrix}$$

$\boldsymbol{k}^{②}$ 上方总码（1、2、3）、（4、5、6）分别是结点 C、D 的位移分量总码，右方总码则表示单元②i、j 端的杆端力分量。$\boldsymbol{k}^{②}$ 上方、右方没有 "0" 总码，将刚度系数 $k_{mn}^{②}$ 与总码（1，2，…，6）表示的结点位移分量相乘，即得用结点 C、D 的位移分量描述的单元②杆端力分量：

$$\begin{bmatrix} F_{Cx}^{②} \\ F_{Cy}^{②} \\ M_C^{②} \\ F_{Dx}^{②} \\ F_{Dy}^{②} \\ M_D^{②} \end{bmatrix} = \begin{bmatrix} k_{11}^{②} & k_{12}^{②} & k_{13}^{②} & k_{14}^{②} & k_{15}^{②} & k_{16}^{②} \\ k_{21}^{②} & k_{22}^{②} & k_{23}^{②} & k_{24}^{②} & k_{25}^{②} & k_{26}^{②} \\ k_{31}^{②} & k_{32}^{②} & k_{33}^{②} & k_{34}^{②} & k_{35}^{②} & k_{36}^{②} \\ k_{41}^{②} & k_{42}^{②} & k_{43}^{②} & k_{44}^{②} & k_{45}^{②} & k_{46}^{②} \\ k_{51}^{②} & k_{52}^{②} & k_{53}^{②} & k_{54}^{②} & k_{55}^{②} & k_{56}^{②} \\ k_{61}^{②} & k_{62}^{②} & k_{63}^{②} & k_{64}^{②} & k_{65}^{②} & k_{66}^{②} \end{bmatrix} \begin{bmatrix} u_C \\ v_C \\ \varphi_C \\ u_D \\ v_D \\ \varphi_D \end{bmatrix} \tag{e}$$

式（e）刚度矩阵中的元素，就是 $\boldsymbol{k}^{②}$ 中的元素。

与上相同。对单元③，有 $l_3 = l$，$\alpha_3 = 90°$，由式（7-18）求出 $\boldsymbol{k}^{③}$，在其上方和右方标出 $\boldsymbol{\lambda}^{③}$ 总码可得：

$$
\mathbf{k}^{③} =
\begin{array}{c}
\begin{array}{cccccc} 0 & 0 & 0 & 4 & 5 & 6 \end{array}\\
\left[
\begin{array}{cccccc}
12b & 0 & -6c & -12b & 0 & -6c\\
0 & a & 0 & 0 & -a & 0\\
-6c & 0 & 4d & 6c & 0 & 2d\\
-12b & 0 & 6c & 12b & 0 & 6c\\
0 & -a & 0 & 0 & a & 0\\
-6c & 0 & 2d & 6c & 0 & 4d
\end{array}
\right]
\begin{array}{c} 0\\ 0\\ 0\\ 4\\ 5\\ 6 \end{array}
\end{array}
$$

删去 $\mathbf{k}^{③}$ 总码 "0" 对应的行、列元素，由非零总码对应的元素 $k_{mn}^{③}$ 与总码（4、5、6）表示的位移分量相乘，可得结点 D 的位移分量描述的单元③j 端杆端力分量：

$$
\begin{bmatrix} F_{Dy}^{③}\\ F_{Dx}^{③}\\ M_D^{③} \end{bmatrix} =
\begin{bmatrix}
k_{44}^{③} & k_{45}^{③} & k_{46}^{③}\\
k_{54}^{③} & k_{55}^{③} & k_{56}^{③}\\
k_{64}^{③} & k_{65}^{③} & k_{66}^{③}
\end{bmatrix}
\begin{bmatrix} u_D\\ v_D\\ \varphi_D \end{bmatrix} \tag{f}
$$

式（f）刚度矩阵中的元素，就是 $\mathbf{k}^{③}$ 中由总码（4、5、6）指出的行、列相交处的元素。

综上所述，按式（7-18）求出单元刚度矩阵 $\mathbf{k}^e$ 后，将 $\boldsymbol{\lambda}^e$ 的总码标在其上方和右方，则由非零总码 n 表示的结点位移与刚度元素 k_{mn}^e 相乘，即得非零总码 m 表示的单元杆端力。

下面讨论结构刚度方程的建立。

结点荷载分量和汇交于同一结点各单元对应的杆端力分量必然平衡。由于结点荷载中集中力与 x、y 坐标正向一致为正，弯矩以逆时针转为正，而杆端作用于结点的轴力、剪力正值与 x、y 坐标正向相反，弯矩为顺时针转。于是，由结点 C、D 的平衡条件有：

$$
F_{Cx}^{①} + F_{Cx}^{②} = F_{P1} \qquad F_{Cy}^{①} + F_{Cy}^{②} = F_{P2} \qquad M_C^{①} + M_C^{②} = 0
$$

$$
F_{Dx}^{②} + F_{Dx}^{③} = 0 \qquad F_{Dy}^{②} + F_{Dy}^{③} = 0 \qquad M_D^{②} + M_D^{③} = M
$$

将式（d）（e）（f）代入以上各式可得：

$$
\begin{bmatrix}
k_{11}^{①}+k_{11}^{②} & k_{12}^{①}+k_{12}^{②} & k_{13}^{①}+k_{13}^{②} & k_{14}^{②} & k_{15}^{②} & k_{16}^{②}\\
k_{21}^{①}+k_{21}^{②} & k_{22}^{①}+k_{22}^{②} & k_{23}^{①}+k_{23}^{②} & k_{24}^{②} & k_{25}^{②} & k_{26}^{②}\\
k_{31}^{①}+k_{31}^{②} & k_{32}^{①}+k_{32}^{②} & k_{33}^{①}+k_{33}^{②} & k_{34}^{②} & k_{35}^{②} & k_{36}^{②}\\
k_{41}^{②} & k_{42}^{②} & k_{43}^{②} & k_{44}^{②}+k_{44}^{③} & k_{45}^{②}+k_{45}^{③} & k_{46}^{②}+k_{46}^{③}\\
k_{51}^{②} & k_{52}^{②} & k_{53}^{②} & k_{54}^{②}+k_{54}^{③} & k_{55}^{②}+k_{55}^{③} & k_{56}^{②}+k_{56}^{③}\\
k_{61}^{②} & k_{62}^{②} & k_{63}^{②} & k_{64}^{②}+k_{64}^{③} & k_{65}^{②}+k_{65}^{③} & k_{66}^{②}+k_{66}^{③}
\end{bmatrix}
\begin{bmatrix} u_C\\ v_C\\ \varphi_C\\ u_D\\ v_D\\ \varphi_D \end{bmatrix} =
\begin{bmatrix} F_{P1}\\ F_{P2}\\ 0\\ 0\\ 0\\ M \end{bmatrix} \tag{g}
$$

上式就是图 7-6a 所示刚架用结点位移描述的单元杆端力与结点荷载的平衡方程，反映了结点荷载与结点位移之间的关系，称为结构刚度方程。式（g）可简写为：

$$
\mathbf{F} = \mathbf{K}\boldsymbol{\Delta} \tag{7-23}
$$

式中 K 为结构刚度矩阵。将 K 的各元素还原成各单元刚度矩阵中的对应元素可得：

$$K=(1/2\sqrt{2})\begin{bmatrix} (1+2\sqrt{2})a+6b & a-6b & 6c & -2\sqrt{2}a & 0 & 0 \\ a-6b & a+(6+24\sqrt{2})b & (-6+12\sqrt{2})c & 0 & -24\sqrt{2}b & 12\sqrt{2}c \\ 6c & (-6+12\sqrt{2})c & (8+8\sqrt{2})d & 0 & -12\sqrt{2}c & 4\sqrt{2}d \\ -2\sqrt{2}a & 0 & 0 & 2\sqrt{2}a+24\sqrt{2}b & 0 & 12\sqrt{2}c \\ 0 & -24\sqrt{2}b & -12\sqrt{2}c & 0 & 2\sqrt{2}a+24\sqrt{2}b & -12\sqrt{2}c \\ 0 & 12\sqrt{2}c & 4\sqrt{2}d & 12\sqrt{2}c & -12\sqrt{2}c & 16\sqrt{2}d \end{bmatrix} \quad (h)$$

对比式（g）中的 K 和式（h）可以看出：结构坐标下单元刚度矩阵中某元素所在行和列的总码，就是该元素在结构刚度矩阵中的行列号，将它们按照总码指引的行、列"对号入座"送入结构刚度矩阵（总码有"0"的元素不送入），再将处于同一位置的不同单元的元素求和，即得结构刚度矩阵。这种直接集成结构刚度矩阵的方法称为直接刚度法。

结构刚度矩阵中每个元素的物理意义为：当其所在列对应的结点位移分量等于1、其余结点位移分量均为零时，其所在行对应的是结点力分量所应有的数值。

结构刚度矩阵 K 具有以下性质：

（1）对称矩阵。刚度矩阵中主对角线两侧对称位置元素相等：$k_{mn}=k_{nm}$。

（2）稀疏矩阵。结构的结点较多时，非零元素在主对角线两侧一定宽度的带状区域内增多。

（3）可逆矩阵。按直接刚度法集成 K 时，已考虑了支承条件和变形连续条件。只要给定结点荷载 F 的具体值，便可由式（7-23）求出唯一的结点位移 Δ，故 K 的逆矩阵 K^{-1} 存在。

需要指出，整体分析时，单元和结点可以任意编号，并不影响最后计算结果。但为了避免混乱，通常都是按一定的顺序编号。

现将矩阵位移法建立结构刚度方程的步骤归纳如下：

（1）将结构划分单元并编号，选取各单元坐标系和结构坐标系。

（2）将各结点位移分量依次编码（总码），建立结点位移列向量 Δ 及相应的结点荷载列向量 F，按变形连续条件写出单元定位向量 λ^e。

（3）计算结构坐标系下的单元刚度矩阵 k^e，并将 λ^e 总码标在 k^e 的上方和右方。

（4）按照 k^e 上方和右方的非零总码，将各元素"对号入座"送到结构刚度矩阵对应的行列位置，再将同一位置不同单元的元素求和，即得结构刚度矩阵 K。

（5）按式（7-23）列出结构刚度方程。

例7-1 试用直接刚度法建立图7-7a所示刚架的结构刚度方程。各杆 $E=200\text{GPa}$，$I=30\times10^{-5}\text{m}^4$。计算时忽略杆件轴向变形。

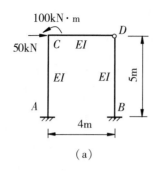 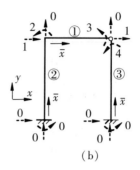

图 7 - 7

解：（1）本例不计轴向变形，按自由梁式单元计算。按相邻结点之间的杆件 CD、AC、BD，将结构划分为三个单元，编号为①、②、③。结构坐标系和单元坐标系如图 7 - 7b 所示。

（2）建立 $\boldsymbol{\Delta}$、$\boldsymbol{F}$、$\boldsymbol{\lambda}^e$。

结点位移为：C 点水平位移 u_C、竖向位移 $v_C = 0$、转角 φ_C，总码为 1、0、2；CD 杆 D 点水平位移 u_D（$= u_C$）、竖向位移 $v_D = 0$、转角 φ_{DC}，总码为 1、0、3；BD 杆 D 点水平位移 u_D（$= u_C$）、竖向位移 $v_D = 0$、转角 φ_{DB}，总码为 1、0、4；A、B 点各位移分量均为零。结点位移列向量 $\boldsymbol{\Delta}$ 为：

$$\boldsymbol{\Delta} = \begin{bmatrix} u_C & \varphi_C & \varphi_{DC} & \varphi_{DB} \end{bmatrix}^T$$

结点荷载列向量与结点位移列向量一一对应，对照图 7 - 7a、b 可写出：

$$\boldsymbol{F} = \begin{bmatrix} 50 & 100 & 0 & 0 \end{bmatrix}^T$$

对照图 7 - 7b，根据各单元始、末端与结构结点的对应关系，列出单元定位向量 $\boldsymbol{\lambda}^e$。

单元①，始端 i 与结点 C 的位移分量一一对应，总码相同，末端 j 与 CD 杆 D 点位移分量一一对应，总码相同，据此可写出单元①的定位向量：

$$\boldsymbol{\lambda}^① = \begin{bmatrix} 1 & 0 & 2 & 1 & 0 & 3 \end{bmatrix}^T$$

同样的分析可写出单元②、③的定位向量：

$$\boldsymbol{\lambda}^② = \begin{bmatrix} 0 & 0 & 0 & 1 & 0 & 2 \end{bmatrix}^T$$

$$\boldsymbol{\lambda}^③ = \begin{bmatrix} 0 & 0 & 0 & 1 & 0 & 4 \end{bmatrix}^T$$

（3）计算结构坐标下的单元刚度矩阵 $\boldsymbol{k}^e$。

单元①：$EI = 60 \times 10^3 \, \text{kN} \cdot \text{m}$，$l = 4\text{m}$，$\alpha_1 = 0°$，代入式（7 - 22）求出 $\boldsymbol{k}^①$，并在 $\boldsymbol{k}^①$ 上方和右方标出 $\boldsymbol{\lambda}^①$ 总码得：

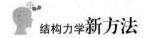

$$
k^{\textcircled{1}} = 10^3 \times
\begin{array}{cccccc}
1 & 0 & 2 & 1 & 0 & 3 \\
\end{array}
$$

$$
k^{\textcircled{1}} = 10^3 \times
\begin{bmatrix}
0 & 0 & 0 & 0 & 0 & 0 \\
0 & 11.25 & 22.5 & 0 & -11.25 & 22.5 \\
0 & 22.5 & 60 & 0 & -22.5 & 30 \\
0 & 0 & 0 & 0 & 0 & 0 \\
0 & -11.25 & -22.5 & 0 & 11.25 & -22.5 \\
0 & 22.5 & 30 & 0 & -22.5 & 60
\end{bmatrix}
\begin{array}{c}
1 \\ 0 \\ 2 \\ 1 \\ 0 \\ 3
\end{array}
$$

单元②：$EI = 60 \times 10^3 \text{kN} \cdot \text{m}$，$l = 5\text{m}$，$\alpha_2 = 90°$，由式（7-22）求出 $k^{\textcircled{2}}$，并在 $k^{\textcircled{2}}$ 上方和右方标出 $\lambda^{\textcircled{2}}$ 总码得：

$$
\begin{array}{cccccc}
0 & 0 & 0 & 1 & 0 & 2
\end{array}
$$
$$
k^{\textcircled{2}} = 10^3 \times
\begin{bmatrix}
5.76 & 0 & -14.4 & -5.76 & 0 & -14.4 \\
0 & 0 & 0 & 0 & 0 & 0 \\
-14.4 & 0 & 48 & 14.4 & 0 & 24 \\
-5.76 & 0 & 14.4 & 5.76 & 0 & 14.4 \\
0 & 0 & 0 & 0 & 0 & 0 \\
-14.4 & 0 & 24 & 14.4 & 0 & 48
\end{bmatrix}
\begin{array}{c}
0 \\ 0 \\ 0 \\ 1 \\ 0 \\ 2
\end{array}
$$

单元③：$EI = 60 \times 10^3 \text{kN} \cdot \text{m}$，$l = 5\text{m}$，$\alpha_3 = 90°$，代入式（7-22）求出 $k^{\textcircled{3}}$，并在 $k^{\textcircled{3}}$ 上方和右方标出 $\lambda^{\textcircled{3}}$ 总码得：

$$
\begin{array}{cccccc}
0 & 0 & 0 & 1 & 0 & 4
\end{array}
$$
$$
k^{\textcircled{3}} = 10^3 \times
\begin{bmatrix}
5.76 & 0 & -14.4 & -5.76 & 0 & -14.4 \\
0 & 0 & 0 & 0 & 0 & 0 \\
-14.4 & 0 & 48 & 14.4 & 0 & 24 \\
-5.76 & 0 & 14.4 & 5.76 & 0 & 14.4 \\
0 & 0 & 0 & 0 & 0 & 0 \\
-14.4 & 0 & 24 & 14.4 & 0 & 48
\end{bmatrix}
\begin{array}{c}
0 \\ 0 \\ 0 \\ 1 \\ 0 \\ 4
\end{array}
$$

（4）集成结构刚度矩阵。按 k^e 右方和上方的总码，将各单元刚度元素 k^e_{mn} "对号入座" 置于结构刚度矩阵中（总码 "0" 对应的行、列元素不计入），并将同一位置的元素求和，可得结构刚度矩阵 K：

$$
K = 10^3 \times
\begin{bmatrix}
11.52 & 14.4 & 0 & 14.4 \\
14.4 & 108 & 30 & 0 \\
0 & 30 & 60 & 0 \\
14.4 & 0 & 0 & 48
\end{bmatrix}
$$

（5）建立结构刚度方程。将 Δ、F、K 代入式（7-23）即得结构刚度方程：

$$10^3 \times \begin{bmatrix} 11.52 & 14.4 & 0 & 14.4 \\ 14.4 & 108 & 30 & 0 \\ 0 & 30 & 60 & 0 \\ 14.4 & 0 & 0 & 48 \end{bmatrix} \begin{bmatrix} u_C \\ \varphi_C \\ \varphi_{DC} \\ \varphi_{DB} \end{bmatrix} = \begin{bmatrix} 50 \\ 100 \\ 0 \\ 0 \end{bmatrix}$$

例 7 - 2　试用直接刚度法建立图 7 - 8a 所示桁架的结构刚度方程，各杆 *EA* 相同。

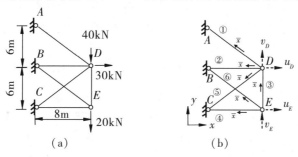

图 7 - 8

解：（1）对 6 个杆件进行单元编号，选取整体、局部坐标系，如图 7 - 8b 所示。

（2）建立结点位移列向量和结点荷载列向量。*A*、*B*、*C* 均为固定铰支座，位移分量均为零；*D* 点水平位移 u_D、竖向位移 v_D，*E* 点水平位移 u_E、竖向位移 v_E，总码依次为 1、2、3、4。结点荷载列向量与结点位移列向量一一对应，对照图 7 - 8a、b 可写出：

$$\boldsymbol{\Delta} = \begin{bmatrix} u_D & v_D & u_E & v_E \end{bmatrix}^{\mathrm{T}}$$

$$\boldsymbol{F} = \begin{bmatrix} 30 & -40 & 0 & -20 \end{bmatrix}^{\mathrm{T}}$$

根据各单元始、末端与结点位移的对应关系，可列出单元定位向量。各单元基本数据及定位向量见表 7 - 1。

表 7 - 1　各单元基本数据和单元定位向量

单元	局部坐标系（$i \to j$）	长度 l/m	$\cos\alpha$	$\sin\alpha$	单元定位向量（$\boldsymbol{\lambda}^e$）
①	$D \to A$	10	- 0.8	0.6	$\begin{bmatrix} 1 & 2 & 0 & 0 \end{bmatrix}^{\mathrm{T}}$
②	$D \to B$	8	- 1	0	$\begin{bmatrix} 1 & 2 & 0 & 0 \end{bmatrix}^{\mathrm{T}}$
③	$E \to D$	6	0	1	$\begin{bmatrix} 3 & 4 & 1 & 2 \end{bmatrix}^{\mathrm{T}}$
④	$E \to C$	8	- 1	0	$\begin{bmatrix} 3 & 4 & 0 & 0 \end{bmatrix}^{\mathrm{T}}$
⑤	$D \to C$	10	- 0.8	- 0.6	$\begin{bmatrix} 1 & 2 & 0 & 0 \end{bmatrix}^{\mathrm{T}}$
⑥	$E \to B$	10	- 0.8	0.6	$\begin{bmatrix} 3 & 4 & 0 & 0 \end{bmatrix}^{\mathrm{T}}$

（3）将各单元长度 l、$\cos\alpha$、$\sin\alpha$ 代入式（7 - 21）求出结构坐标下各单元刚度矩阵 $\boldsymbol{k}^e$；并将 $\boldsymbol{\lambda}^e$ 总码标在 $\boldsymbol{k}^e$ 的上方和右方，结果如下：

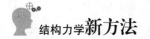

单元①和单元⑥：

$$
\begin{array}{cccc}
(3) & (4) & (0) & (0) \\
1 & 2 & 0 & 0
\end{array}
$$

$$
\boldsymbol{k}^{①} = \boldsymbol{k}^{⑥} = EA/3000
\begin{bmatrix}
192 & -144 & -192 & 144 \\
-144 & 108 & 144 & -108 \\
-192 & 144 & 192 & -144 \\
144 & -108 & -144 & 108
\end{bmatrix}
\begin{array}{l}
1\,(3) \\
2\,(4) \\
0\,(0) \\
0\,(0)
\end{array}
$$

单元刚度矩阵中上方和右方数字，无括号是 $\boldsymbol{\lambda}^{①}$ 的总码，有括号是 $\boldsymbol{\lambda}^{⑥}$ 的总码。

单元②和单元④：

$$
\begin{array}{cccc}
(3) & (4) & (0) & (0) \\
1 & 2 & 0 & 0
\end{array}
$$

$$
\boldsymbol{k}^{②} = \boldsymbol{k}^{④} = EA/3000
\begin{bmatrix}
375 & 0 & -375 & 0 \\
0 & 0 & 0 & 0 \\
-375 & 0 & 375 & 0 \\
0 & 0 & 0 & 0
\end{bmatrix}
\begin{array}{l}
1\,(3) \\
2\,(4) \\
0\,(0) \\
0\,(0)
\end{array}
$$

单元刚度矩阵上方和右方数字，无括号是 $\boldsymbol{\lambda}^{②}$ 的总码，有括号是 $\boldsymbol{\lambda}^{④}$ 的总码。

单元③：

$$
\begin{array}{cccc}
3 & 4 & 1 & 2
\end{array}
$$

$$
\boldsymbol{k}^{③} = = EA/3000
\begin{bmatrix}
0 & 0 & 0 & 0 \\
0 & 500 & 0 & -500 \\
0 & 0 & 0 & 0 \\
0 & -500 & 0 & 500
\end{bmatrix}
\begin{array}{l}
3 \\
4 \\
1 \\
2
\end{array}
$$

单元⑤：

$$
\begin{array}{cccc}
1 & 2 & 0 & 0
\end{array}
$$

$$
\boldsymbol{k}^{⑤} = EA/3000
\begin{bmatrix}
192 & 144 & -192 & -144 \\
144 & 108 & -144 & -108 \\
-192 & -144 & 192 & 144 \\
-144 & -108 & 144 & 108
\end{bmatrix}
\begin{array}{l}
1 \\
2 \\
0 \\
0
\end{array}
$$

（4）集成结构刚度矩阵。将各单元刚度矩阵的元素，按行、列对应的非零总码"对号入座"，置于结构刚度矩阵，并将同一位置的元素求和，可得结构刚度矩阵：

$$
\boldsymbol{K} = EA/3000
\begin{bmatrix}
759 & 0 & 0 & 0 \\
0 & 716 & 0 & -500 \\
0 & 0 & 567 & -144 \\
0 & -500 & -144 & 608
\end{bmatrix}
$$

（5）将 $\boldsymbol{\Delta}$、$\boldsymbol{F}$ 代入式（7-23），可得结构刚度方程为：

$$EA/3000 \begin{bmatrix} 759 & 0 & 0 & 0 \\ 0 & 716 & 0 & -500 \\ 0 & 0 & 567 & -144 \\ 0 & -500 & -144 & 608 \end{bmatrix} \begin{bmatrix} u_D \\ v_D \\ u_E \\ v_E \end{bmatrix} = \begin{bmatrix} 30 \\ -40 \\ 0 \\ -20 \end{bmatrix}$$

7.5　非结点荷载的处理

实际结构中，常会遇到非结点荷载，对此，可采用等效结点荷载进行处理，说明如下。

图 7-9a 所示刚架，三个单元都有非结点荷载。首先在各结点加上附加链杆和附加刚臂，阻止结点线位移和角位移，如图 7-9b 所示。此时，各单元杆端将受到如同固定端一样的作用力，称为固端力，其值可由表 7-2 查出。然而，原结构各结点并没有附加约束，为了与原结构受力相同，需要将作用于附加约束的力反向作用于结点上，即结点力，如图 7-9c 所示。显然，图 7-9b 与图 7-9c 两种受力状态叠加后与图 7-9a 完全相同。因此，原结构的内力和变形等于图 7-9b、c 两种情况的叠加。由于图 7-9b 中所有结点位移都为零，从产生结点位移的效果看，图 7-9c 由结点力产生的结点位移与图 7-9a 由非结点荷载产生的结点位移是相同的。因此，图 7-9c 的结点力称为原非结点荷载的等效结点荷载，用 F_E 表示。而从结构受力的角度看，由图 7-9c 等效结点荷载产生的杆件内力与图 7-9b 非结点荷载产生的内力叠加，才是图 7-9a 原结构在非结点荷载作用下的杆件内力。

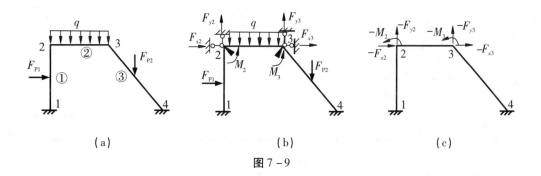

（a）　　　　　　　（b）　　　　　　　（c）

图 7-9

结构力学**新方法**

表 7-2　等截面直杆单元固端力（局部坐标系）

编号	荷载简图	固端力	始端 i	末端 j
1		$\overline{F}_N^{Fe}$	0	0
		$\overline{F}_Q^{Fe}$	$F_P\dfrac{b^2}{l^2}\left(1+2\dfrac{a}{l}\right)$	$F_P\dfrac{a^2}{l^2}\left(1+2\dfrac{b}{l}\right)$
		$\overline{M}^{Fe}$	$F_P\dfrac{ab^2}{l^2}$	$-F_P\dfrac{a^2b}{l^2}$
2		$\overline{F}_N^{Fe}$	$-F_P\dfrac{b}{l}$	$-F_P\dfrac{a}{l}$
		$\overline{F}_Q^{Fe}$	0	0
		$\overline{M}^{Fe}$	0	0
3		$\overline{F}_N^{Fe}$	0	0
		$\overline{F}_Q^{Fe}$	$qa\left(1-\dfrac{a^2}{l^2}+\dfrac{a^3}{2l^3}\right)$	$q\dfrac{a^3}{l^2}\left(1-\dfrac{a}{2l}\right)$
		$\overline{M}^{Fe}$	$\dfrac{qa^2}{12}\left(6-8\dfrac{a}{l}+3\dfrac{a^2}{l^2}\right)$	$-\dfrac{qa^3}{12}\left(4-3\dfrac{a}{l}\right)$
4		$\overline{F}_N^{Fe}$	0	0
		$\overline{F}_Q^{Fe}$	$q\dfrac{a}{4}\left(2-3\dfrac{a^2}{l^2}+1.6\dfrac{a^3}{l^3}\right)$	$\dfrac{q}{4}\dfrac{a^2}{l^2}\left(2-1.6\dfrac{a}{l}\right)$
		$\overline{M}^{Fe}$	$q\dfrac{a^2}{6}\left(2-3\dfrac{a}{l}+1.2\dfrac{a^2}{l^2}\right)$	$-\dfrac{qa^2}{4l}\left(1-0.8\dfrac{a}{l}\right)$
5		$\overline{F}_N^{Fe}$	0	0
		$\overline{F}_Q^{Fe}$	$-\dfrac{6Mab}{l^3}$	$\dfrac{6Mab}{l^3}$
		$\overline{M}^{Fe}$	$-M\dfrac{b}{l}\left(2-3\dfrac{b}{l}\right)$	$-M\dfrac{a}{l}\left(2-3\dfrac{a}{l}\right)$

综上所述，结构在非结点荷载作用下的等效结点荷载，可用矩阵运算求出如下：

（1）由表 7-2 查出单元 e 局部坐标下的固端力 $\overline{F}^{Fe}$：

$$\overline{F}^{Fe}=\begin{bmatrix}\overline{F}_i^{Fe} & \overline{F}_j^{Fe}\end{bmatrix}^T=\begin{bmatrix}\overline{F}_{Ni}^{Fe} & \overline{F}_{Qi}^{Fe} & \overline{M}_i^{Fe} & \overline{F}_{Nj}^{Fe} & \overline{F}_{Qj}^{Fe} & \overline{M}_j^{Fe}\end{bmatrix}^T \qquad (7-24)$$

（2）将局部坐标下的固端力 $\overline{F}^{Fe}$ 转换为结构坐标下的固端力 F^{Fe}：

$$F^{Fe}=T^T\overline{F}^{Fe}=\begin{bmatrix}F_i^{Fe} & F_j^{Fe}\end{bmatrix}^T=\begin{bmatrix}F_{xi}^{Fe} & F_{yi}^{Fe} & M_i^{Fe} & F_{xj}^{Fe} & F_{yj}^{Fe} & M_j^{Fe}\end{bmatrix}^T \qquad (7-25)$$

（3）将各单元固端力 F^{Fe} 反号，并按单元定位向量 $\boldsymbol{\lambda}^e$ 的总码送入等效结点荷载列向

190

量，再将同一位置各值求和，即得等效结点荷载 $\boldsymbol{F}_E$。

如果结构还有直接作用于结点的荷载，称为直接结点荷载，用 $\boldsymbol{F}_D$ 表示。则将 $\boldsymbol{F}_D$ 与 $\boldsymbol{F}_E$ 求和，即得结构的综合结点荷载 $\boldsymbol{F}$，即：

$$\boldsymbol{F} = \boldsymbol{F}_E + \boldsymbol{F}_D \tag{7-26}$$

综合结点荷载 $\boldsymbol{F}$ 还可以通过结点受力图确定，具体如下：

在草稿纸上，将按照表 7-2 查出的非结点荷载作用下各杆固端力 $\overline{\boldsymbol{F}}^{Fe}$ 反向标于结点上；再将直接结点荷载 $\boldsymbol{F}_D$ 按实际方向标在结点上；求出它们沿各位移分量方向投影之和，即得综合结点荷载 $\boldsymbol{F}$。

有了综合结点荷载 $\boldsymbol{F}$，即可代入结构刚度方程式（7-23），求出结点位移，进而求出杆端力，然后与非结点荷载作用下的固端力叠加，便是原结构在实际荷载作用下的杆端力，具体计算将在 "7.6" 节讨论。

例 7-3　试求图 7-10a 所示刚架在给定荷载作用下的综合结点荷载 $\boldsymbol{F}$。

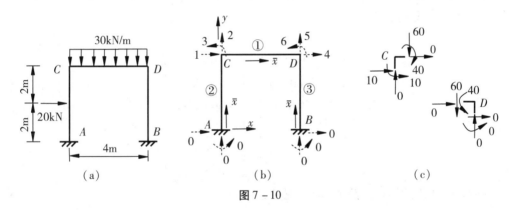

（a）　　　　　　　　（b）　　　　　　　　（c）

图 7-10

解： 选定整体、局部坐标系，标出结点位移分量总码及单元编码如图 7-10b 所示。各单元长度 l、倾角 α、单元定位向量 $\boldsymbol{\lambda}^e$ 及非结点荷载如下：

单元①（CD 杆），$l = 4\text{m}$，$\alpha_1 = 0°$，$\boldsymbol{\lambda}^{①} = \begin{bmatrix} 1 & 2 & 3 & 4 & 5 & 6 \end{bmatrix}^{\text{T}}$，受 $q = 30\text{kN/m}$ 作用。

单元②（AC 杆），$l = 4\text{m}$，$\alpha_2 = 90°$，$\boldsymbol{\lambda}^{②} = \begin{bmatrix} 0 & 0 & 0 & 1 & 2 & 3 \end{bmatrix}^{\text{T}}$，受 $F_P = 20\text{kN}$ 作用。

单元③（BD 杆），$l = 4\text{m}$，$\alpha_3 = 90°$，$\boldsymbol{\lambda}^{③} = \begin{bmatrix} 0 & 0 & 0 & 4 & 5 & 6 \end{bmatrix}^{\text{T}}$，无非结点荷载。

（1）用矩阵运算求 $\boldsymbol{F}$。

单元①，由表 7-2 查得局部坐标系下固端力 $\overline{\boldsymbol{F}}^{Fe}$：

$$\overline{F}_{Ni}^{F①} = 0 \qquad \overline{F}_{Qi}^{F①} = 60\text{kN} \qquad \overline{M}_i^{F①} = 40\text{kN} \cdot \text{m}$$

$$\overline{F}_{Nj}^{F①} = 0 \qquad \overline{F}_{Qj}^{F①} = 60\text{kN} \qquad \overline{M}_j^{F①} = -40\text{kN} \cdot \text{m}$$

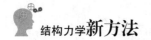

即

$$\overline{\boldsymbol{F}}^{\mathrm{F}①} = \begin{bmatrix} 0 & 60 & 40 & 0 & 60 & -40 \end{bmatrix}^{\mathrm{T}} \qquad (\mathrm{a})$$

将 α_1 代入式（7-12）求出 $\boldsymbol{T}$，将其转置后左乘 $\overline{\boldsymbol{F}}^{\mathrm{F}①}$ 即得结构坐标系下固端力 $\boldsymbol{F}^{\mathrm{F}①}$：

$$\begin{matrix} 1 & 2 & 3 & 4 & 5 & 6 \end{matrix} \qquad (\mathrm{b})$$
$$\boldsymbol{F}^{\mathrm{F}①} = \begin{bmatrix} 0 & 60 & 40 & 0 & 60 & -40 \end{bmatrix}^{\mathrm{T}}$$

单元②，用与单元①相同的作法求得结构坐标下固端力 $\boldsymbol{F}^{\mathrm{F}②}$ 为：

$$\begin{matrix} 0 & 0 & 0 & 1 & 2 & 3 \end{matrix} \qquad (\mathrm{c})$$
$$\boldsymbol{F}^{\mathrm{F}②} = \begin{bmatrix} -10 & 0 & 10 & -10 & 0 & -10 \end{bmatrix}^{\mathrm{T}}$$

单元③无非结点荷载，$\overline{\boldsymbol{F}}^{\mathrm{F}③}=\boldsymbol{0}$，故 $\boldsymbol{F}^{\mathrm{F}③}=\boldsymbol{0}$，即：

$$\begin{matrix} 0 & 0 & 0 & 4 & 5 & 6 \end{matrix}$$
$$\boldsymbol{F}^{\mathrm{F}③} = \begin{bmatrix} 0 & 0 & 0 & 0 & 0 & 0 \end{bmatrix}^{\mathrm{T}} \qquad (\mathrm{d})$$

各单元 $\boldsymbol{F}^{\mathrm{F}e}$ 上面的数字为单元定位向量 $\boldsymbol{\lambda}^e$ 的总码。

将各单元固端力 $\boldsymbol{F}^{\mathrm{F}e}$ 反号，并按照总码在 $\boldsymbol{F}_E$ 中定位，然后将同一位置的力代数相加，即得等效结点荷载 $\boldsymbol{F}_E$：

$$\boldsymbol{F}_E = \begin{bmatrix} 0+10 \\ -60+0 \\ -40+10 \\ 0+0 \\ -60+0 \\ 40+0 \end{bmatrix} = \begin{bmatrix} 10\mathrm{kN} \\ -60\mathrm{kN} \\ -30\mathrm{kN\cdot m} \\ 0 \\ -60\mathrm{kN} \\ 40\mathrm{kN\cdot m} \end{bmatrix} \qquad (\mathrm{e})$$

本例直接作用的结点荷载 $\boldsymbol{F}_D=0$，故有：

$$\boldsymbol{F} = \boldsymbol{F}_E = \begin{bmatrix} 10 & -60 & -30 & 0 & -60 & 40 \end{bmatrix}^{\mathrm{T}}$$

（2）用结点受力图求 $\boldsymbol{F}$。

由表7-2查出各单元局部坐标下的固端力，反向标于结点，可得结点 C、D 的受力图，如图7-10c所示。将同一结点位移分量方向的各力求和，即得等效结点荷载 $\boldsymbol{F}_E$。因直接结点荷载 $\boldsymbol{F}_D$ 为零，故有 $\boldsymbol{F}=\boldsymbol{F}_E$。由图7-10c可知：

$$\boldsymbol{F} = \boldsymbol{F}_E = \begin{bmatrix} 10 & -60 & -30 & 0 & -60 & 40 \end{bmatrix}^{\mathrm{T}}$$

两种方法所得 $\boldsymbol{F}$ 相同。

7.6 求杆件最后内力及矩阵位移法解题步骤

7.6.1 求杆件最后内力

前几节介绍了荷载作用下结构刚度方程的建立，解方程即可求出结点位移。下面讨论杆件最后内力的计算。

上节指出，各杆最后内力由两部分叠加而成：一是综合结点荷载作用下的内力；二是非结点荷载作用下的内力。

1. 求综合结点荷载作用下局部坐标系的单元杆端力 $\bar{\boldsymbol{F}}^e$

求出结点位移后，对照单元定位向量 $\boldsymbol{\lambda}^e$，可写出单元杆端位移 $\boldsymbol{\delta}^e$；将 $\boldsymbol{k}^e$ 左乘 $\boldsymbol{\delta}^e$，即得结构坐标下单元杆端力 $\boldsymbol{F}^e$；再左乘单元坐标转换矩阵 $\boldsymbol{T}^e$，便是局部坐标下的单元杆端力 $\bar{\boldsymbol{F}}^e$：

$$\bar{\boldsymbol{F}}^e = \boldsymbol{T}^e \boldsymbol{k}^e \boldsymbol{\delta}^e \qquad (7-27)$$

2. 求杆件最后杆端力 $\bar{\boldsymbol{F}}^e_Z$

由表 7 - 2 查出局部坐标下的单元固端力 $\bar{\boldsymbol{F}}^{\text{Fe}}$，与 $\bar{\boldsymbol{F}}^e$ 叠加，可得杆件最后杆端力 $\bar{\boldsymbol{F}}^e_Z$（下标 Z 表示最后），即：

$$\bar{\boldsymbol{F}}^e_Z = \bar{\boldsymbol{F}}^{\text{Fe}} + \bar{\boldsymbol{F}}^e \qquad (7-28)$$

3. 绘制内力图

用程序计算时，计算机会自动打印计算结果或绘图，也可以根据计算结果进行手绘。

手绘 M 图时，可将单元两端最后弯矩值 $\bar{M}^e_Z$ 的竖标连以直线，再用区段叠加法绘出杆件最后弯矩图。注意，$\bar{M}^e_Z$ 正值绕杆端是逆时针转动的。

F_Q 图可由单元任一端最后杆端剪力 $\bar{F}^e_{QZ}$，用力矢移动绘出，正值与 $\bar{y}$ 轴正方向一致。F_N 图则是将单元两端最后轴力值 $\bar{F}^e_{NZ}$（正值与 $\bar{x}$ 轴正方向一致）的竖标用直线相连。

7.6.2　解题步骤

矩阵位移法解题步骤归纳如下：

（1）划分单元并编号，选定单元坐标系和结构坐标系；建立结点位移列向量 $\boldsymbol{\Delta}$，对结点位移分量编码（总码），列出单元定位向量 $\boldsymbol{\lambda}^e$。

（2）按一般单元式（7 - 18）、桁架单元式（7 - 21）、自由梁式单元式（7 - 22）、连续梁单元式（7 - 9）计算出结构坐标下的单元刚度矩阵 $\boldsymbol{k}^e$，将 $\boldsymbol{\lambda}^e$ 总码标在 $\boldsymbol{k}^e$ 的上方和右方。

（3）将 $\boldsymbol{k}^e$ 的各元素按非零总码指引的行列号送入结构刚度矩阵，并将同一位置不同单元的元素求和，得到结构刚度矩阵 $\boldsymbol{K}$。

（4）按式（7 - 26）计算综合结点荷载列向量 $\boldsymbol{F}$。

（5）将 $\boldsymbol{K}$、$\boldsymbol{F}$ 代入式（7 - 23）即得结构刚度方程，解方程求出 $\boldsymbol{\Delta}$。

（6）按 $\boldsymbol{\lambda}^e$ 确定单元杆端位移 $\boldsymbol{\delta}^e$，由式（7 - 27）计算综合结点荷载作用下局部坐标系单元杆端力 $\bar{\boldsymbol{F}}^e$，由式（7 - 28）计算各单元最后杆端力 $\bar{\boldsymbol{F}}^e_Z$。

（7）根据计算结果绘出最后内力图。

以上步骤可以编写计算机程序计算，也可用手控 Excel 完成，详见"7.8"节。

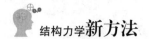

7.7 矩阵位移法计算示例

例7-4 试求图7-11a所示刚架的内力（考虑杆件轴向变形）。各杆材料及截面相同，$E = 200\text{GPa}$，$A = 1.0 \times 10^{-2}\text{m}^2$，$I = 32 \times 10^{-5}\text{m}^4$。

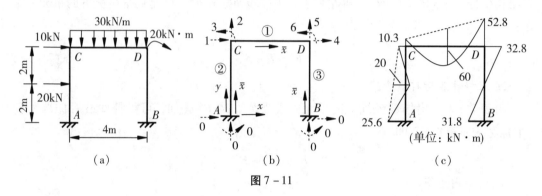

图7-11

解：（1）将刚架划分成三个单元。各单元编号、局部坐标系、结构坐标系如图7-11b所示。未知结点位移为 C 点水平位移 u_C、竖向位移 v_C、转角 φ_C 以及 D 点水平位移 u_D、竖向位移 v_D、转角 φ_D，总码依次为 1、2、3、4、5、6；固定端 A、B 各位移分量总码均为"0"。

结点位移列向量：

$$\boldsymbol{\Delta} = \begin{bmatrix} u_C & v_C & \varphi_C & u_D & v_D & \varphi_D \end{bmatrix}^T$$

对照图7-11b可写出各单元定位向量：

$$\boldsymbol{\lambda}^① = \begin{bmatrix} 1 & 2 & 3 & 4 & 5 & 6 \end{bmatrix}^T$$

$$\boldsymbol{\lambda}^② = \begin{bmatrix} 0 & 0 & 0 & 1 & 2 & 3 \end{bmatrix}^T$$

$$\boldsymbol{\lambda}^③ = \begin{bmatrix} 0 & 0 & 0 & 4 & 5 & 6 \end{bmatrix}^T$$

（2）计算结构坐标下各单元刚度矩阵 $\boldsymbol{k}^e$。各单元 E、I、A、l 值均相同，求得：

$$\frac{EA}{l} = 500 \times 10^3 \text{kN/m} \qquad \frac{12EI}{l^3} = 12 \times 10^3 \text{kN/m}$$

$$\frac{6EI}{l^2} = 24 \times 10^3 \text{kN} \qquad \frac{2EI}{l} = 32 \times 10^3 \text{kN} \cdot \text{m}$$

将以上值与各单元倾角（$\alpha_1 = 0°$；$\alpha_2 = \alpha_3 = 90°$）代入式（7-18），可得结构坐标下各单元刚度矩阵 $\boldsymbol{k}^e$，并在其上方和右方按 $\boldsymbol{\lambda}^e$ 标出总码，结果如下：

单元①：

194

$$\boldsymbol{k}^{①} = 10^3 \times \begin{array}{c} \begin{array}{cccccc} 1 & 2 & 3 & 4 & 5 & 6 \end{array} \\ \left[\begin{array}{cccccc} 500 & 0 & 0 & -500 & 0 & 0 \\ 0 & 12 & 24 & 0 & -12 & 24 \\ 0 & 24 & 64 & 0 & -24 & 32 \\ -500 & 0 & 0 & 500 & 0 & 0 \\ 0 & -12 & -24 & 0 & 12 & -24 \\ 0 & 24 & 32 & 0 & -24 & 64 \end{array} \right] \begin{array}{c} 1 \\ 2 \\ 3 \\ 4 \\ 5 \\ 6 \end{array} \end{array}$$

单元②、③：

$$\boldsymbol{k}^{②} = \boldsymbol{k}^{③} = 10^3 \times \begin{array}{c} \begin{array}{cccccc} (0) & (0) & (0) & (4) & (5) & (6) \\ 0 & 0 & 0 & 1 & 2 & 3 \end{array} \\ \left[\begin{array}{cccccc} 12 & 0 & -24 & -12 & 0 & -24 \\ 0 & 500 & 0 & 0 & -500 & 0 \\ -24 & 0 & 64 & 24 & 0 & 32 \\ -12 & 0 & 24 & 12 & 0 & 24 \\ 0 & -500 & 0 & 0 & 500 & 0 \\ -24 & 0 & 32 & 24 & 0 & 64 \end{array} \right] \begin{array}{c} 0\,(0) \\ 0\,(0) \\ 0\,(0) \\ 1\,(4) \\ 2\,(5) \\ 3\,(6) \end{array} \end{array}$$

上式刚度矩阵上方和右方的总码，无括号的是 $\boldsymbol{\lambda}^{②}$，加括号的是 $\boldsymbol{\lambda}^{③}$。

（3）集成结构刚度矩阵 $\boldsymbol{K}$。将各单元刚度矩阵的元素，按右方与上方非零总码"对号入座"送入结构刚度矩阵，再将同一位置的元素求和，可得 $\boldsymbol{K}$ 如下：

$$\boldsymbol{K} = 10^3 \times \left[\begin{array}{cccccc} 512 & 0 & 24 & -500 & 0 & 0 \\ 0 & 512 & 24 & 0 & -12 & 24 \\ 24 & 24 & 128 & 0 & -24 & 32 \\ -500 & 0 & 0 & 512 & 0 & 24 \\ 0 & -12 & -24 & 0 & 512 & -24 \\ 0 & 24 & 32 & 24 & -24 & 128 \end{array} \right]$$

（4）求综合结点荷载列向量 $\boldsymbol{F}$。本例非结点荷载及单元均与例 7-3 相同，可知等效结点荷载 $\boldsymbol{F}_E$ 为：

$$\boldsymbol{F}_E = \begin{bmatrix} 10 & -60 & -30 & 0 & -60 & 40 \end{bmatrix}^T$$

结构直接结点荷载 $\boldsymbol{F}_D$ 为：

$$\boldsymbol{F}_D = \begin{bmatrix} 10 & 0 & 0 & 0 & 0 & -20 \end{bmatrix}^T$$

由式（7-26）可得综合结点荷载 $\boldsymbol{F}$ 为：

$$\boldsymbol{F} = \boldsymbol{F}_E + \boldsymbol{F}_D = \begin{bmatrix} 20 & -60 & -30 & 0 & -60 & 20 \end{bmatrix}^T$$

（5）解方程，求未知结点位移。将 $\boldsymbol{K}$、$\boldsymbol{F}$、$\boldsymbol{\Delta}$ 代入式（7-23）可得：

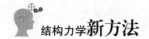

$$10^3 \times \left[\begin{array}{ccc:ccc} 512 & 0 & 24 & -500 & 0 & 0 \\ 0 & 512 & 24 & 0 & -12 & 24 \\ 24 & 24 & 128 & 0 & -24 & 32 \\ \hdashline -500 & 0 & 0 & 512 & 0 & 24 \\ 0 & -12 & -24 & 0 & 512 & -24 \\ 0 & 24 & 32 & 24 & -24 & 128 \end{array}\right] \left[\begin{array}{c} u_C \\ v_C \\ \varphi_C \\ u_D \\ v_D \\ \varphi_D \end{array}\right] = \left[\begin{array}{c} 20 \\ -60 \\ -30 \\ 0 \\ -60 \\ 20 \end{array}\right]$$

解方程得：

$$\boldsymbol{\Delta} = \begin{bmatrix} u_C & v_C & \varphi_C & u_D & v_D & \varphi_D \end{bmatrix}^{\mathrm{T}}$$
$$= 10^{-6} \times \begin{bmatrix} 1314.0 & -98.7 & -496.8 & 1282.0 & -141.3 & 32.1 \end{bmatrix}^{\mathrm{T}}$$

（6）求各单元最后杆端力 $\bar{\boldsymbol{F}}_{\mathrm{Z}}^e$。由式（7-28）可知，$\bar{\boldsymbol{F}}_{\mathrm{Z}}^e = \bar{\boldsymbol{F}}^{Fe} + \bar{\boldsymbol{F}}^e$。其中，$\bar{\boldsymbol{F}}^{Fe}$ 由表 7-2查出。$\bar{\boldsymbol{F}}^e = \boldsymbol{T}^e \boldsymbol{k}^e \boldsymbol{\delta}^e$（矩阵相乘运算参见附录Ⅱ.3），$\boldsymbol{T}^e$ 由式（7-12）求出，$\boldsymbol{\delta}^e$ 由 $\boldsymbol{\lambda}^e$ 确定。具体计算如下：

单元①：$\boldsymbol{k}^{①}$ 已知，将 $\alpha_1 = 0°$ 代入式（7-12）求出 $\boldsymbol{T}$，由 $\boldsymbol{\lambda}^{①}$ 知 $\boldsymbol{\delta}^{①} = \begin{bmatrix} u_C & v_C & \varphi_C \end{bmatrix}$ $u_D \quad v_D \quad \varphi_D \end{bmatrix}^{\mathrm{T}}$，由表 7-2 查出 $\bar{\boldsymbol{F}}^{F①} = \begin{bmatrix} 0 & 60 & 40 & 0 & 60 & -40 \end{bmatrix}^{\mathrm{T}}$。各值代入式（7-28）有：

$$\bar{\boldsymbol{F}}_{\mathrm{Z}}^{①} = \left[\begin{array}{c} 0 \\ 60 \\ 40 \\ \hdashline 0 \\ 60 \\ -40 \end{array}\right] + \boldsymbol{T} \times 10^3 \left[\begin{array}{ccc:ccc} 500 & 0 & 0 & -500 & 0 & 0 \\ 0 & 12 & 24 & 0 & -12 & 24 \\ 0 & 24 & 64 & 0 & -24 & 32 \\ \hdashline -500 & 0 & 0 & 500 & 0 & 0 \\ 0 & -12 & -24 & 0 & 12 & -24 \\ 0 & 24 & 32 & 0 & -24 & 64 \end{array}\right] \times 10^{-6} \left[\begin{array}{c} 1314.0 \\ -98.7 \\ -496.8 \\ \hdashline 1282.0 \\ -141.3 \\ 32.1 \end{array}\right] =$$

$$\left[\begin{array}{c} 0 \\ 60 \\ 40 \\ \hdashline 0 \\ 60 \\ -40 \end{array}\right] + \left[\begin{array}{ccc:ccc} 1 & 0 & 0 & & & \\ 0 & 1 & 0 & & \boldsymbol{0} & \\ 0 & 0 & 1 & & & \\ \hdashline & & & 1 & 0 & 0 \\ & \boldsymbol{0} & & 0 & 1 & 0 \\ & & & 0 & 0 & 1 \end{array}\right] \left[\begin{array}{c} 16 \\ -10.6 \\ -29.7 \\ \hdashline -16 \\ 10.6 \\ -12.8 \end{array}\right] = \left[\begin{array}{c} 16\text{kN} \\ 49.4\text{kN} \\ 10.3\text{kN} \cdot \text{m} \\ \hdashline -16\text{kN} \\ 70.6\text{kN} \\ -52.8\text{kN} \cdot \text{m} \end{array}\right]$$

单元②：$\boldsymbol{k}^{②}$ 已知，$\alpha_2 = 90°$，$\boldsymbol{T}$ 由式（7-12）求出，由 $\boldsymbol{\lambda}^{②}$ 知 $\boldsymbol{\delta}^{②} = \begin{bmatrix} 0 & 0 & 0 & u_C & v_C \end{bmatrix}$ $\varphi_C \end{bmatrix}^{\mathrm{T}}$，由表 7-2 查得 $\bar{\boldsymbol{F}}^{F②} = \begin{bmatrix} 0 & 10 & 10 & 0 & 10 & -10 \end{bmatrix}^{\mathrm{T}}$，各值代入式（7-28）得：

$$\overline{F}_Z^{②} = \begin{bmatrix} 0 \\ 10 \\ 10 \\ \hline 0 \\ 10 \\ -10 \end{bmatrix} + T \times 10^3 \begin{bmatrix} 12 & 0 & -24 & -12 & 0 & -24 \\ 0 & 500 & 0 & 0 & -500 & 0 \\ -24 & 0 & 64 & 24 & 0 & 32 \\ \hline -12 & 0 & 24 & 12 & 0 & 24 \\ 0 & -500 & 0 & 0 & 500 & 0 \\ -24 & 0 & 32 & 24 & 0 & 64 \end{bmatrix} \times 10^{-6} \begin{bmatrix} 0.0 \\ 0.0 \\ 0.0 \\ \hline 1314.0 \\ -98.7 \\ -496.8 \end{bmatrix} =$$

$$\begin{bmatrix} 0 \\ 10 \\ 10 \\ \hline 0 \\ 10 \\ -10 \end{bmatrix} + \begin{bmatrix} 0 & 1 & 0 & & & \\ -1 & 0 & 0 & & \mathbf{0} & \\ 0 & 0 & 1 & & & \\ \hline & & & 0 & 1 & 0 \\ & \mathbf{0} & & -1 & 0 & 0 \\ & & & 0 & 0 & 1 \end{bmatrix} \begin{bmatrix} -3.8 \\ 49.4 \\ 15.6 \\ \hline 3.8 \\ -49.4 \\ -0.3 \end{bmatrix} = \begin{bmatrix} 49.4\text{kN} \\ 13.8\text{kN} \\ 25.6\text{kN} \cdot \text{m} \\ \hline -49.4\text{kN} \\ 6.2\text{kN} \\ -10.3\text{kN} \cdot \text{m} \end{bmatrix}$$

单元③：$k^{③}$ 已知，$\alpha_3 = 90°$，由式（7-12）求出 T，由 $\lambda^{③}$ 知 $\delta^{③} = \begin{bmatrix} 0 & 0 & 0 & u_D \end{bmatrix}$ $v_D \quad \varphi_D]^{\text{T}}$，$\overline{F}^{\text{F}③} = \mathbf{0}$。各值代入式（7-28）得：

$$\overline{F}_Z^{③} = \begin{bmatrix} 0 \\ 0 \\ 0 \\ \hline 0 \\ 0 \\ 0 \end{bmatrix} + T \times 10^3 \begin{bmatrix} 12 & 0 & -24 & -12 & 0 & -24 \\ 0 & 500 & 0 & 0 & -500 & 0 \\ -24 & 0 & 64 & 24 & 0 & 32 \\ \hline -12 & 0 & 24 & 12 & 0 & 24 \\ 0 & -500 & 0 & 0 & 500 & 0 \\ -24 & 0 & 32 & 24 & 0 & 64 \end{bmatrix} \times 10^{-6} \begin{bmatrix} 0.0 \\ 0.0 \\ 0.0 \\ \hline 1282.0 \\ -141.3 \\ 32.1 \end{bmatrix} =$$

$$\begin{bmatrix} 0 \\ 0 \\ 0 \\ \hline 0 \\ 0 \\ 0 \end{bmatrix} + \begin{bmatrix} 0 & 1 & 0 & & & \\ -1 & 0 & 0 & & \mathbf{0} & \\ 0 & 0 & 1 & & & \\ \hline & & & 0 & 1 & 0 \\ & \mathbf{0} & & -1 & 0 & 0 \\ & & & 0 & 0 & 1 \end{bmatrix} \begin{bmatrix} -16.2 \\ 70.7 \\ 31.8 \\ \hline 16.2 \\ -70.7 \\ 32.8 \end{bmatrix} = \begin{bmatrix} 70.7\text{kN} \\ 16.2\text{kN} \\ 31.8\text{kN} \cdot \text{m} \\ \hline -70.7\text{kN} \\ -16.2\text{kN} \\ 32.8\text{kN} \cdot \text{m} \end{bmatrix}$$

按以上计算结果可绘出轴力图、剪力图和弯矩图。其中弯矩图如图 7-11c 所示。

例 7-5　试求例 7-2 所示桁架各杆内力，EA 为常数。

解： 为方便看图，现将例 7-2 桁架重绘于图 7-12a。在例 7-2 中已建立结构刚度方程：

$$EA/3000 \begin{bmatrix} 759 & 0 & 0 & 0 \\ 0 & 716 & 0 & -500 \\ 0 & 0 & 567 & -144 \\ 0 & -500 & -144 & 608 \end{bmatrix} \begin{bmatrix} u_D \\ v_D \\ u_E \\ v_E \end{bmatrix} = \begin{bmatrix} 30 \\ -40 \\ 0 \\ -20 \end{bmatrix}$$

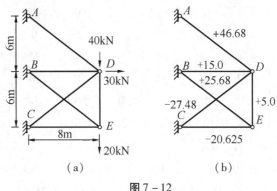

图 7 - 12

（1）解方程，求得未知结点位移为：

$$\boldsymbol{\Delta} = \begin{bmatrix} u_D & v_D & u_E & v_E \end{bmatrix}^T = 3000/EA \begin{bmatrix} 0.04 & -0.206 & -0.055 & -0.216 \end{bmatrix}^T$$

（2）求各杆内力。桁架只有结点荷载，各杆 $\overline{\boldsymbol{F}}^{Fe}$ 为零，故 $\overline{\boldsymbol{F}}_Z^e = \overline{\boldsymbol{F}}^e$。由式（7-27）可知，$\overline{\boldsymbol{F}}^e = \boldsymbol{T}^e \boldsymbol{k}^e \boldsymbol{\delta}^e$（矩阵相乘运算参见附录 Ⅱ.3）。其中，$\boldsymbol{T}^e$ 由式（7-20）求出，$\boldsymbol{k}^e$ 已在例 7-2 求出，$\boldsymbol{\delta}^e$ 根据 $\boldsymbol{\Delta}$ 确定。计算如下：

单元①（DA 杆）：$\cos\alpha_1 = -0.8$，$\sin\alpha_1 = 0.6$，代入式（7-20）求出 $\boldsymbol{T}^{①}$；由结点 D、A 位移分量知 $\boldsymbol{\delta}^{①} = (3000/EA)\begin{bmatrix} 0.04 & -0.206 & 0 & 0 \end{bmatrix}^T$；将 $\boldsymbol{T}^{①}$、$\boldsymbol{k}^{①}$ 和 $\boldsymbol{\delta}^{①}$ 代入式（7-27）得：

$$\overline{\boldsymbol{F}}_Z^{①} = \begin{bmatrix} -0.8 & 0.6 & 0 & 0 \\ -0.6 & -0.8 & 0 & 0 \\ 0 & 0 & -0.8 & 0.6 \\ 0 & 0 & -0.6 & -0.8 \end{bmatrix} \times \frac{EA}{3000} \times \begin{bmatrix} 192 & -144 & -192 & 144 \\ -144 & 108 & 144 & -108 \\ -192 & 144 & 192 & -144 \\ 144 & -108 & -144 & 108 \end{bmatrix} \times$$

$$\frac{3000}{EA} \times \begin{bmatrix} 0.04 \\ -0.206 \\ 0 \\ 0 \end{bmatrix} = \begin{bmatrix} -46.68 & 0 & 46.68 & 0 \end{bmatrix}^T kN （拉力）$$

用与单元①相同的作法，求得其余单元局部坐标下的杆端力 $\overline{\boldsymbol{F}}_Z^e$ 如下：

单元②（DB 杆）：

$$\overline{\boldsymbol{F}}_Z^{②} = \begin{bmatrix} -1 & 0 & 0 & 0 \\ 0 & -1 & 0 & 0 \\ 0 & 0 & -1 & 0 \\ 0 & 0 & 0 & -1 \end{bmatrix} \times \frac{EA}{3000} \times \begin{bmatrix} 375 & 0 & -375 & 0 \\ 0 & 0 & 0 & 0 \\ -375 & 0 & 375 & 0 \\ 0 & 0 & 0 & 0 \end{bmatrix} \times \frac{3000}{EA} \times \begin{bmatrix} 0.04 \\ -0.206 \\ 0 \\ 0 \end{bmatrix}$$

$$= \begin{bmatrix} -15 & 0 & 15 & 0 \end{bmatrix}^T kN （拉力）$$

单元③（ED 杆）：

$$\overline{\pmb F}_Z{}^{③} = \begin{bmatrix} 0 & -1 & 0 & 0 \\ 1 & 0 & 0 & 0 \\ 0 & 0 & 0 & -1 \\ 0 & 0 & 1 & 0 \end{bmatrix} \times \frac{EA}{3000} \times \begin{bmatrix} 0 & 0 & 0 & 0 \\ 0 & 500 & 0 & -500 \\ 0 & 0 & 0 & 0 \\ 0 & -500 & 0 & 500 \end{bmatrix} \times \frac{3000}{EA} \times \begin{bmatrix} -0.055 \\ -0.216 \\ 0.04 \\ -0.206 \end{bmatrix}$$

$$= \begin{bmatrix} -5 & 0 & 5 & 0 \end{bmatrix}^{\mathrm T} \mathrm{kN}（拉力）$$

单元④（EC 杆）：

$$\overline{\pmb F}_Z{}^{④} = \begin{bmatrix} -1 & 0 & 0 & 0 \\ 0 & -1 & 0 & 0 \\ 0 & 0 & -1 & 0 \\ 0 & 0 & 0 & -1 \end{bmatrix} \times \frac{EA}{3000} \times \begin{bmatrix} 375 & 0 & -375 & 0 \\ 0 & 0 & 0 & 0 \\ -375 & 0 & 375 & 0 \\ 0 & 0 & 0 & 0 \end{bmatrix} \times \frac{3000}{EA} \times \begin{bmatrix} -0.055 \\ -0.216 \\ 0 \\ 0 \end{bmatrix}$$

$$= \begin{bmatrix} 20.625 & 0 & -20.625 & 0 \end{bmatrix}^{\mathrm T} \mathrm{kN}（压力）$$

单元⑤（DC 杆）：

$$\overline{\pmb F}_Z{}^{⑤} = \begin{bmatrix} -0.8 & -0.6 & 0 & 0 \\ 0.6 & -0.8 & 0 & 0 \\ 0 & 0 & -0.8 & -0.6 \\ 0 & 0 & 0.6 & -0.8 \end{bmatrix} \times \frac{EA}{3000} \times \begin{bmatrix} 192 & 144 & -192 & -144 \\ 144 & 108 & -144 & -108 \\ -192 & -144 & 192 & 144 \\ -144 & -108 & 144 & 108 \end{bmatrix} \times$$

$$\frac{3000}{EA} \times \begin{bmatrix} 0.04 \\ -0.206 \\ 0 \\ 0 \end{bmatrix} = \begin{bmatrix} 27.48 & 0 & -27.48 & 0 \end{bmatrix}^{\mathrm T} \mathrm{kN}（压力）$$

单元⑥（EB 杆）：

$$\overline{\pmb F}_Z{}^{⑥} = \begin{bmatrix} -0.8 & 0.6 & 0 & 0 \\ -0.6 & -0.8 & 0 & 0 \\ 0 & 0 & -0.8 & 0.6 \\ 0 & 0 & -0.6 & -0.8 \end{bmatrix} \times \frac{EA}{3000} \times \begin{bmatrix} 192 & -144 & -192 & 144 \\ -144 & 108 & 144 & -108 \\ -192 & 144 & 192 & -144 \\ 144 & -108 & -144 & 108 \end{bmatrix} \times$$

$$\frac{3000}{EA} \times \begin{bmatrix} -0.055 \\ -0.216 \\ 0 \\ 0 \end{bmatrix} = \begin{bmatrix} -25.68 & 0 & 25.68 & 0 \end{bmatrix}^{\mathrm T} \mathrm{kN}（拉力）$$

各杆轴力如图 7 - 12b 所示。

例 7 - 6　试求图 7 - 13a 所示刚架的内力，忽略轴向变形。各杆 $EI = 125 \times 10^4 \mathrm{kN \cdot m^2}$。

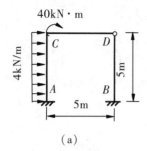
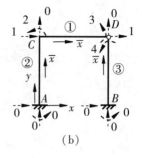

(a)　　　　　　　　　　　(b)

图 7 – 13

解：（1）将刚架划分为三个单元。各单元编号、局部坐标系和结构坐标系如图 7 – 13b所示。结点 C、D 无竖向位移，水平位移为 u_C；C 点转角为 φ_C，CD 杆 D 点转角为 φ_{DC}；BD 杆 D 点转角为 φ_{DB}，固定端 A、B 无位移。各结点位移分量总码：A、B 点均为 0、0、0；C 点为 1、0、2；CD 杆 D 点为 1、0、3；BD 杆 D 点为 1、0、4，如图 7 – 13b所示。结点位移列向量 $\boldsymbol{\Delta}$ 为：

$$\boldsymbol{\Delta} = \begin{bmatrix} u_C & \varphi_C & \varphi_{DC} & \varphi_{DB} \end{bmatrix}^T$$

对照图 7 – 13b 可写出各单元定位向量 $\boldsymbol{\lambda}^e$：

$$\boldsymbol{\lambda}^① = \begin{bmatrix} 1 & 0 & 2 & 1 & 0 & 3 \end{bmatrix}^T$$

$$\boldsymbol{\lambda}^② = \begin{bmatrix} 0 & 0 & 0 & 1 & 0 & 2 \end{bmatrix}^T$$

$$\boldsymbol{\lambda}^③ = \begin{bmatrix} 0 & 0 & 0 & 1 & 0 & 4 \end{bmatrix}^T$$

（2）求结构坐标系下各单元刚度矩阵 $\boldsymbol{k}^e$。各单元倾角为：$\alpha_1 = 0°$，$\alpha_2 = \alpha_3 = 90°$。各杆 EI、l 值均相同，求得：

$$12EI/l^3 = 12 \times 10^4 \text{kN/m} \qquad 6EI/l^2 = 30 \times 10^4 \text{kN}$$

$$2EI/l = 50 \times 10^4 \text{kN} \cdot \text{m} \qquad 4EI/l = 100 \times 10^4 \text{kN} \cdot \text{m}$$

将以上各值代入式（7 – 22）求出 $\boldsymbol{k}^e$，并在其上方和右方标出 $\boldsymbol{\lambda}^e$ 的总码，结果如下：

单元①：

$$\boldsymbol{k}^① = 10^4 \times \begin{array}{c c} & \begin{matrix} 1 & 0 & 2 & 1 & 0 & 3 \end{matrix} \\ \begin{bmatrix} 0 & 0 & 0 & 0 & 0 & 0 \\ 0 & 12 & 30 & 0 & -12 & 30 \\ 0 & 30 & 100 & 0 & -30 & 50 \\ 0 & 0 & 0 & 0 & 0 & 0 \\ 0 & -12 & -30 & 0 & 12 & -30 \\ 0 & 30 & 50 & 0 & -30 & 100 \end{bmatrix} & \begin{matrix} 1 \\ 0 \\ 2 \\ 1 \\ 0 \\ 3 \end{matrix} \end{array}$$

单元②③：

$$
k^{②} = k^{③} = 10^4 \times
\begin{array}{cccccc}
(0) & (0) & (0) & (1) & (0) & (4) \\
0 & 0 & 0 & 1 & 0 & 2 \\
\end{array}
\left[
\begin{array}{ccc:ccc}
12 & 0 & -30 & -12 & 0 & -30 \\
0 & 0 & 0 & 0 & 0 & 0 \\
-30 & 0 & 100 & 30 & 0 & 50 \\
\hdashline
-12 & 0 & 30 & 12 & 0 & 30 \\
0 & 0 & 0 & 0 & 0 & 0 \\
-30 & 0 & 50 & 30 & 0 & 100 \\
\end{array}
\right]
\begin{array}{l}
0 \ (0) \\
0 \ (0) \\
0 \ (0) \\
1 \ (1) \\
0 \ (0) \\
2 \ (4) \\
\end{array}
$$

上式中，无括号的总码是 $\boldsymbol{\lambda}^{②}$，加括号的总码是 $\boldsymbol{\lambda}^{③}$。

（3）集成结构刚度矩阵 $\boldsymbol{K}$。将各单元刚度矩阵的元素，按右方和上方非零总码"对号入座"送入结构刚度矩阵，并将同一位置的元素求和，即得 $\boldsymbol{K}$：

$$
\boldsymbol{K} = 10^4 \times
\begin{bmatrix}
24 & 30 & 0 & 30 \\
30 & 200 & 50 & 0 \\
0 & 50 & 100 & 0 \\
30 & 0 & 0 & 100 \\
\end{bmatrix}
$$

（4）求结点荷载列向量 $\boldsymbol{F}$。本例仅单元②有非结点荷载，由表 7 - 2 查得局部坐标下中固端力：

$$
\overline{\boldsymbol{F}}^{F②} = \begin{bmatrix} 0 & 10 & 8.333 & 0 & 10 & -8.333 \end{bmatrix}^{T}
$$

将 $\alpha_2 = 90°$ 代入式（7 - 12）求出 $\boldsymbol{T}^{T}$，并与 $\overline{\boldsymbol{F}}^{F②}$ 一起代入式（7 - 25）求得结构坐标下的固端力列向量 $\boldsymbol{F}^{F②}$，标出 $\boldsymbol{\lambda}^{②}$ 的总码，可得：

$$
\begin{array}{cccccc}
0 & 0 & 0 & 1 & 0 & 2 \\
\end{array}
$$
$$
\boldsymbol{F}^{F②} = \begin{bmatrix} -10 & 0 & 8.333 & -10 & 0 & -8.333 \end{bmatrix}^{T}
$$

将 $\boldsymbol{F}^{F②}$ 反号，对照单元定位向量在等效结点荷载列向量 $\boldsymbol{F}_{E}$ 中定位可得：

$$
\boldsymbol{F}_{E} = \begin{bmatrix} 10 & 8.333 & 0 & 0 \end{bmatrix}^{T}
$$

由图 7 - 13a 可知，直接结点荷载列向量 $\boldsymbol{F}_{D}$ 为：

$$
\boldsymbol{F}_{D} = \begin{bmatrix} 0 & -40 & 0 & 0 \end{bmatrix}^{T}
$$

将 $\boldsymbol{F}_{E}$、$\boldsymbol{F}_{D}$ 相加可得综合结点荷载列向量 $\boldsymbol{F}$：

$$
\boldsymbol{F} = \boldsymbol{F}_{D} + \boldsymbol{F}_{E} = \begin{bmatrix} 10 & -31.667 & 0 & 0 \end{bmatrix}^{T}
$$

（5）解方程，求未知位移。将 $\boldsymbol{K}$、$\boldsymbol{F}$、$\boldsymbol{\Delta}$ 代入式（7 - 23）得：

$$
10^4 \times
\begin{bmatrix}
24 & 30 & 0 & 30 \\
30 & 200 & 50 & 0 \\
0 & 50 & 100 & 0 \\
30 & 0 & 0 & 100 \\
\end{bmatrix}
\begin{bmatrix}
u_C \\
\varphi_C \\
\varphi_{DC} \\
\varphi_{DB} \\
\end{bmatrix}
=
\begin{bmatrix}
10 \\
-31.667 \\
0 \\
0 \\
\end{bmatrix}
$$

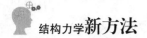

求解得：

$$\boldsymbol{\Delta} = \begin{bmatrix} u_C & \varphi_C & \varphi_{DC} & \varphi_{DB} \end{bmatrix}^{\mathrm{T}} = 10^{-5} \times \begin{bmatrix} 15.65 & -4.493 & 2.246 & -4.696 \end{bmatrix}^{\mathrm{T}}$$

（6）求各单元最后杆端力 $\overline{\boldsymbol{F}}_{\mathrm{Z}}^e$。

单元①（CD 杆）：对照 $\boldsymbol{\lambda}^{①}$ 可知，$\boldsymbol{\delta}^{①} = \begin{bmatrix} u_C & 0 & \varphi_C & u_C & 0 & \varphi_{DC} \end{bmatrix}^{\mathrm{T}}$；将 $\alpha_1 = 0°$ 代入式（7-12）求出 $\boldsymbol{T}^{①}$；然后将 $\boldsymbol{T}^{①}$、$\boldsymbol{k}^{①}$、$\boldsymbol{\delta}^{①}$ 代入式（7-27）求出 $\overline{\boldsymbol{F}}^{①}$。$\overline{\boldsymbol{F}}^{F①} = \boldsymbol{0}$，故 $\overline{\boldsymbol{F}}_{\mathrm{Z}}^{①} = \boldsymbol{T}^{①}\boldsymbol{k}^{①}\boldsymbol{\delta}^{①}$，即：

$$\overline{\boldsymbol{F}}_{\mathrm{Z}}^{①} = \left[\begin{array}{ccc:ccc} 1 & 0 & 0 & & & \\ 0 & 1 & 0 & & \mathbf{0} & \\ 0 & 0 & 1 & & & \\ \hdashline & & & 1 & 0 & 0 \\ & \mathbf{0} & & 0 & 1 & 0 \\ & & & 0 & 0 & 1 \end{array}\right] \times 10^4 \times \left[\begin{array}{ccc:ccc} 0 & 0 & 0 & 0 & 0 & 0 \\ 0 & 12 & 30 & 0 & -12 & 30 \\ 0 & 30 & 100 & 0 & -30 & 50 \\ \hdashline 0 & 0 & 0 & 0 & 0 & 0 \\ 0 & -12 & -30 & 0 & 12 & -30 \\ 0 & 30 & 50 & 0 & -30 & 100 \end{array}\right] \times$$

$$10^{-5} \times \begin{bmatrix} 15.65 \\ 0 \\ -4.493 \\ 15.65 \\ 0 \\ 2.246 \end{bmatrix} = \left[\begin{array}{ccc:ccc} 1 & 0 & 0 & & & \\ 0 & 1 & 0 & & \mathbf{0} & \\ 0 & 0 & 1 & & & \\ \hdashline & & & 1 & 0 & 0 \\ & \mathbf{0} & & 0 & 1 & 0 \\ & & & 0 & 0 & 1 \end{array}\right] \times \begin{bmatrix} 0 \\ -6.74 \\ -33.7 \\ 0 \\ 6.74 \\ 0 \end{bmatrix} = \begin{bmatrix} 0 \\ -6.74\,\mathrm{kN} \\ -33.7\,\mathrm{kN \cdot m} \\ 0 \\ 6.74\,\mathrm{kN} \\ 0 \end{bmatrix}$$

单元②（AC 杆）：由表 7-2 查得 $\overline{\boldsymbol{F}}^{F②} = \begin{bmatrix} 0 & 10 & 8.333 & 0 & 10 & -8.333 \end{bmatrix}^{\mathrm{T}}$；$\alpha_2 = 90°$，代入式（7-12）可得 $\boldsymbol{T}^{②}$；对照 $\boldsymbol{\lambda}^{②}$ 可有 $\boldsymbol{\delta}^{②} = \begin{bmatrix} 0 & 0 & 0 & u_C & 0 & \varphi_C \end{bmatrix}^{\mathrm{T}}$。将 $\boldsymbol{T}^{②}$、$\boldsymbol{k}^{②}$、$\boldsymbol{\delta}^{②}$ 代入式（7-27）得 $\overline{\boldsymbol{F}}^{②}$，再将 $\overline{\boldsymbol{F}}^{②}$ 与 $\overline{\boldsymbol{F}}^{F②}$ 相加即得 $\overline{\boldsymbol{F}}_{\mathrm{Z}}^{②}$，运算如下：

$$\overline{\boldsymbol{F}}_{\mathrm{Z}}^{②} = \begin{bmatrix} 0 \\ 10 \\ 8.333 \\ 0 \\ 10 \\ -8.333 \end{bmatrix} + \left[\begin{array}{ccc:ccc} 0 & 1 & 0 & & & \\ -1 & 0 & 0 & & \mathbf{0} & \\ 0 & 0 & 1 & & & \\ \hdashline & & & 0 & 1 & 0 \\ & \mathbf{0} & & -1 & 0 & 0 \\ & & & 0 & 0 & 1 \end{array}\right] \times 10^4 \times \left[\begin{array}{ccc:ccc} 12 & 0 & -30 & -12 & 0 & -30 \\ 0 & 0 & 0 & 0 & 0 & 0 \\ -30 & 0 & 100 & 30 & 0 & 50 \\ \hdashline -12 & 0 & 30 & 12 & 0 & 30 \\ 0 & 0 & 0 & 0 & 0 & 0 \\ -30 & 0 & 50 & 30 & 0 & 100 \end{array}\right] \times$$

$$10^{-5} \times \begin{bmatrix} 0 \\ 0 \\ 0 \\ 15.65 \\ 0 \\ -4.493 \end{bmatrix} = \begin{bmatrix} 0 \\ 10 \\ 8.333 \\ 0 \\ 10 \\ -8.333 \end{bmatrix} + \left[\begin{array}{ccc:ccc} 0 & 1 & 0 & & & \\ -1 & 0 & 0 & & \mathbf{0} & \\ 0 & 0 & 1 & & & \\ \hdashline & & & 0 & 1 & 0 \\ & \mathbf{0} & & -1 & 0 & 0 \\ & & & 0 & 0 & 1 \end{array}\right] \times \begin{bmatrix} -5.301 \\ 0 \\ 24.485 \\ 5.301 \\ 0 \\ 2.02 \end{bmatrix} = \begin{bmatrix} 0 \\ 15.31\,\mathrm{kN} \\ 32.818\,\mathrm{kN \cdot m} \\ 0 \\ 4.69\,\mathrm{kN} \\ -6.313\,\mathrm{kN \cdot m} \end{bmatrix}$$

单元③（BD 杆）：$\overline{\boldsymbol{F}}^{F③}$ 为零；$\alpha_3 = 90°$，由式（7-12）求出 $\boldsymbol{T}^{③}$；由 $\boldsymbol{\lambda}^{③}$ 知 $\boldsymbol{\delta}^{③} = 10^{-5} \times$

$\begin{bmatrix} 0 & 0 & 0 & 15.65 & 0 & -4.696 \end{bmatrix}^{\mathrm{T}}$。将 $\boldsymbol{T}^{③}$、$\boldsymbol{k}^{③}$、$\boldsymbol{\delta}^{③}$ 代入式（7-28），运算如下：

$$\overline{\boldsymbol{F}}_{\mathrm{Z}}^{③} = \left[\begin{array}{ccc:ccc} 0 & 1 & 0 & & & \\ -1 & 0 & 0 & & \boldsymbol{0} & \\ 0 & 0 & 1 & & & \\ \hdashline & & & 0 & 1 & 0 \\ & \boldsymbol{0} & & -1 & 0 & 0 \\ & & & 0 & 0 & 1 \end{array}\right] \times 10^{4} \times \left[\begin{array}{ccc:ccc} 12 & 0 & -30 & -12 & 0 & -30 \\ 0 & 0 & 0 & 0 & 0 & 0 \\ -30 & 0 & 100 & 30 & 0 & 50 \\ \hdashline -12 & 0 & 30 & 12 & 0 & 30 \\ 0 & 0 & 0 & 0 & 0 & 0 \\ -30 & 0 & 50 & 30 & 0 & 100 \end{array}\right] \times$$

$$10^{-5} \times \left[\begin{array}{c} 0 \\ 0 \\ 0 \\ \hdashline 15.65 \\ 0 \\ -4.696 \end{array}\right] = \left[\begin{array}{ccc:ccc} 0 & 1 & 0 & & & \\ -1 & 0 & 0 & & \boldsymbol{0} & \\ 0 & 0 & 1 & & & \\ \hdashline & & & 0 & 1 & 0 \\ & \boldsymbol{0} & & -1 & 0 & 0 \\ & & & 0 & 0 & 1 \end{array}\right] \times \left[\begin{array}{c} -4.692 \\ 0 \\ 23.47 \\ 4.692 \\ 0 \\ 0 \end{array}\right] = \left[\begin{array}{c} 0 \\ 4.69\mathrm{kN} \\ 23.47\mathrm{kN \cdot m} \\ 0 \\ -4.69\mathrm{kN} \\ 0 \end{array}\right]$$

（7）绘制内力图。根据计算结果绘出的 M、F_{Q}、F_{N} 图，如图 7-14 所示。由于忽略了轴向变形，根据刚度方程求出的杆件轴力为零。为求出各杆轴力，现取结点 C 为隔离体，由 $\sum F_{y} = 0$，$\sum F_{x} = 0$ 得：

$$F_{\mathrm{NAC}} = -F_{\mathrm{QCD}} = 6.74\mathrm{kN}（拉力）\qquad F_{\mathrm{NCD}} = F_{\mathrm{QCA}} = -4.69\mathrm{kN}（压力）$$

再取结点 D 为隔离体，由 $\sum F_{y} = 0$ 得：

$$F_{\mathrm{NDB}} = F_{\mathrm{QDC}} = -6.74\mathrm{kN}（压力）$$

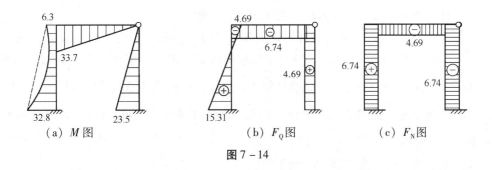

（a）M 图　　　　　（b）F_{Q} 图　　　　　（c）F_{N} 图

图 7-14

7.8 矩阵位移法采用 Excel 计算

矩阵位移法计算量巨大，为迅速获得计算结果，需要编制计算机程序进行计算（简称"机算"）。然而目前各结构力学教材提供的计算机程序不统一、不规范，给读者获得程序或熟悉程序带来困扰，更何况程序计算不透明，不利于对方法本身的理解。对此，本书给出按照矩阵位移法求解步骤，用手控 Excel 计算（简称"手算"）的作法。采用"手算"能够随时计算、方便熟悉求解过程，有利于加深对方法本身的理解。具体作法

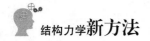

如下：

（1）准备计算数据（在草稿纸上完成）

划分单元并编号，建立局部坐标系和整体坐标系，确定结点位移列向量 $\boldsymbol{\Delta}$、标出总码，列出单元定位列向量 $\boldsymbol{\lambda}^e$。

（2）计算单元刚度矩阵 $\boldsymbol{k}^e$（在 Excel 表完成）

预先在 Excel 表列出结构坐标下一般单元、梁式单元、桁架单元 $\boldsymbol{k}^e$ 的计算模板（详见附录 Ⅱ.2.1）。复制所需的模板、输入相关数据（EI、EA、l、$\sin\alpha$、$\sin^2\alpha$、$\cos\alpha$、$\cos^2\alpha$、$\sin\alpha\cos\alpha$）即得 $\boldsymbol{k}^e$；在 $\boldsymbol{k}^e$ 上方和右方标出 $\boldsymbol{\lambda}^e$ 总码；反复进行上述操作，可得所需要的各单元刚度矩阵。

（3）集成结构刚度矩阵 $\boldsymbol{K}$（在 Excel 表完成）

选定 $\boldsymbol{K}$ 的单元格区域，将各 $\boldsymbol{k}^e$ 的元素"对号入座"送入 $\boldsymbol{K}$ 的相应单元格，并将同一位置的元素求和，即得 $\boldsymbol{K}$。

（4）建立综合结点荷载列向量 $\boldsymbol{F}$（在草稿纸上完成）

将直接结点荷载和反向后的单元固端力标于结点上，画出有未知位移的结点受力图，求出各结点位移分量方向上力（力矩）的代数和，即得 $\boldsymbol{F}$。

（5）求结点位移 $\boldsymbol{\Delta}$（在 Excel 表完成）

在 Excel 表 $\boldsymbol{K}$ 的旁边选定 $\boldsymbol{F}$ 的区域并赋值；再任选一个区域存放 $\boldsymbol{\Delta}$，在公式输入栏输入" = MMULT（MINVERSE（K_{11}：K_{mm}），F_1：F_m）"，按"Ctrl + Shift + Enter"组合键，即得 $\boldsymbol{\Delta}$。这里，K_{11}、K_{mm} 与 F_1、F_m 分别是矩阵 $\boldsymbol{K}$ 与 $\boldsymbol{F}$ 的第一个单元格和最后一个单元格。

（6）计算各单元最后杆端力 $\overline{\boldsymbol{F}}_Z^e$（在 Excel 表完成）

预先在 Excel 表上列出单元坐标转换矩阵 $\boldsymbol{T}$ 的计算模板（详见附录 Ⅱ.2.2）。复制 $\boldsymbol{T}$ 并输入所求单元的 $\sin\alpha$、$\cos\alpha$ 值，反复操作求出各单元 $\boldsymbol{T}^e$；选定存放 $\boldsymbol{\delta}^e$ 的区域，对照 $\boldsymbol{\Delta}$ 按 $\boldsymbol{\lambda}^e$ 总码写出 $\boldsymbol{\delta}^e$；用 Excel 矩阵函数计算 $\boldsymbol{T}^e\boldsymbol{k}^e\boldsymbol{\delta}^e$（参见附录 Ⅱ.3），即得 $\overline{\boldsymbol{F}}^e$。

选定 $\overline{\boldsymbol{F}}^{Fe}$ 的区域，由表 7 - 2 查出 $\overline{\boldsymbol{F}}^{Fe}$。再选定 $\overline{\boldsymbol{F}}_Z^e$ 的单元格区域，将 $\overline{\boldsymbol{F}}^{Fe}$ 与 $\overline{\boldsymbol{F}}^e$ 同一位置的元素求和，即得 $\overline{\boldsymbol{F}}_Z^e$。

（7）绘制最后内力图（在草稿纸上完成）

M 图由单元两端 M_Z^e 值和非结点荷载用区段叠加法绘出；F_Q 图用力矢移动绘出；F_N 图则将两端 F_{NZ}^e 值竖标顶点连线。

例 7 - 7　试求图 7 - 15a 所示刚架的内力（考虑杆件轴向变形）。已知各杆材料及截面相同，$E = 200\text{GPa}$，$A = 1.0 \times 10^{-2}\text{m}^2$，$I = 32 \times 10^{-5}\text{m}^4$。

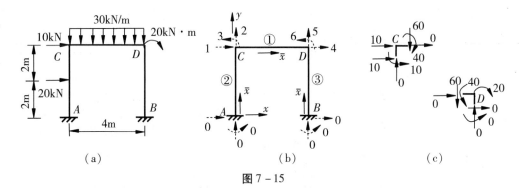

图 7－15

解：本例已在例 7－4 按编写计算机程序的步骤算过，作为比较，现用手控 Excel 计算。

（1）在草稿纸上画出刚架，标出单元编号、单元坐标系、结构坐标系，用总码标出结点位移分量，如图 7－15b 所示。

对照图 7－15b 写出结点位移列向量 $\boldsymbol{\Delta}$ 和单元定位列向量 $\boldsymbol{\lambda}^e$：

$$\boldsymbol{\Delta} = \begin{bmatrix} u_C & v_C & \varphi_C & u_D & v_D & \varphi_D \end{bmatrix}^{\mathrm{T}} \qquad \boldsymbol{\lambda}^{①} = \begin{bmatrix} 1 & 2 & 3 & 4 & 5 & 6 \end{bmatrix}^{\mathrm{T}}$$

$$\boldsymbol{\lambda}^{②} = \begin{bmatrix} 0 & 0 & 0 & 1 & 2 & 3 \end{bmatrix}^{\mathrm{T}} \qquad \boldsymbol{\lambda}^{③} = \begin{bmatrix} 0 & 0 & 0 & 4 & 5 & 6 \end{bmatrix}^{\mathrm{T}}$$

（2）打开附录Ⅱ.2.1，按照"结构坐标下一般单元刚度矩阵"模板在 Excel 选定区域复制，输入单元①的 EI、EA、l_1、$\sin\alpha_1$、$\sin^2\alpha_1$、$\sin\alpha_1\cos\alpha_1$、$\cos\alpha_1$、$\cos^2\alpha_1$ 值，表格便显示出 $\boldsymbol{k}^{①}$ 各值（如下表），然后在 $\boldsymbol{k}^{①}$ 上方和右方标出 $\boldsymbol{\lambda}^{①}$ 总码。

$\boldsymbol{k}^{①}$							
EI	EA	l_i	s	s^2	$s \times c$	c	c^2
64000	2000000	4	0	0	0	1	1
1	2	3	4	5	6		
500000	0	0	−500000	0	0	1	
0	12000	24000	0	−12000	24000	2	
0	24000	64000	0	−24000	32000	3	
−500000	0	0	500000	0	0	4	
0	−12000	−24000	0	12000	−24000	5	
0	24000	32000	0	−24000	64000	6	

同样的操作可得结构坐标下单元②、③刚度矩阵及对应的总码如下：

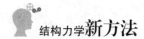

结构力学新方法

$k^②$							
EI	EA	l_i	s	s^2	$s \times c$	c	c^2
64000	2000000	4	1	1	0	0	0
0	0	0	1	2	3		
12000	0	−24000	−12000	0	−24000	0	
0	500000	0	0	−500000	0	0	
−24000	0	64000	24000	0	32000	0	
−12000	0	24000	12000	0	24000	1	
0	−500000	0	0	500000	0	2	
−24000	0	32000	24000	0	64000	3	

$k^③$							
EI	EA	l_i	s	s^2	$s \times c$	c	c^2
64000	2000000	4	1	1	0	0	0
0	0	0	4	5	6		
12000	0	−24000	−12000	0	−24000	0	
0	500000	0	0	−500000	0	0	
−24000	0	64000	24000	0	32000	0	
−12000	0	24000	12000	0	24000	4	
0	−500000	0	0	500000	0	5	
−24000	0	32000	24000	0	64000	6	

（3）集成结构刚度矩阵 **K**。在 Excel 表选定 **K** 的区域，将各 k^e 的元素按非零总码给出的行列号送入 **K** 的相应单元格，并将同一单元格各值求和，即得 **K**：

512000	0	24000	−50000	0	0
0	512000	24000	0	−12000	24000
24000	24000	128000	0	−24000	32000
−500000	0	0	512000	0	24000
0	−12000	−24000	0	512000	−24000
0	24000	32000	24000	−24000	128000

（4）建立综合结点荷载列向量 **F**，求结点位移 **Δ**。在草稿纸上将直接结点荷载和按表 7 - 2 查出的各单元固端力反向标于结点 C 和 D，如图 7 - 15c 所示。将各结点同一方向的力求和（集中力与结构坐标正向相同为正，弯矩逆时针转为正），即得 **F**：

$$F = \begin{bmatrix} 20 & -60 & -30 & 0 & -60 & 20 \end{bmatrix}^{\mathrm{T}}$$

在 Excel 表选定单元格区域输入 **F** 值，再选定 **Δ** 的区域，用 Excel 矩阵函数计算 **Δ** = $K^{-1}F$ 得：

$$\begin{array}{cccccc} 1 & 2 & 3 & 4 & 5 & 6 \end{array}$$

$\boldsymbol{\Delta} = 10^{-5} \times \begin{bmatrix} 131.416 & -9.872 & -49.68 & 128.185 & -14.13 & 3.212 \end{bmatrix}^{\mathrm{T}}$

$\boldsymbol{\Delta}$ 上方数字为位移分量总码。

（5）计算单元最后杆端力 $\overline{\boldsymbol{F}}_{\mathrm{Z}}^{e}$（ $= \overline{\boldsymbol{F}}^{e} + \overline{\boldsymbol{F}}^{\mathrm{F}e}$）。在 Excel 表选定 $\boldsymbol{\delta}^{e}$ 的单元格区域，对照 $\boldsymbol{\Delta}$，按 $\boldsymbol{\lambda}^{e}$ 的总码写出 $\boldsymbol{\delta}^{e}$：

$\boldsymbol{\delta}^{①} = 10^{-5} \times \begin{bmatrix} 131.416 & -9.872 & -49.68 & 128.185 & -14.13 & 3.212 \end{bmatrix}^{\mathrm{T}}$

$\boldsymbol{\delta}^{②} = 10^{-5} \times \begin{bmatrix} 0 & 0 & 0 & 131.416 & -9.872 & -49.68 \end{bmatrix}^{\mathrm{T}}$

$\boldsymbol{\delta}^{③} = 10^{-5} \times \begin{bmatrix} 0 & 0 & 0 & 128.185 & -14.13 & 3.212 \end{bmatrix}^{\mathrm{T}}$

打开附录Ⅱ.2.2，复制单元坐标转换矩阵 $\boldsymbol{T}$ 计算模板，将各单元 $\sin\alpha_i$、$\cos\alpha_i$ 代入可得：

$\boldsymbol{T}^{①}$ （$c=1$，$s=0$）					
1	0	0	0	0	0
0	1	0	0	0	0
0	0	1	0	0	0
0	0	0	1	0	0
0	0	0	0	1	0
0	0	0	0	0	1

$\boldsymbol{T}^{②} = \boldsymbol{T}^{③}$ （$c=0$，$s=1$）					
0	1	0	0	0	0
-1	0	0	0	0	0
0	0	1	0	0	0
0	0	0	0	1	0
0	0	0	-1	0	0
0	0	0	0	0	1

用 Excel 矩阵函数计算 $\overline{\boldsymbol{F}}^{e}$（ $= \boldsymbol{T}^{e} \boldsymbol{k}^{e} \boldsymbol{\delta}^{e}$），具体操作见附录Ⅱ.3，可得 $\overline{\boldsymbol{F}}^{e}$ 如下：

$\overline{\boldsymbol{F}}^{①} = \begin{bmatrix} 16.153 & -10.641 & -29.745 & -16.153 & 10.641 & -12.82 \end{bmatrix}^{\mathrm{T}}$

$\overline{\boldsymbol{F}}^{②} = \begin{bmatrix} 49.359 & 3.847 & 15.642 & -49.359 & -3.847 & -0.255 \end{bmatrix}^{\mathrm{T}}$

$\overline{\boldsymbol{F}}^{③} = \begin{bmatrix} 70.641 & 16.153 & 31.792 & -70.641 & -16.153 & 32.82 \end{bmatrix}^{\mathrm{T}}$

由表 7-2 查出 $\overline{\boldsymbol{F}}^{\mathrm{F}e}$，将其输入选定单元格区域可得：

$\overline{\boldsymbol{F}}^{\mathrm{F}①} = \begin{bmatrix} 0 & 60 & 40 & 0 & 60 & -40 \end{bmatrix}^{\mathrm{T}}$ $\overline{\boldsymbol{F}}^{\mathrm{F}②} = \begin{bmatrix} 0 & 10 & 10 & 0 & 10 & -10 \end{bmatrix}^{\mathrm{T}}$

$$\overline{\boldsymbol{F}}^{\mathrm{F}③} = \begin{bmatrix} 0 & 0 & 0 & 0 & 0 & 0 \end{bmatrix}^{\mathrm{T}}$$

选定 $\overline{\boldsymbol{F}}_{\mathrm{Z}}^e$ 的单元格区域，计算 $\overline{\boldsymbol{F}}_{\mathrm{Z}}^e = \overline{\boldsymbol{F}}^{\mathrm{F}e} + \overline{\boldsymbol{F}}^e$（具体操作见附录Ⅱ.3），可得各单元最后杆端力：

$$\overline{\boldsymbol{F}}_{\mathrm{Z}}^① = \begin{bmatrix} 16.2 & 49.4 & 10.3 & -16.2 & 70.6 & -52.8 \end{bmatrix}^{\mathrm{T}}$$

$$\overline{\boldsymbol{F}}_{\mathrm{Z}}^② = \begin{bmatrix} 49.4 & 13.8 & 25.6 & -49.4 & 6.2 & -10.3 \end{bmatrix}^{\mathrm{T}}$$

$$\overline{\boldsymbol{F}}_{\mathrm{Z}}^③ = \begin{bmatrix} 70.6 & 16.2 & 31.8 & -70.6 & -16.2 & 32.8 \end{bmatrix}^{\mathrm{T}}$$

以上结果与例 7 - 4 完全相同。

例 7 - 8 试求图 7 - 16a 所示桁架各杆内力，EA 为常数。

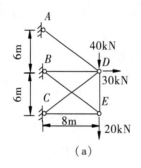

图 7 - 16

解： 本例已在例 7 - 2、例 7 - 5 计算过，作为对比，现用手控 Excel 计算。

（1）在草稿纸上标出单元编码、局部坐标系、整体坐标系，如图 7 - 16b 所示。结点位移列向量 $\boldsymbol{\Delta} = \begin{bmatrix} u_D & v_D & u_E & v_E \end{bmatrix}^{\mathrm{T}}$，总码依次为 1、2、3、4。

对照图 7 - 16b 写出 $\boldsymbol{\lambda}^e$ 和各单元 EA、l、$\sin\alpha$、$\cos\alpha$ 值，见表 7 - 3。

表 7 - 3 单元定位列向量和各单元参数

单元	i 端→j 端	单元定位向量 $\boldsymbol{\lambda}^e$	EA	l_i（m）	$\sin\alpha$	$\cos\alpha$
①	$D{\to}A$	$\begin{bmatrix} 1 & 2 & 0 & 0 \end{bmatrix}^{\mathrm{T}}$	1	10	0.6	-0.8
②	$D{\to}B$	$\begin{bmatrix} 1 & 2 & 0 & 0 \end{bmatrix}^{\mathrm{T}}$	1	8	0	-1
③	$E{\to}D$	$\begin{bmatrix} 3 & 4 & 1 & 2 \end{bmatrix}^{\mathrm{T}}$	1	6	1	0
④	$E{\to}C$	$\begin{bmatrix} 3 & 4 & 0 & 0 \end{bmatrix}^{\mathrm{T}}$	1	8	0	-1
⑤	$D{\to}C$	$\begin{bmatrix} 1 & 2 & 0 & 0 \end{bmatrix}^{\mathrm{T}}$	1	10	-0.6	-0.8
⑥	$E{\to}B$	$\begin{bmatrix} 3 & 4 & 0 & 0 \end{bmatrix}^{\mathrm{T}}$	1	10	0.6	-0.8

（2）集成结构刚度矩阵 $\boldsymbol{K}$。打开附录Ⅱ.2.1，按照"结构坐标下桁架单元刚度矩

阵”模板在 Excel 选定区域复制，输入单元①的 EA、l_1、$\sin\alpha_1$、$\cos\alpha_1$ 值即得 $\boldsymbol{k}^{①}$，在其上方和右方标出 $\boldsymbol{\lambda}^{①}$ 总码。重复这一操作可得 $\boldsymbol{k}^{②} \sim \boldsymbol{k}^{⑥}$。

$\boldsymbol{k}^{①} \sim \boldsymbol{k}^{⑥}$ 与例 7 - 2 完全相同，此处从略。

选定 $\boldsymbol{K}$ 的区域，将各 $\boldsymbol{k}^e$ 的元素按非零总码"对号入座"送入 $\boldsymbol{K}$ 的相应单元格，并将同一单元格元素求和，即得 $\boldsymbol{K}$：

$$\boldsymbol{K} = \frac{EA}{3000} \times \begin{bmatrix} 759 & 0 & 0 & 0 \\ 0 & 716 & 0 & -500 \\ 0 & 0 & 567 & -144 \\ 0 & -500 & -144 & 608 \end{bmatrix}$$

（3）建立综合结点荷载列向量 $\boldsymbol{F}$，求结点位移 $\boldsymbol{\Delta}$。桁架只有直接结点荷载 $\boldsymbol{F}_D$（与结构坐标正向相同为正），即 $\boldsymbol{F} = \boldsymbol{F}_D$。对照图 7 - 16a 可直接写出：

$$\boldsymbol{F} = \begin{bmatrix} 30 & -40 & 0 & -20 \end{bmatrix}^T$$

在 Excel 表选定单元格区域并标出 $\boldsymbol{F}$、再选定 $\boldsymbol{\Delta}$ 的区域，由 Excel 矩阵函数计算 $\boldsymbol{\Delta} = \boldsymbol{K}^{-1}\boldsymbol{F}$ 可得：

$$\qquad\qquad\qquad\qquad 1 \qquad\qquad 2 \qquad\qquad 3 \qquad\qquad 4$$
$$\boldsymbol{\Delta} = \begin{bmatrix} u_D & v_D & u_E & v_E \end{bmatrix}^T = 3000/EA \begin{bmatrix} 0.04 & -0.206 & -0.055 & -0.216 \end{bmatrix}^T$$

$\boldsymbol{\Delta}$ 上方的数字为结点位移分量总码。

（4）求各杆内力。桁架杆件上无荷载，各杆 $\overline{\boldsymbol{F}}^{Fe}$ 为零，即 $\overline{\boldsymbol{F}}_Z^e = \overline{\boldsymbol{F}}^e$。由式（7 - 27）知 $\overline{\boldsymbol{F}}^e = \boldsymbol{T}^e\boldsymbol{k}^e\boldsymbol{\delta}^e$，其中 $\boldsymbol{T}^① \sim \boldsymbol{T}^⑥$ 可通过复制 $\boldsymbol{T}$ 计算模板（见附录 Ⅱ.2.2）并将 $\sin\alpha_i$、$\cos\alpha_i$ 代入求得。$\boldsymbol{\delta}^e$ 由 $\boldsymbol{\Delta}$ 值按照表 7 - 3 中的 $\boldsymbol{\lambda}^e$ 确定如下：

$$\boldsymbol{\delta}^① = \boldsymbol{\delta}^② = \boldsymbol{\delta}^⑤ = 3000/EA \begin{bmatrix} 0.04 & -0.206 & 0 & 0 \end{bmatrix}^T$$
$$\boldsymbol{\delta}^③ = 3000/EA \begin{bmatrix} -0.055 & -0.216 & 0.04 & -0.206 \end{bmatrix}^T$$
$$\boldsymbol{\delta}^④ = \boldsymbol{\delta}^⑥ = 3000/EA \begin{bmatrix} -0.055 & -0.216 & 0 & 0 \end{bmatrix}^T$$

$\boldsymbol{T}^e$、$\boldsymbol{k}^e$、$\boldsymbol{\delta}^e$ 及它们的乘积 $\overline{\boldsymbol{F}}^e$ 与例 7 - 5 完全相同，此处从略。

由本节可以看出，通过对矩阵位移法求解过程的改进，"手算"同样能够完成"机算"的全部功能，主要有以下方面：

（1）用 Excel 列出结构坐标下 $\boldsymbol{k}^e$ 和 $\boldsymbol{T}^e$ 的计算模板。通过复制—粘贴能很快得到解题所需的单元刚度矩阵 $\boldsymbol{k}^e$ 和坐标转换矩阵 $\boldsymbol{T}^e$。

（2）通过手控"对号入座"的操作，能直观地形成结构刚度矩阵 $\boldsymbol{K}$。

（3）绘制未知位移的结点受力图，简化了综合结点荷载列向量 $\boldsymbol{F}$ 的计算。

（4）应用 Excel 矩阵相除函数，结合"Ctrl + Shift + Enter"组合键，可迅速求出 $\boldsymbol{\Delta}$。

（5）通过 Excel 矩阵相加、相乘运算，可以求出单元最后内力 $\overline{\boldsymbol{F}}_Z^e$。

"手算"的最大的优点是：能随时计算、随时检查，求解过程直观，有利于加深对方法本身的理解。

7.9 矩阵位移法和直接位移法对比

矩阵位移法与直接位移法都以结点位移为未知量，在基本原理上是相同的，只是在计算过程中具体作法有所不同。矩阵位移法从运算规律、处理统一考虑，采用了矩阵运算。直接位移法则从减少计算量、方便分析考虑，选取独立的结点位移为未知量。从直接位移法角度看，矩阵位移法有些作法"笨、繁"，但其机械、规律的步骤有利于编制程序进行大规模计算。

现以图7-17a所示刚架（不计轴向变形）为例，分别用两种方法计算、对比，以加深对位移法本质的理解。

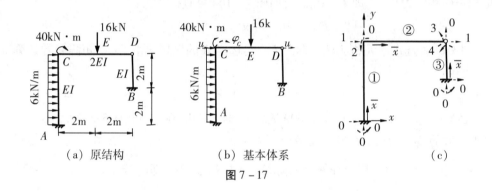

（a）原结构　　　（b）基本体系　　　（c）

图 7 - 17

1. 两种方法的计算对象和未知量

（1）直接位移法

基本未知量为 C 点转角 φ_C 及 C、D 点水平位移 u。在结构荷载图上，用带箭头的虚弧线加 φ_C 标于 C 点，用带箭头的虚直线加 u 标于 C、D 两点，可得基本体系如图7-17b所示。计算对象是两端固定梁 AC 和一端固定、一端铰支梁 CD 与 BD 的组合体。

（2）矩阵位移法

单元划分、局部坐标系、结构坐标系如图7-17c所示。计算对象是单元①、②、③，各单元视为两端固定梁，未知结点位移为：C 点水平位移 u_C、转角 φ_C，总码1、0、2；CD 杆 D 端水平位移 u_D（$= u_C$）、转角 φ_{DC}，总码1、0、3；BD 杆 D 端水平位移 u_D（$= u_C$）、转角 φ_{DB}，总码1、0、4。结点位移列向量 $\boldsymbol{\Delta}$ 为：

$$\boldsymbol{\Delta} = \begin{bmatrix} u_C & \varphi_C & \varphi_{DC} & \varphi_{DB} \end{bmatrix}^{\mathrm{T}}$$

（3）讨论

两种方法的计算对象都是单跨超静定梁，都以结点位移为未知量。不同的是，用直接位移法计算，单跨超静定梁有两种形式，未知量只有2个；用矩阵位移法计算，只有两端固定梁一种形式，未知量有4个。

计算表明，A 端固定 B 端铰支梁的 B 端转角 φ_B，可由两端固定梁 A 端转角 φ_A、两端相对侧移 Δ、梁上荷载作用下的 B 端弯矩 M_{BA}^F 给出：

$$\varphi_B = -\varphi_A/2 + 3\Delta/2l - M_{BA}^F/4i \tag{a}$$

例如，两端固定梁在 A 端转角 φ_A 和 B 端转角 φ_B 作用下，B 端弯矩为 $2i\varphi_A + 4i\varphi_B$。当 B 端铰支时，弯矩 $M_{BA} = 0$。可有 $4i\varphi_B + 2i\varphi_A = 0$，即 $\varphi_B = -\varphi_A/2$，它就是式（a）等号右边第 1 项。两端固定梁在侧移 Δ 和 B 端转角 φ_B 作用下，B 端弯矩为 $-6i\Delta/l + 4i\varphi_B$。当 B 端铰支时，可得 $\varphi_B = 3\Delta/2l$，即式（a）等号右边第 2 项。两端固定梁在荷载和 B 端转角 φ_B 作用下，$M_{BA} = M_{BA}^F + 4i\varphi_B$。当 B 端铰支时，可得 $\varphi_B = -M_{BA}^F/4i$，即式（a）等号右边第 3 项。

同样的计算得知，A 端固定 B 端滑动梁的 B 端侧移 Δ_B 计算式，可由两端固定梁 A 端转角 φ_A、B 端转角 φ_B 及梁上荷载引起的 B 端剪力 F_{QBA}^F 给出，即：

$$\Delta_B = (\varphi_A + \varphi_B)\ l/2 - F_{QBA}^F l^2/12i \tag{b}$$

由上可知，在确定杆件内力时，不一定非要求出铰结端转角和滑动支座端侧移。因此，直接位移法不把它们作为基本未知量，能减少方程的阶数，容易计算。而在矩阵位移法中，把它们作为未知量，虽然未知量数增多，但只分析两端固定梁一种形式，方便编写程序。

矩阵位移法与直接位移法关于杆端力与杆端位移正负号的规定不同，也是出于对各自方法方便分析考虑的。

2. 两种方法位移法方程的建立

（1）直接位移法

令 $i = EI/4$，对照基本体系图 7-17b 和表 6-1，写出各杆杆端力如下：

AC 杆受均布荷载 q 及 C 端转角 φ_C、C 端水平位移 u 作用，$i_{AC} = i$。杆端力为：

$$M_{AC} = 2i\varphi_C - 3iu/2 - 8 \qquad F_{QAC} = -3i\varphi_C/2 + 3iu/4 + 12$$

$$M_{CA} = 4i\varphi_C - 3iu/2 + 8 \qquad F_{QCA} = -3i\varphi_C/2 + 3iu/4 - 12$$

CD 杆中点受集中力 16kN 及 C 端转角 φ_C 作用，$i_{CD} = 2i$。杆端力为：

$$M_{CD} = 6i\varphi_C - 12 \qquad F_{QCD} = -6i\varphi_C/4 + 11$$

$$M_{DC} = 0 \qquad F_{QDC} = -6i\varphi_C/4 - 5$$

BD 杆受 D 端侧移 u 作用，$i_{BD} = 2i$。杆端力为：

$$M_{BD} = -3iu \qquad F_{QBD} = 3iu/2$$

$$M_{DB} = 0 \qquad F_{QDB} = 3iu/2$$

作用于刚结点 C 的力矩有 M_{CA}、M_{CD}、外力偶矩（$-40\text{kN} \cdot \text{m}$），由 $\sum M_C = 0$ 有：

$$M_{CA} + M_{CD} - 40 = 0 \tag{c}$$

作用于 CD 杆水平位移 u 方向的力有 F_{QCA}、F_{QDB}。由 $\sum F_x = 0$ 有：

$$F_{QCA} + F_{QDB} = 0 \tag{d}$$

将 M_{CA}、M_{CD} 及 F_{QCA}、F_{QDB} 代入式（c）、（d），整理可得直接位移法方程：

$$10i\varphi_C - 3iu/2 = 44$$
$$-3i\varphi_C/2 + 9iu/4 = 12 \quad\Bigg\}$$

(e)

将 $i = EI/4$ 代入式（e）求解得：

$$\varphi_C = 23.1111/EI \ (\curvearrowright) \qquad u = 36.7407/EI \ (\rightarrow)$$

（2）矩阵位移法

对照图 7-17c 可写出各单元定位列向量 $\boldsymbol{\lambda}^e$：

$\boldsymbol{\lambda}^① = \begin{bmatrix} 0 & 0 & 0 & 1 & 0 & 2 \end{bmatrix}^T$ $\boldsymbol{\lambda}^② = \begin{bmatrix} 1 & 0 & 2 & 1 & 0 & 3 \end{bmatrix}^T$

$\boldsymbol{\lambda}^③ = \begin{bmatrix} 0 & 0 & 0 & 1 & 0 & 4 \end{bmatrix}^T$

打开 Excel 表，由附录Ⅱ.2.1 复制结构坐标下自由梁式单元刚度矩阵模板，输入各单元提示计算参数，即得 $\boldsymbol{k}^e$。其中：

AC 杆（单元①）$EI = 1$、$l_1 = 4$、$\alpha_1 = 90°$。由模板求得 $\boldsymbol{k}^①$，在 $\boldsymbol{k}^①$ 右方、上方标出 $\boldsymbol{\lambda}^①$ 可得：

0	0	0	1	0	2	
0.1875	0	-0.375	-0.1875	0	-0.375	0
0	0	0	0	0	0	0
-0.375	0	1	0.375	0	0.5	0
-0.1875	0	0.375	0.1875	0	0.375	1
0	0	0	0	0	0	0
-0.375	0	0.5	0.375	0	1	2

CD 杆（单元②）$EI = 2$、$l_2 = 4$、$\alpha_2 = 0$。由模板求出 $\boldsymbol{k}^②$，在其右方、上方标出 $\boldsymbol{\lambda}^②$，结果为：

1	0	2	1	0	3	
0	0	0	0	0	0	1
0	0.375	0.75	0	-0.375	0.75	0
0	0.75	2	0	-0.75	1	2
0	0	0	0	0	0	1
0	-0.375	-0.75	0	0.375	-0.75	0
0	0.75	1	0	-0.75	2	3

BD 杆（单元③）$EI = 1$、$l_3 = 2$、$\alpha_3 = 90°$。由模板求得 $\boldsymbol{k}^③$，在其右方、上方标出 $\boldsymbol{\lambda}^③$ 可得：

0	0	0	1	0	4	
1.5	0	-1.5	-1.5	0	-1.5	0
0	0	0	0	0	0	0
-1.5	0	2	1.5	0	1	0
-1.5	0	1.5	1.5	0	1.5	1
0	0	0	0	0	0	0
-1.5	0	1	1.5	0	2	4

选定 K 的单元格区域，将各 k^e 的元素按非零总码"对号入座"送入相应单元格，并将同一位置的元素求和，即得 K：

1.6875	0.375	0	1.5
0.375	3	1	0
0	1	2	0
1.5	0	0	2

对照图 7 - 17a，写出直接结点荷载列向量 F_D。

$$\qquad\qquad u_C \quad \varphi_C \quad \varphi_{DC} \quad \varphi_{DB}$$
$$F_D = \begin{bmatrix} 0 & -40 & 0 & 0 \end{bmatrix}^{\mathrm{T}}$$

由表 7 - 2 查出各单元 $\overline{F}^{\mathrm{Fe}}$，进行坐标转换得到 F^{Fe}，反号后按总码送入 F_E 的对应位置并求和，得到等效结点荷载 F_E：

$$F_E = \begin{bmatrix} 12 & 0 & 8 & 0 \end{bmatrix}^{\mathrm{T}}$$

结构综合结点荷载 $F = F_E + F_D$，即：

$$F = \begin{bmatrix} 12 & -40 & 8 & 0 \end{bmatrix}^{\mathrm{T}}$$

结构刚度方程为 $K\Delta = F$：

$$\begin{bmatrix} 1.6875 & 0.375 & 0 & 1.5 \\ 0.375 & 3 & 1 & 0 \\ 0 & 1 & 2 & 0 \\ 1.5 & 0 & 0 & 2 \end{bmatrix} \begin{bmatrix} u_C \\ \varphi_C \\ \varphi_{DC} \\ \varphi_{DB} \end{bmatrix} = \begin{bmatrix} 12 \\ -40 \\ 8 \\ 0 \end{bmatrix}$$

在 Excel 表选定 F 的区域并赋值。选定 Δ 区域，用 " = MMULT（MINVERSE（k_{11}：k_{nn}），F_1：F_n）"，按 "Ctrl + Shift + Enter" 键可得 Δ：

$$\qquad\quad u_C（1） \qquad \varphi_C（2） \quad \varphi_{DC}（3） \quad \varphi_{DB}（3）$$
$$\Delta = \begin{bmatrix} 36.7407 & -23.1111 & 15.5556 & -27.5556 \end{bmatrix}^{\mathrm{T}}$$

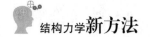

（3）讨论

直接位移法方程，是根据原结构杆端联结方式，由平衡条件列出的。在写杆端力表达式时，包含未知结点位移和杆件上荷载产生的内力，直接给出了非结点荷载的等效结点荷载；在建立刚结点力矩方程或未知线位移方向力的投影平衡方程时，又考虑了直接作用于结点的荷载。因此，也就自然形成位移法方程式（e）的右端项，即结构荷载列阵 $\boldsymbol{F}$。

矩阵位移法方程，是先由杆端位移与杆端力的关系，通过坐标转换得到结构坐标下杆端位移表示的杆端力；再根据变形连续条件，用结点位移代换各单元杆端位移，得到结点位移表示的杆端力，即结构刚度方程等号左边项 $\boldsymbol{K\Delta}$。对方程右端项 $\boldsymbol{F}$ 是分开考虑的：先由表 7-2 查出 $\overline{\boldsymbol{F}}^{Fe}$ 通过坐标转换得到 $\boldsymbol{F}^{Fe}$，再反号、按总码指引的位置集合得到 $\boldsymbol{F}_E$，最后由 $\boldsymbol{F}_D$ 与 $\boldsymbol{F}_E$ 求和得到 $\boldsymbol{F}$。

显然，用直接位移法分析横梁、竖柱组成的结构时，方便、直观、简单，有利于读者学习。矩阵位移法则在形成结构刚度矩阵 $\boldsymbol{K}$ 和综合结点荷载 $\boldsymbol{F}$ 时，过程比较复杂。但是用矩阵表述，形式紧凑、编程规律、作法统一，又以计算机为计算工具，适宜求解大型高次超静定结构。

3. 两种方法计算最后杆端力

（1）直接位移法

将求出的 φ_C、u 值代回到杆端力表达式，即得各杆最后杆端力：

AC 杆：$M_{AC}=-10.2222$，$M_{CA}=17.3333$，$F_{QAC}=10.2222$，$F_{QCA}=13.7778$

CD 杆：$M_{CD}=22.6667$，$M_{DC}=0$，$F_{QCD}=2.3333$，$F_{QDC}=-13.6667$

BD 杆：$M_{BD}=27.5556$，$M_{DB}=0$，$F_{QBD}=13.7778$，$F_{QDB}=13.7778$

（2）矩阵位移法

借助 $\boldsymbol{\lambda}^e$ 由 $\boldsymbol{\Delta}$ 求出结构坐标下单元杆端位移 $\boldsymbol{\delta}^e$：

$$\boldsymbol{\delta}^{①}=\begin{bmatrix}0 & 0 & 0 & 36.7407 & 0 & -23.1111\end{bmatrix}^{\mathrm{T}}$$

$$\boldsymbol{\delta}^{②}=\begin{bmatrix}36.7407 & 0 & -23.1111 & 36.7407 & 0 & 15.5556\end{bmatrix}^{\mathrm{T}}$$

$$\boldsymbol{\delta}^{③}=\begin{bmatrix}0 & 0 & 0 & 36.7407 & 0 & -27.5556\end{bmatrix}^{\mathrm{T}}$$

再将各单元 $\sin\alpha$、$\cos\alpha$ 值代入式（7-12）求出 $\boldsymbol{T}^e$；通过矩阵运算 $\boldsymbol{T}^e\boldsymbol{k}^e\boldsymbol{\delta}^e$ 求出 $\overline{\boldsymbol{F}}^e$（计算从略）；由表 7-2 查出局部坐标下各单元固端力 $\overline{\boldsymbol{F}}^{Fe}$；由式 $\overline{\boldsymbol{F}}_Z^e=\overline{\boldsymbol{F}}^e+\overline{\boldsymbol{F}}^{Fe}$ 计算局部坐标下各单元最后杆端力，结果如下：

$$\overline{\boldsymbol{F}}_Z^{①}=\begin{bmatrix}0 & 10.2222 & 10.2222 & 0 & 13.7778 & -17.3333\end{bmatrix}^{\mathrm{T}}$$

$$\overline{\boldsymbol{F}}_Z^{②}=\begin{bmatrix}0 & 2.3333 & -22.6667 & 0 & 13.6667 & 0\end{bmatrix}^{\mathrm{T}}$$

$$\overline{\boldsymbol{F}}_Z^{③}=\begin{bmatrix}0 & 13.7778 & 27.5556 & 0 & -13.7778 & 7.11E-15\end{bmatrix}^{\mathrm{T}}$$

（3）讨论

直接位移法是将求出的结点位移直接代回杆端力表达式，求出最后杆端力 $\overline{\boldsymbol{F}}_Z^e$。矩阵位移法则是将求出的结点位移转换成 $\boldsymbol{\delta}^e$，再由 $\boldsymbol{T}^e \boldsymbol{k}^e \boldsymbol{\delta}^e$ 求出 $\overline{\boldsymbol{F}}^e$，最后由 $\overline{\boldsymbol{F}}^e + \overline{\boldsymbol{F}}^{Fe}$ 叠加求出最后杆端力 $\overline{\boldsymbol{F}}_Z^e$。

对杆件为横梁竖柱且数量少的结构，用直接位移法计算直观、简便。对于杆件多、布置复杂的结构，用矩阵位移法计算规律、迅速。

4. 绘制最后内力图

根据计算结果可绘出 M、F_Q、F_N 图，如图 7 - 18 所示。

在直接位移法中，M 图由杆件两端弯矩值竖标顶点连线，再叠加相应简支梁弯矩图；F_Q 图用力矢移动绘出；F_N 图则先取结点为隔离体，利用力的投影方程求出杆件轴力，再绘图。对于杆件多、荷载复杂的结构，绘内力图费时。在矩阵位移法中，内力图由计算机绘制，或者根据计算结果进行手绘。

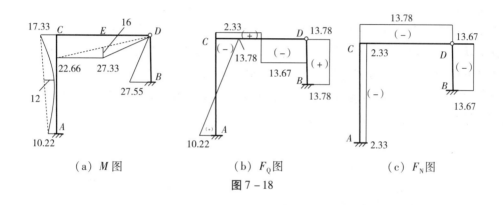

（a）M 图　　　　　　（b）F_Q 图　　　　　　（c）F_N 图

图 7 - 18

附录 I 结构位移计算——虚功法

I.1 虚功原理、单位荷载法

I.1.1 虚功的概念

在物理学中，将力与沿力作用方向的位移的乘积称为功，用 W 表示。

如图 I-1 所示，在力 F_P 作用下物体沿力的作用方向产生了位移 Δ，这时力就作了功。这里，位移 Δ 是由 F_P 引起的，这种力沿自身引起的位移所作的功称为实功。如果位移不是由作功的力本身引起的，即作功的力与其作用方向的位移彼此独立无关，这时力所作的功称为虚功。如图 I-2 所示悬臂梁，实线位置表示在 F_P 作用下的平衡位置，当梁受到别的原因（如温度变化），变形到达曲线位置，其上 B 点沿 F_P 作用方向产生了位移 Δ_{Bt}。因为 Δ_{Bt} 不是 F_P 引起的，于是 F_P 在这段位移上作了虚功。由于 F_P 在通过 Δ_{Bt} 的过程中始终为常力，故虚功为 $W = F_P\Delta_{Bt}$。

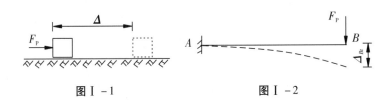

图 I-1   图 I-2

虚功强调的是，位移不是由作功的力本身引起的，它与作功的力是彼此独立、毫无相关的两个因素。因此可将虚功中的力与位移分别看作同一体系的两种独立无关的状态，其中，力所属状态称为力状态，位移所属状态称为位移状态。

力状态的力与位移状态的位移是对应的，若力状态的力是集中力，则位移状态对应的位移为集中力作用点沿其方向的线位移；若力状态的力是集中力偶，则位移状态对应的位移为集中力偶作用截面的转角。总之，力与位移的乘积应具有功的量纲，也就是 [力] × [长度]。当力状态的力与位移状态的位移方向一致时，乘积为正，为正虚功；反之，为负虚功。当力状态的力在位移状态中对应的位移为零时，则虚功为零。

I.1.2 虚功原理

变形体系的虚功原理可表述如下：设有一变形体系，承受力状态和位移状态两个彼此独立因素的作用，那么力状态处于静力平衡、位移状态处于变形协调的充分必要条件是：力状态中的外力在位移状态中相应的位移上所作的外力虚功等于力状态中的内力在位移状态中相应微段的变形上所作的内力虚功（也称变形虚功）。简单地说，外力虚功等于内力虚功。将外力虚功用 W 表示，内力虚功用 W_V 表示，则有：

$$W = W_V \qquad\qquad (\text{I}-1)$$

式（I-1）称为变形体系的虚功方程。

上面论述虚功原理的过程中，并未涉及材料的物理性质，因此无论对线性体系还是非线性体系，对变形体系还是刚体体系都是适用的。对于刚体体系，由于位移状态中各微段不产生任何变形，故内力虚功 $W_V = 0$，此时，虚功方程为

$$W = 0 \qquad\qquad (\text{I}-2)$$

式（I-2）称为刚体体系的虚功方程。它表明，刚体体系的虚功原理是变形体系虚功原理的一个特例。

I.1.3 虚功原理的两种应用

虚功原理把结构中的力状态与位移状态联系起来，能解决许多重要问题。根据虚设对象不同，可有以下两种方式：

1. 虚位移原理

如果所求的是某种实际状态的未知力，则取实际状态为力状态，再根据所求的未知力，虚设一个满足变形协调条件的位移状态，然后应用虚功方程求出力状态中的未知力。

2. 虚力原理

如果所求的是某种实际状态的未知位移，则取实际状态为位移状态，再根据所求的未知位移，虚设一个满足静力平衡条件的力状态，然后应用虚功方程求出位移状态中的未知位移。

I.1.4 单位荷载法

为了求出结构的未知位移，按照虚力原理，就需要有两个状态：位移状态和力状态。其中，位移状态是结构由荷载作用、温度改变、支座移动等确定的外因引起的真实状态，又称实际状态，力状态是根据计算的需要虚设的。因此，可以在结构拟求位移的截面 K 及其方向上加一个虚拟单位力 $F_{PK} = 1$ 作为力状态，又称虚拟状态。这里，虚拟单位力 $F_{PK} = 1$ 表示当采用某一力单位时，该力数值为 1。单位力也称单位荷载。

设力状态中，由单位力 $F_{PK} = 1$ 引起的支座反力为 $\overline{F}_{R1}$，$\overline{F}_{R2}$，$\cdots$；位移状态中，与力状态的单位力和支座反力对应的位移为 Δ_K 和 c_1，c_2，$\cdots$，则外力虚功为：

$$W = F_{PK}\Delta_K + \overline{F}_{R1}c_1 + \overline{F}_{R2}c_2 + \cdots = 1 \times \Delta_K + \sum \overline{F}_R c \qquad\qquad (\text{a})$$

此外，力状态在 $F_{PK} = 1$ 作用下，截面上有轴力 $\overline{F}_N$、剪力 $\overline{F}_Q$、弯矩 $\overline{M}$；位移状态中，相应微段的变形为 du、γdS、$d\varphi$，则内力虚功为：

$$W_V = \sum \int \overline{F}_N du + \sum \int \overline{F}_Q \gamma dS + \sum \int \overline{M} d\varphi \qquad\qquad (\text{b})$$

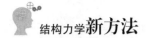

将式（a）、（b）代入虚功方程式（Ⅰ-1）可得：

$$1 \times \Delta_K + \sum \overline{F}_R c = \sum \int \overline{F}_N \mathrm{d}u + \sum \int \overline{F}_Q \gamma \mathrm{d}S + \sum \int \overline{M} \mathrm{d}\varphi$$

或写为：

$$\Delta_K = \sum \int \overline{F}_N \mathrm{d}u + \sum \int \overline{F}_Q \gamma \mathrm{d}S + \sum \int \overline{M} \mathrm{d}\varphi - \sum \overline{F}_R c \qquad （Ⅰ-3）$$

式（Ⅰ-3）等号左边恰好就是所求的位移 Δ_K，故称为平面杆件结构位移计算的一般公式。它适用于静定结构，也适用于超静定结构；适用于弹性材料，也适用于非弹性材料；适用于荷载作用下的位移计算，也适用于因温度改变、支座移动、材料收缩、制造误差等因素影响下的位移计算。因在虚设力系中作用的是单位荷载，所以此法称为单位荷载法。

利用公式（Ⅰ-3）计算时，单位力的指向可以任意假设，若计算结果为正，表明结构的实际位移与单位力设定的指向相同；为负，则相反。

虚拟单位力要与所求的位移相对应。求某点线位移时，要在该点所求位移方向上加单位集中力；求某截面角位移时，要在该截面加单位力偶；求某两个截面的相对线位移时，就在这两个截面加两个同一方向但指向相反的单位集中力；求某两个截面相对角位移时，就在这两个截面加一对转向相反的单位集中力偶，等等。总之，所加的单位力应与所求位移的乘积具有功的量纲。

Ⅰ.2 静定结构在荷载作用下的位移计算

静定结构只有荷载作用时，支座没有移动，式（Ⅰ-3）中 $\sum \overline{F}_R c = 0$，各积分项中微段变形只与荷载有关。为此，将 $\mathrm{d}u$、$\gamma \mathrm{d}s$、$\mathrm{d}\varphi$ 记为 $\mathrm{d}u_P$、$\gamma_P \mathrm{d}s$、$\mathrm{d}\varphi_P$；Δ_K 改用 Δ_{KP}，式（Ⅰ-3）则变成：

$$\Delta_{KP} = \sum \int \overline{F}_N \mathrm{d}u_P + \sum \int \overline{F}_Q \gamma_P \mathrm{d}s + \sum \int \overline{M} \mathrm{d}\varphi_P \qquad （a）$$

设结构在荷载作用下内力为 M_P、F_{QP}、F_{NP}，则由材料力学可知，在线弹性范围内，微段 $\mathrm{d}s$ 的变形为：

$$\mathrm{d}\varphi_P = \frac{M_P \mathrm{d}s}{EI} \qquad \gamma_P \mathrm{d}s = \frac{\mu F_{QP} \mathrm{d}s}{GA} \qquad \mathrm{d}u_P = \frac{F_{NP} \mathrm{d}s}{EA} \qquad （b）$$

式中，剪应力分布不均匀系数 $\mu = \dfrac{A}{I^2} \displaystyle\int_A \dfrac{s^2}{b^2} \mathrm{d}A$，它与截面形状有关，对几种常见截面，其值为：矩形截面 $\mu = 1.2$，圆形截面 $\mu = 10/9$，薄壁圆环形截面 $\mu = 2$，Ⅰ字形截面 $\mu = A/A_1$（A_1 为腹板面积）。力状态中与位移状态相应微段的内力为 $\overline{M}$、$\overline{F}_Q$、$\overline{F}_N$，于是式（a）为：

$$\Delta_{KP} = \sum \int \frac{\overline{F}_N F_{NP}}{EA} \mathrm{d}s + \sum \int \mu \frac{\overline{F}_Q F_{QP}}{GA} \mathrm{d}s + \sum \int \frac{\overline{M} M_P}{EI} \mathrm{d}s \qquad （Ⅰ-4）$$

式（Ⅰ-4）即为静定结构在荷载作用下的位移计算式。

公式（Ⅰ-4）只适用于线性弹性体系由直杆组成的结构，对曲杆还需考虑曲杆曲率对变形的影响。不过工程中曲杆结构的截面高度通常比曲率半径小得多，曲杆曲率对变形的影响可以忽略不计。

具体到某类结构，位移计算式（Ⅰ-4）还可进一步简化：

（1）在梁和刚架中，通常不计轴力和剪力引起的变形，公式简化为：

$$\Delta_{KP} = \sum \int \frac{\overline{M}M_P}{EI}\mathrm{d}s \tag{Ⅰ-5}$$

（2）在桁架中，当各杆均为等截面直杆时，其计算式简化为：

$$\Delta_{KP} = \sum \int \frac{\overline{F}_N F_{NP}}{EA}\mathrm{d}s = \sum \frac{\overline{F}_N F_{NP}l}{EA} \tag{Ⅰ-6}$$

（3）在组合结构中，以受弯为主的杆件可只取弯矩引起的变形一项，对轴力杆只取轴向变形一项，位移计算式简化为：

$$\Delta_{KP} = \sum \int \frac{\overline{M}M_P}{EI}\mathrm{d}s + \sum \frac{\overline{F}_N F_{NP}l}{EA} \tag{Ⅰ-7}$$

（4）在拱结构中，剪切变形的影响很小，可以略去不计，通常还可略去轴向变形的影响，只考虑弯曲变形一项。仅在扁平拱计算水平位移或当拱轴接近合理拱轴线时，才考虑轴向变形的影响，此时

$$\Delta_{KP} = \sum \int \frac{\overline{M}M_P}{EI}\mathrm{d}s + \sum \int \frac{\overline{F}_N F_{NP}}{EA}\mathrm{d}s \tag{Ⅰ-8}$$

例Ⅰ-1 图Ⅰ-3a 所示刚架，杆件横截面为矩形，截面高度 $h = l/10$，$EI =$ 常数，试求 B 点水平位移 Δ_{BH}。

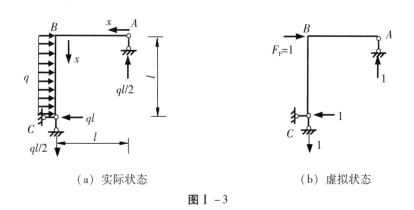

（a）实际状态　　　　　（b）虚拟状态

图Ⅰ-3

解：（1）求两种状态的内力。以结构在荷载作用下的状态为实际状态，AB 杆以 A 为坐标原点，BC 杆以 B 为坐标原点，如图Ⅰ-3a 所示。在 B 点加水平单位力为虚拟状态

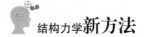

（图Ⅰ–3b）。两种状态内力如下：

实际状态：AB 杆，$M = \frac{1}{2}qlx$；BC 杆，$M = \frac{1}{2}q\,(l^2 - x^2)$。

虚拟状态：AB 杆，$\overline{M} = x$；BC 杆，$\overline{M} = l - x$。

（2）求 Δ_{BH}。将各杆弯矩值代入式（Ⅰ–5）得：

$$\Delta_{BH} = \int_0^l \frac{\frac{1}{2}qlx \cdot x}{EI}\mathrm{d}x + \int_0^l \frac{\frac{1}{2}q(l^2 - x^2)\,(l - x)}{EI}\mathrm{d}x = \frac{3ql^4}{8EI} \ (\rightarrow)$$

结果为正，说明实际位移为水平向右，与虚设单位力方向相同。

例Ⅰ–2 试求图Ⅰ–4a所示四分之一圆弧曲梁 B 截面的竖向位移 Δ_{BV}。已知曲梁横截面为矩形，截面高为 h，I、A 均为常数，曲梁半径 r 远大于 h，可忽略曲杆曲率对变形的影响。

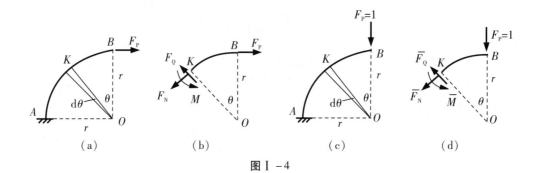

图Ⅰ–4

解：实际状态中，与 OB 成 θ 角的 K 截面内力如图Ⅰ–4b所示，其值为：

$$M_P = -F_P r\,(1 - \cos\theta) \qquad F_{QP} = F_P\sin\theta \qquad F_{NP} = F_P\cos\theta$$

在 B 截面加竖向单位力为虚拟状态（图Ⅰ–4c），由图Ⅰ–4d知截面 K 内力为：

$$\overline{M} = -r\sin\theta \qquad \overline{F}_Q = \cos\theta \qquad \overline{F}_N = -\sin\theta$$

将以上值代入式（Ⅰ–4），注意到 $\mathrm{d}s = r\mathrm{d}\theta$，可得：

$$\Delta_{BV} = \int_0^{\frac{\pi}{2}} \frac{F_P\cos\theta\,(-\sin\theta)}{EA}r\mathrm{d}\theta + \int_0^{\frac{\pi}{2}} \mu\frac{F_P\sin\theta\cos\theta}{GA}r\mathrm{d}\theta + \int_0^{\frac{\pi}{2}} \frac{F_P r\,(1 - \cos\theta)\ r\sin\theta}{EI}r\mathrm{d}\theta$$

$$= \frac{F_P r}{2}\left(-\frac{1}{EA} + \frac{\mu}{GA} + \frac{r^2}{EI}\right)$$

$$\text{（a）}$$

$A = 12I/h^2$，$\mu = 1.2$，取 $G = 0.4E$，由式（a）得：

$$\Delta_{BV} = \frac{F_P r^3}{2EI}\left[\frac{1}{6}\left(\frac{h}{r}\right)^2 + 1\right] \ (\downarrow)$$

$$\text{（b）}$$

式（b）中，方括号内第一项为轴向变形和剪切变形对位移的影响。当截面高度 h 为圆弧半径 r 的 1/5 时，该项影响仅为弯曲变形的 0.67%。因此，工程中一般只需计算弯矩引起的变形一项即可满足精度要求。

例Ⅰ-3 试求图Ⅰ-5a所示桁架 C 点的竖向位移 Δ_{CV}。杆件①至⑤横截面积 $A_1 = 2 \times 10^{-4} \text{m}^2$，杆件⑥⑦横截面积 $A_2 = 2.5 \times 10^{-4} \text{m}^2$，$E = 210 \text{GPa}$。

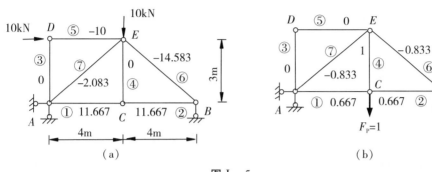

图Ⅰ-5

解：桁架位移按式（Ⅰ-6）计算。在 C 点加竖直向下的单位力，所得虚拟状态如图Ⅰ-5b所示。实际状态如图Ⅰ-5a所示。两种状态下各杆轴力分别在图Ⅰ-5a、b中杆旁给出。桁架杆件较多，一般列表计算。本例计算见表Ⅰ-1，由表中最后一列求和得：

$$\Delta_{CV} = \sum \frac{\overline{F}_N F_{NP} l}{EA} = \frac{58.893 \times 10^4}{E} = 2.80 \text{mm} \quad (\downarrow)$$

表Ⅰ-1 C 点竖向位移计算

杆件	l	A	F_{NP}	$\overline{F}_N$	$F_{NP}\overline{F}_N l/A$
①	4	2.00E-04	11.667	0.667	1.56E+05
②	4	2.00E-04	11.667	0.667	1.56E+05
③	3	2.00E-04	0	0	0.00E+00
④	3	2.00E-04	0	1	0.00E+00
⑤	4	2.00E-04	-10	0	0.00E+00
⑥	5	2.50E-04	-14.583	-0.833	2.43E+05
⑦	5	2.50E-04	-2.083	-0.833	3.47E+04
				$\sum$ =	5.89E+05

注：表中最后一列各值乘 $1/E$。

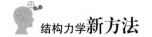

Ⅰ.3 图乘法和代数法

Ⅰ.3.1 图乘法

由上节可知，梁和刚架在荷载作用下的位移计算式可简化为：

$$\Delta_{KP} = \sum \int \frac{\overline{M} M_P}{EI} ds \tag{a}$$

对于等截面直杆组成的结构，EI 为常数，积分符号中 ds 可用 dx 代替，M_P、$\overline{M}$ 图至少有一个是直线图，此时可由上式推导出用图乘代替积分的位移计算式：

$$\Delta_{KP} = \sum \int \frac{\overline{M} M_P}{EI} ds = \sum \frac{1}{EI} A_M \, y_c \tag{Ⅰ-9}$$

式中，A_M 为 M_P 图或 $\overline{M}$ 图的面积，y_c 为 A_M 的形心 c 所对应的另一直线图的竖标。应用公式（Ⅰ-9）计算位移的方法称为图乘法。用图乘法计算时，要求做到：

（1）对每个进行图乘的杆段要符合：

①杆轴为直线，EI 为常数，M_P 图和 $\overline{M}$ 图至少要有一个直线图。

②y_c 一定要取自直线图。

③若 A_M 与 y_c 在杆轴同一侧，乘积为正，否则为负。

（2）熟悉直角三角形、标准二次抛物线、标准三次抛物线等简单图形面积的计算和形心位置的确定。

（3）掌握较复杂图形的分解。当 M_P（或 $\overline{M}$）图面积或形心位置难以确定时，可将它们分解为几个简单图形，再将每个简单图形分别与 $\overline{M}$（或 M_P）图进行图乘，最后把所得结果求和。

常用简单图形的面积和形心位置，以及较复杂图形的分解，可参见结构力学教材中"图乘法"有关内容。

Ⅰ.3.2 代数法

对于梁和刚架，当结构各杆件均符合用图乘法计算的条件时，由式（a）还可以推导出用区段分布荷载和两端弯矩表示的位移计算式（见参考文献［5］）：

$$\Delta_{KP} = \sum \frac{l}{6EI} \Big[2M_{mP}\overline{M}_m + M_{mP}\overline{M}_n + 2M_{nP}\overline{M}_n + M_{nP}\overline{M}_m +$$

$$\frac{ql^2}{4}\left(\overline{M}_m + \overline{M}_n\right) + \frac{p_n l^2}{60}\left(7\overline{M}_m + 8\overline{M}_n\right) + \frac{p_m l^2}{60}\left(8\overline{M}_m + 7\overline{M}_n\right) \Big] \tag{Ⅰ-10}$$

式中，l 为区段长度，EI 为抗弯刚度，各弯矩下标 m、n 表示区段 mn 的两个端点。q 为区段上均布荷载集度，p_m（p_n）为区段上最大值在 m（n）端的三角形分布荷载。区段荷载应满足：无荷载、满布的均布荷载或满布的三角形荷载及三种情况的组合。分布荷载作用于平、斜杆时，指向下为正；作用于竖杆时，指向右为正。各弯矩值使平、斜杆下侧受拉为正，使竖杆右侧受拉为正。

式（I-10）是荷载作用下求位移的代数表达式，这一方法称为代数法。

考察式（I-10），方括号内前 4 项是两种状态下同一端弯矩相乘再乘 2 和不同端弯矩相乘再乘 1。方括号内后 3 项与区段上分布荷载有关，依次记为 S_q、S_{pm}、S_{pn}，于是式（I-10）可改写为：

$$\Delta_{KP} = \sum \frac{l}{6EI} \left[M_{mP} \left(2\overline{M}_m + \overline{M}_n \right) + M_{nP} \left(\overline{M}_m + 2\overline{M}_n \right) + S_q + S_{pm} + S_{pn} \right] \qquad (I-11a)$$

式中，

$$S_q = \frac{ql^2}{4} \left(\overline{M}_m + \overline{M}_n \right) \qquad S_{pm} = \frac{p_m l^2}{60} \left(8\overline{M}_m + 7\overline{M}_n \right) \qquad S_{pn} = \frac{p_n l^2}{60} \left(7\overline{M}_m + 8\overline{M}_n \right) \qquad (I-11b)$$

与图乘法相比，代数法具有以下优点：

（1）无须对复杂图形进行分解，无须记忆各简单图形的面积和形心位置，直接将端点弯矩及区段上分布荷载代入公式即可。

（2）方便列表计算。

I.3.3 轴力、剪力引起的代数法位移计算

有些情况，轴力、剪力对结构位移的影响不能忽略。对于直杆结构，虚拟状态中各区段 $\overline{F}_N$、$\overline{F}_Q$ 均为常数；在常见荷载（集中力、集中力偶、均布荷载）作用下，实际状态中区段上 F_N 也为常数，F_Q 最多为 x 的一次函数，其值为：

$$F_Q = \frac{F_{Qn} - F_{Qm}}{l} x + F_{Qm} \qquad (b)$$

式中，l 为区段长度，各剪力下标 m、n 表示区段 mn 的两个端点。

根据以上分析，公式（I-4）右端前两项可写为（对直杆结构，用 $\mathrm{d}x$ 代换 $\mathrm{d}s$）：

$$\Delta^{F_N} = \sum \int \frac{F_N \overline{F}_N}{EA} \mathrm{d}x = \sum \frac{l}{EA} F_N \overline{F}_N \qquad (I-12)$$

$$\Delta^{F_Q} = \sum \int \frac{\mu F_Q \overline{F}_Q}{GA} \mathrm{d}x = \sum \frac{\mu l}{2GA} \overline{F}_Q \left(F_{Qm} + F_{Qn} \right) \qquad (I-13)$$

上两式就是轴力、剪力引起的代数法位移计算式。

例 I-4 试用图乘法和代数法求图 I-6a 所示简支梁因弯矩引起的截面 A 的转角 φ_A 和梁跨中 C 点的挠度 Δ_{CV}，设 EI = 常数。

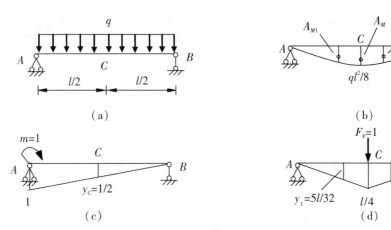

图Ⅰ-6

解：（1）求 φ_A。实际状态的 M_P 图如图Ⅰ-6b 所示，在截面 A 加单位力偶为虚拟状态，$\bar{M}$ 图如图Ⅰ-6c 所示。

①用图乘法计算。M_P 图为标准二次抛物线，$\bar{M}$ 图为直线图，竖标 y_c 由 $\bar{M}$ 图求出。由式（Ⅰ-9）求得：

$$\varphi_A = \sum \frac{1}{EI} A_M y_c = \frac{1}{EI}\left(\frac{2}{3} \cdot l \cdot \frac{1}{8}ql^2\right) \times \frac{1}{2} = \frac{ql^3}{24EI} \quad (\curvearrowright)$$

结果为正，表明截面实际转向与单位力偶转向一致。

②用代数法计算。梁 AB 为满布的均布荷载，可作为一个区段计算。对照图Ⅰ-6b、c 知，$M_{AP} = M_{BP} = \bar{M}_B = 0$，$\bar{M}_A = 1$，由式（Ⅰ-11）得：

$$\varphi_A = \frac{l}{6EI} \cdot \frac{ql^2}{4}(1+0) = \frac{ql^3}{24EI} \quad (\curvearrowright)$$

（2）求 Δ_{CV}。在 C 点加竖向单位力，虚拟状态 $\bar{M}$ 图如图Ⅰ-6d 所示。

①用图乘法计算。$\bar{M}$ 图为折线，需分段计算。AC 段与 CB 段 $\bar{M}$ 图、M_P 图均相同，计算其中一段结果乘 2 即可。取 AC 段，M_P 图面积为 $A_{P1} = \frac{2}{3} \cdot \frac{l}{2} \cdot \frac{1}{8}ql^2$；$y_c$ 对应的 $\bar{M}$ 图上 $y_{c1} = \frac{5}{8} \cdot \frac{l}{4} = \frac{5l}{32}$，由式（Ⅰ-9）有：

$$\Delta_{CV} = \sum \frac{1}{EI}A_M y_c = \frac{1}{EI}\left(\frac{2}{3} \cdot \frac{l}{2} \cdot \frac{1}{8}ql^2 \cdot \frac{5l}{32}\right) \times 2 = \frac{5ql^4}{384EI} \quad (\downarrow)$$

②用代数法计算。取 AC 段计算，结果乘 2，对照图Ⅰ-6b、d，$M_{AP} = \bar{M}_A = 0$，$M_{CP} = \frac{1}{8}ql^2$，$\bar{M}_C = \frac{l}{4}$，由式（Ⅰ-11）得：

$$\Delta_{CV} = 2 \times \frac{l/2}{6EI}\left[2 \times \frac{1}{8}ql^2 \times \frac{l}{4} + \frac{q(l/2)^2}{4} \times \left(0+\frac{l}{4}\right)\right] = \frac{5ql^4}{384EI} \quad (\downarrow)$$

例Ⅰ-5 试用图乘法、代数法计算图Ⅰ-7a 所示组合结构 D 端的竖向位移 Δ_{DV}。已

知 $E = 2.1 \times 10^4\,\text{kN/cm}^2$，受弯杆件截面惯性矩 $I = 3.2 \times 10^3\,\text{cm}^4$，拉杆 BE 的截面积 $A = 4.0\,\text{cm}^2$。

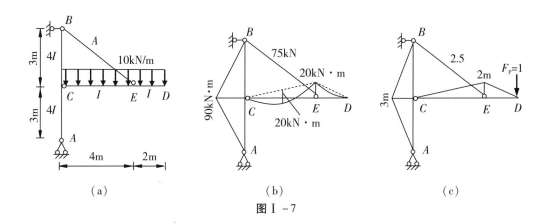

图 I–7

解： 绘出 M_P 图并求出 BE 杆的轴力，以此为位移状态，如图 I–7b 所示。在 D 端加竖向单位力为虚拟状态，$\overline{M}$ 图和 BE 杆轴力示于图 I–7c。将受弯杆分为 AC、CB、CE、ED 四段，并依次计算弯矩引起的位移。

（1）用图乘法计算

①计算弯矩引起的位移 Δ^M。

$$\Delta^M = 2 \times \frac{1}{4EI}\left(\frac{1}{2} \times 3 \times 90 \times \frac{2}{3} \times 3\right) + \frac{1}{EI}\left(\frac{1}{2} \times 4 \times 20 \times \frac{2}{3} \times 2 - \frac{2}{3} \times 4 \times 20 \times \frac{1}{2} \times 2\right) +$$

$$\frac{1}{EI}\left(\frac{1}{3} \times 2 \times 20 \times \frac{3}{4} \times 2\right) = 0.0231\,\text{m}\;(\downarrow)$$

②计算轴力引起的位移 Δ^{F_N}。由式（I–7）等号右边第二项得：

$$\Delta^{F_N} = \frac{5}{EA} \times 2.5 \times 75 = 0.0112\,\text{m}\;(\downarrow)$$

（2）用代数法计算

①计算弯矩引起的位移 Δ^M。依次按区段 AC（CB）和 CE、ED 计算。

$$\Delta^M = \frac{3}{6 \times 4EI}(2 \times 90 \times 3) \times 2 + \frac{4}{6EI}\left(2 \times 20 \times 2 - \frac{10 \times 4^2}{4} \times 2\right) +$$

$$\frac{2}{6EI}\left(2 \times 20 \times 2 - \frac{10 \times 2^2}{4} \times 2\right) = 0.0231\,\text{m}\;(\downarrow)$$

②计算轴力引起的位移。将图I–7b、c 中拉杆的 F_N、$\overline{F}_N$ 值代入式（I–12）可得：

$$\Delta^{F_N} = \frac{5}{EA} \times 2.5 \times 75 = 0.0112\,\text{m}\;(\downarrow)$$

（3）求 Δ_{DV}

两种算法求得的 Δ^M 和 Δ^{F_N} 相同。D 点竖向位移 $\Delta_{DV} = \Delta^M + \Delta^{F_N}$，即

$$\Delta_{DV} = 0.0231 + 0.0112 = 0.0343\,\text{m}\;(\downarrow)$$

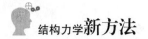

由计算可知，弯矩和轴力对位移的影响分别占 67.35% 和 32.65% 。因此在组合结构中，轴力杆对位移的影响不可忽略。

I.4 温度改变、支座移动时的位移计算

I.4.1 温度改变时的位移计算

静定结构只有温度变化时，式（I–3）中 $\sum \overline{F}_R c = 0$，结构的位移和各微段变形只与温度变化有关，用 Δ_{Kt} 代换 Δ_K，用 $\mathrm{d}u_t$、$\gamma_t \mathrm{d}s$、$\mathrm{d}\varphi_t$ 代换 $\mathrm{d}u$、$\gamma \mathrm{d}s$、$\mathrm{d}\varphi$，式（I–3）可写为：

$$\Delta_{Kt} = \sum \int \overline{F}_N \mathrm{d}u_t + \sum \int \overline{F}_Q \gamma_t \mathrm{d}s + \sum \int \overline{M} \mathrm{d}\varphi_t \qquad (\text{a})$$

温度变化时，杆件微段（参见第 4 章图 4–8）外侧温度升高 t_1 度，内侧升高 t_2 度，微段 $\mathrm{d}s$ 外侧与内侧边缘纤维的伸长分别为 $\alpha t_1 \mathrm{d}s$ 和 $\alpha t_2 \mathrm{d}s$，其中 α 为材料的线膨胀系数。设温度沿截面高度 h 按直线规律变化，可知微段不会引起剪切变形，即

$$\gamma_t \mathrm{d}s = 0 \qquad (\text{b})$$

微段的轴向变形 $\mathrm{d}u_t$ 和两端截面的相对转角 $\mathrm{d}\varphi_t$ 由几何关系求得：

$$\mathrm{d}u_t = \alpha t_1 \mathrm{d}s + (\alpha t_2 \mathrm{d}s - \alpha t_1 \mathrm{d}s)\frac{h_1}{h} = \alpha(\frac{h_2}{h}t_1 + \frac{h_1}{h}t_2)\mathrm{d}s = \alpha t_0 \mathrm{d}s \qquad (\text{c})$$

$$\mathrm{d}\varphi_t = \frac{\alpha t_2 \mathrm{d}s - \alpha t_1 \mathrm{d}s}{h} = \frac{\alpha(t_2 - t_1)\mathrm{d}s}{h} = \frac{\alpha \Delta t \mathrm{d}s}{h} \qquad (\text{d})$$

以上两式，$\Delta t = t_2 - t_1$ 为内侧与外侧温度变化之差；$t_0 = \dfrac{h_2}{h}t_1 + \dfrac{h_1}{h}t_2$ 为杆件轴线处的温度变化，若杆件截面对称于形心轴，有 $h_1 = h_2 = \dfrac{h}{2}$，则 $t_0 = \dfrac{t_1 + t_2}{2}$。

在虚拟状态中，区段轴力 $\overline{F}_N$ 为常数。区段 mn 上的 $\overline{M}$ 图与基线平行或为斜直线，x 截面的 $\overline{M}$ 值为：

$$\overline{M} = \frac{1}{l}\ (\overline{M}_n - \overline{M}_m)\ x + \overline{M}_m \qquad (\text{e})$$

将以上各值代入式（a）并用 $\mathrm{d}x$ 代换 $\mathrm{d}s$，可得静定结构在温度变化时的位移计算公式：

$$\Delta_{Kt} = \sum \int \overline{F}_N \alpha t_0 \mathrm{d}x + \sum \int \overline{M}\frac{\alpha \Delta t}{h}\mathrm{d}x$$

$$= \sum \alpha \overline{F}_N \int t_0 \mathrm{d}x + \sum \alpha \Delta t \int \frac{\overline{M}}{h}\mathrm{d}x \qquad (\text{I}-14)$$

对于等截面直杆，h 是常数，上式可简化为：

$$\Delta_{Kt} = \sum \alpha t_0 l\ \overline{F}_N + \sum \frac{\alpha \Delta t l}{2h}\ (\overline{M}_m + \overline{M}_n) \qquad (\text{I}-15)$$

式（Ⅰ–14）、（Ⅰ–15）中，温度升高取正值，降低取负值；等号右边第1项表示 $\overline{F}_N$ 在杆件轴向变形时所作的虚功，$\overline{F}_N$ 以拉力为正，t_0 以温度升高为正；第2项表示 $\overline{M}$ 在杆件弯曲变形时所作的虚功，$\overline{M}$ 使平、斜杆下侧受拉为正，竖杆右侧受拉为正，Δt 等于 $\overline{M}$ 图正值一侧的温度改变减去另一侧的温度改变，大于零为正。

对于梁和刚架，计算时，一般不能略去式（Ⅰ–14）或式（Ⅰ–15）的第1项；对于桁架，则只计算第1项。

例Ⅰ–6 试求图Ⅰ–8a所示刚架 C 截面的水平位移 Δ_{Ct}。刚架内侧温度无变化，外侧升高20℃，各杆截面为矩形，截面高度 $h=l/8$，线膨胀系数为 α。

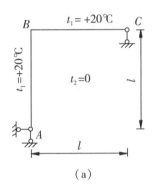
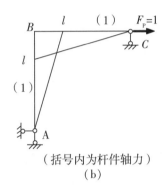

（括号内为杆件轴力）

（a） （b）

图Ⅰ–8

解： 以图Ⅰ–8a为实际状态；在 C 点加水平单位力为虚拟状态，$\overline{M}$ 图及各杆 $\overline{F}_N$ 值如图Ⅰ–8b所示。

$$t_0=\frac{t_1+t_2}{2}=10 \quad \Delta t=t_2-t_1=-20$$

各杆 $t_0=10$、$\overline{F}_N=1$，$\Delta t=-20$，$\overline{M}_A=\overline{M}_C=0$，$\overline{M}_B=l$。由式（Ⅰ–15）可得：

$$\Delta_{Ct}=\sum \alpha t_0 l\,\overline{F}_N+\sum \frac{\alpha\Delta t l}{2h}(\overline{M}_m+\overline{M}_n)=-140\alpha l \ (\leftarrow)$$

所得结果为负，说明实际位移方向与虚设单位力方向相反。

Ⅰ.4.2 支座移动时的位移计算

静定结构没有多余约束，支座移动时，结构将整体产生刚体移动，各微段不会产生变形。此时，式（Ⅰ–3）中 $du=\gamma ds=d\varphi=0$，用 $\Delta_{K\Delta}$ 代替 Δ_K 可得：

$$\Delta_{K\Delta}=-\sum \overline{F}_R c \qquad (Ⅰ–16)$$

式中，c 为结构实际状态下的支座位移；$\overline{F}_R$ 为虚拟状态下的支座反力；$\sum \overline{F}_R c$ 则为虚拟状态的反力所作的外力虚功。计算时，若 $\overline{F}_R$ 与 c 方向一致，乘积取正号；相反，取负号。

例 I −7 图 I −9a 所示刚架支座 D 向右水平位移 5cm，向下沉陷 6cm，试求 A 截面转角 φ_A。

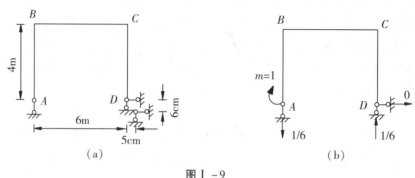

图 I −9

解： 以图 I −9a 为实际状态；在截面 A 加单位力偶为虚拟状态，如图 I −9b 所示。

虚拟状态支座反力为：

$$\overline{F}_{Ay} = \frac{1}{6m} \qquad \overline{F}_{Dx} = 0 \qquad \overline{F}_{Dy} = \frac{1}{6m}$$

实际状态中相应的支座位移为：

$$c_1 = 0 \qquad c_2 = 0.05m \qquad c_3 = 0.06m$$

将以上各值代入式（I −16）得：

$$\varphi_A = -(\overline{F}_{Ay}c_1 + \overline{F}_{Dx}c_2 + \overline{F}_{Dy}c_3) = 0.01\text{rad} \quad (\curvearrowright)$$

所得结果为正，说明 A 截面转角实际方向与虚设单位力方向相同。

I.5 线性弹性体系的互等定理

利用虚功原理可以推导出线性弹性体系的四个互等定理：功的互等定理、位移互等定理、反力互等定理、反力位移互等定理。其中，功的互等定理是最基本的定理。

1. 功的互等定理

功的互等定理是说明同一结构两种状态虚功的互等关系。如图 I −10a、b 所示同一线性弹性体系，分别承受两组外力 F_{P1} 和 F_{P2} 作用。设 F_{P1} 及其引起的内力、位移为第一状态，F_{P2} 及其引起的内力、位移为第二状态。则第一状态的外力和内力在第二状态相应的位移和微段的变形上所作的外力虚功 W_{12} 和变形虚功 W_{V12} 为：

$$W_{12} = F_{P1}\Delta_{12}$$

$$W_{V12} = \sum \int F_{N1}\frac{F_{N2}}{EA}\text{d}s + \sum \int F_{Q1}\mu\frac{F_{Q2}}{GA}\text{d}s + \sum \int M_1\frac{M_2}{EI}\text{d}s$$

式中，F_{N1}、F_{Q1}、M_1 为第一状态的内力；F_{N2}、F_{Q2}、M_2 为第二状态的内力；Δ_{12} 表示第二状态 F_{P2} 引起的第一状态中 F_{P1} 作用点及其方向的位移。

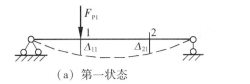

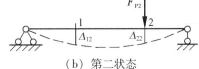

（a）第一状态　　　　　　　　　　　（b）第二状态

图 Ⅰ - 10

根据虚功原理可有 $W_{12} = W_{V12}$，即

$$F_{P1}\Delta_{12} = \sum \int F_{N1}\frac{F_{N2}}{EA}ds + \sum \int F_{Q1}\mu \frac{F_{Q2}}{GA}ds + \sum \int M_1\frac{M_2}{EI}ds \qquad (a)$$

同样，第二状态的外力和内力在第一状态相应的位移和微段的变形上所作外力虚功 W_{21} 和变形虚功 W_{V21} 为：

$$W_{21} = F_{P2}\Delta_{21}$$

$$W_{V21} = \sum \int F_{N2}\frac{F_{N1}}{EA}ds + \sum \int F_{Q2}\mu \frac{F_{Q1}}{GA}ds + \sum \int M_2\frac{M_1}{EI}ds$$

根据虚功原理有 $W_{21} = W_{V21}$，即：

$$F_{P2}\Delta_{21} = \sum \int F_{N2}\frac{F_{N1}}{EA}ds + \sum \int F_{Q2}\mu \frac{F_{Q1}}{GA}ds + \sum \int M_2\frac{M_1}{EI}ds \qquad (b)$$

比较(a)（b）两式可知：

$$F_{P1}\Delta_{12} = F_{P2}\Delta_{21} \qquad (Ⅰ-17a)$$

或一般写为：

$$W_{12} = W_{21} \qquad (Ⅰ-17b)$$

式（Ⅰ-17）表明：第一状态的外力在第二状态的位移上所作的虚功，等于第二状态的外力在第一状态的位移上所作的虚功。这就是功的互等定理。

2. 位移互等定理

位移互等定理是功的互等定理的一种特殊情况，当上述两种状态中的外力都是单位力，即 $F_{P1} = F_{P2} = 1$ 时，功的互等定理就成了位移互等定理。

如图 Ⅰ-11a、b 所示两种状态，单位力 F_{P1} 引起截面2的位移为 δ_{21}，单位力 F_{P2} 引起截面1的位移为 δ_{12}，则由功的互等定理可得：

$$F_{P1}\delta_{12} = F_{P2}\delta_{21}$$

因为 $F_{P1} = F_{P2} = 1$，故：

$$\delta_{12} = \delta_{21} \qquad (Ⅰ-18)$$

这就是位移互等定理，它表明：第一个单位力引起的第二个单位力作用点沿其方向的位移，等于第二个单位力引起的第一个单位力作用点沿其方向的位移。

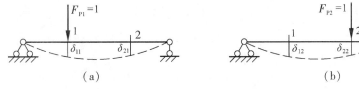

图 Ⅰ - 11

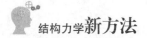

这里的单位力 F_{P1}、F_{P2} 可以是广义力，这时 δ_{12}、δ_{21} 就是相应的广义位移。下面是应用位移互等定理的一个例子，它反映角位移与线位移在数值上的互等情况。图 I-12a 表示单位力 $F_P=1$ 引起的单位力偶 $M=1$ 作用点（2 点）沿其方向的角位移为 θ_{21}，图 I-12b 表示单位力偶 $M=1$ 引起的单位力 $F_P=1$ 作用点（1 点）沿其方向的位移为 δ_{12}，则由位移互等定理有：$\theta_{21}=\delta_{12}$。可见，尽管二者含义不同，但它们在数值上相等、量纲也相同。

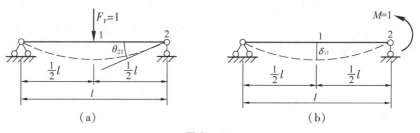

图 I-12

3. 反力互等定理

反力互等定理也是功的互等定理的一种特殊情况，它说明同一超静定结构在两个支座处分别产生单位位移时，这两种状态中反力的互等关系。图 I-13a 表示支座 1 发生单位位移 $\Delta_1=1$ 时，在支座 2 产生的反力为 r_{21}；图 I-13b 表示支座 2 发生单位位移 $\Delta_2=1$ 时，在支座 1 产生的反力为 r_{12}。根据功的互等定理有：$r_{21}\cdot\Delta_2=r_{12}\cdot\Delta_1$。

因为 $\Delta_1=\Delta_2=1$，故有：

$$r_{12}=r_{21} \tag{I-19}$$

这就是反力互等定理，它表明：支座 1 产生单位位移引起的支座 2 的反力，等于支座 2 产生单位位移引起的支座 1 的反力。

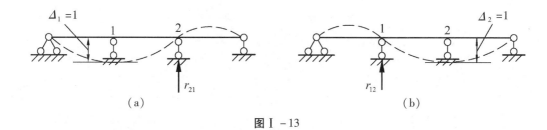

图 I-13

这里的支座反力与支座位移在作功的关系上是对应的，即集中力对应于线位移，集中力偶对应于角位移。如图 I-14 所示同一超静定梁的两个状态，虽然一个是单位线位移引起的反力矩 r_{12}（图 I-14a），一个是单位角位移引起的反力 r_{21}（图 I-14b），含义不同，但二者具有数值上互等的关系。

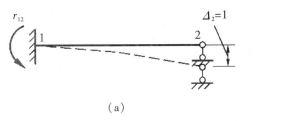

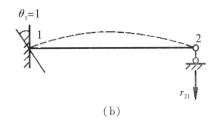

(a)

(b)

图Ⅰ-14

4. 反力位移互等定理

反力位移互等定理是功的互等定理的又一特殊情况，它说明一种状态中的反力与另一种状态中的位移具有的互等关系。图Ⅰ-15a 表示单位荷载 $F_{P2}=1$ 作用于 2 点时，支座 1 的反力偶为 r_{12}，设其方向如图所示，为第一状态；图Ⅰ-15b 表示当支座 1 顺着力偶 r_{12} 的方向发生单位转角 $\varphi_1=1$ 时，在跨中 2 点沿 F_{P2} 作用方向的位移为 δ_{21}，为第二状态。对这两个状态应用功的互等定理有：

$$r_{12}\varphi_1 + F_{P2}\delta_{21} = 0$$

注意到 $\varphi_1=1$ 和 $F_{P2}=1$，可得：

$$r_{12} = -\delta_{21} \tag{Ⅰ-20}$$

这就是反力位移互等定理。它表明：单位荷载引起的结构某支座反力，等于该支座发生与反力相应的单位位移时在单位荷载作用点沿其方向的位移，但符号相反。

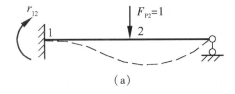

(a)

(b)

图Ⅰ-15

上述四个定理中，反力互等定理只适用于超静定结构，其他三个定理适用于静定结构和超静定结构。

附录 Ⅱ Excel 表汇总及应用函数

Ⅱ.1 几何法 Excel 计算表

Ⅱ.1.1 叠加区段控制截面转角 φ 值、侧移 ω 值计算表

用几何法绘制杆件 φ 图或 ω 图，需要由公式 (4-6a)、(4-6b) 计算各叠加区段控制截面转角值或侧移值，计算量大。对此，宜采用 Excel 表，在表顶注明计算式，如表 Ⅱ-1、表 Ⅱ-2 所示。表格使用后不要删除，可以反复使用，方便计算。

表 Ⅱ-1 叠加区段控制截面 φ 值计算表

叠加区段	$A_R = k_R \cdot x$		$A_F = k_F \cdot x^2/2/l$	$A_q = k_q \ (6l-4x) \ x^2/3/l^2$			$\varphi = \varphi_0 + A_R + A_F + A_q$			
	区段长 l	φ_0	k_R	k_F	k_q	x	A_R	A_F	A_q	φ
1	l_1	φ_{01}	k_{R1}	k_{F1}	k_{q1}	0				
	l_1	φ_{01}	k_{R1}	k_{F1}	k_{q1}	x_1				
	l_1	φ_{01}	k_{R1}	k_{F1}	k_{q1}	x_2				
	l_1	φ_{01}	k_{R1}	k_{F1}	k_{q1}	x_3				
2	l_2	φ_{02}	k_{R2}	k_{F2}	k_{q2}	0				
	l_2	φ_{02}	k_{R2}	k_{F2}	k_{q2}	x_1				
	l_2	φ_{02}	k_{R2}	k_{F2}	k_{q2}	x_2				
	l_2	φ_{02}	k_{R2}	k_{F2}	k_{q2}	x_3				
…	…	…	…	…	…	0				
						x_1				
						x_2				
						x_3				

说明：(1) 表 Ⅱ-1 中 A_R、A_F、A_q 依次是叠加区段原点到控制截面 (x) 处简单图形 k_R、k_F、k_q 的分布面积。

(2) 当 $k_q \neq 0$ 时，控制截面数为 4，取 x 值为 0、$l/3$、$2l/3$、l；当 $k_q = 0$、$k_F \neq 0$ 时，控制截面数为 3，x 值依次取 0、$l/2$、l；只有 $k_R \neq 0$ 时，控制截面数为 2，取 x_1 为 0、l。

表 Ⅱ-2　叠加区段控制截面 ω 值计算表

叠加区段				$S_R = k_R \cdot x^2/2$	$S_F = k_F \cdot x^3/6/l$	$S_q = k_q (2l-x) x^3/3/l^2$		$\omega = \omega_0 + \varphi_0 \cdot x + S_R + S_F + S_q$				
	区段长 l	ω_0	φ_0	k_R	k_F	k_q	x	$\varphi_0 \cdot x$	S_R	S_F	S_q	ω
1	l_1	ω_{01}	φ_{01}	k_{R1}	k_{F1}	k_{q1}	0					
	l_1	ω_{01}	φ_{01}	k_{R1}	k_{F1}	k_{q1}	x_1					
	l_1	ω_{01}	φ_{01}	k_{R1}	k_{F1}	k_{q1}	x_2					
	l_1	ω_{01}	φ_{01}	k_{R1}	k_{F1}	k_{q1}	x_3					
	l_1	ω_{01}	φ_{01}	k_{R1}	k_{F1}	k_{q1}	x_4					
2	l_2	ω_{02}	φ_{02}	k_{R2}	k_{F2}	k_{q2}	0					
	l_2	ω_{02}	φ_{02}	k_{R2}	k_{F2}	k_{q2}	x_1					
	l_2	ω_{02}	φ_{02}	k_{R2}	k_{F2}	k_{q2}	x_2					
	l_2	ω_{02}	φ_{02}	k_{R2}	k_{F2}	k_{q2}	x_3					
	l_2	ω_{02}	φ_{02}	k_{R2}	k_{F2}	k_{q2}	x_4					
…	…	…	…	…	…	…	0					
							x_1					
							x_2					
							x_3					
							x_4					

说明：（1）表 Ⅱ-2 中 S_R、S_F、S_q 依次是叠加区段原点到控制截面（x）处简单图形 k_R、k_F、k_q 的面积矩。

（2）当 $k_q \neq 0$ 时，控制截面数为 5，取 x 为 0、$l/4$、$l/2$、$3l/4$、l；当 $k_q = 0$、$k_F \neq 0$ 时，控制截面数为 4，取 x 为 0、$l/3$、$2l/3$、l；只有 $k_R \neq 0$ 时，控制截面数为 3，取 x 为 0、$l/2$、l。

Ⅱ.1.2　曲杆结构用划分直段法求位移计算表

用划分直段法公式（4-17）计算曲杆结构位移时，随着划分直段数的增加，计算量增大，需要采用 Excel 表完成。列表时，在表顶列出所求位移计算式，区段 i 按行排出，相关参数（x_i、y_i、Δx_i、Δy_i、l_i、k_{i-1}、k_i、k_{pi} 等）及等分点 j 的位移按列排出。当只计算某截面（$j=B$）某方向（如竖向 V）的位移时，表格如表 Ⅱ-3 所示，当计算多个截面（如 $j=1 \sim n$）某方向（如水平方向 H）的位移时，表格如表 Ⅱ-4 所示。

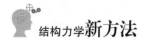

表 II-3 按式（4-17）计算 k 引起的某指定截面位移计算表

$$\Delta_{BV}^k = \sum_{i=1}^{j} l_i \left[k_{i-1} \left(x_j - x_i + 2\Delta x/3 \right)/2 + k_i \left(x_j - x_i + \Delta x/3 \right)/2 + 2kp_i \left(x_j - x_i + \Delta x/2 \right)/3 \right]$$

区段	末端 x_i	末端 y_i	Δy_i	l_i	k_{i-1}	k_i	k_{pi}	Δ_{BV}^{ik}
1	0.5	0.3056	0.3055	0.5860	0	-6.875	-0.2146	-11.8963
2	1	0.5556	0.25	0.5590	-6.875	-12.5	-0.1953	-28.6824
3	1.5	0.75	0.1944	0.5365	-12.5	-16.875	-0.1799	-37.6355
4	2	0.8889	0.1389	0.5189	-16.875	-20	-0.1683	-40.8431
5	2.5	0.9722	0.0833	0.5069	-20	-21.875	-0.1606	-39.9632
6	3	1	0.0278	0.5008	-21.875	-22.5	-0.1567	-36.2673
7	3.5	0.9722	-0.0278	0.5008	-22.5	-21.875	-0.1567	-30.7118
8	4	0.8889	-0.0833	0.5069	-21.875	-20	-0.1606	-24.0413
9	4.5	0.75	-0.1389	0.5189	-20	-16.875	-0.1683	-16.9131
10	5	0.5556	-0.1944	0.5365	-16.875	-12.5	-0.1799	-10.0276
11	5.5	0.3056	-0.25	0.5590	-12.5	-6.875	-0.1953	-4.2472
12	6	0	-0.3056	0.5860	-6.875	0	-0.2146	-0.6924
							$\Delta_{BV}^k = \sum$	-281.9212

表 II-4 按式（4-17）计算 φ_0、k 引起的各等分点位移计算表

$$\Delta_{jH} = \sum_{j=1}^{n} \left[\varphi_0 y_j + \sum_{i=1}^{j} l_i \left[k_{i-1} \left(y_j - y_i + 2\Delta y/3 \right)/2 + k_i \left(y_j - y_i + \Delta y/3 \right)/2 + 2k_{Pi} \left(y_j - y_i + \Delta y/2 \right)/3 \right] \right] \qquad \varphi_0 = 46.9869/EI$$

区段	末端 x_i	末端 y_i	Δy_i	l_i	k_{i-1}	k_i	k_{pi}	Δ_{1H}	Δ_{2H}	Δ_{3H}	Δ_{4H}	Δ_{5H}	Δ_{6H}	Δ_{7H}	Δ_{8H}	Δ_{9H}	Δ_{10H}	Δ_{11H}	Δ_{12H}
1	0.5	0.306	0.306	0.586	0	-6.875	-0.215	-0.218	-0.743	-1.151	-1.442	-1.617	-1.675	-1.617	-1.442	-1.151	-0.743	-0.218	0.423
2	1	0.556	0.25	0.559	-6.875	-12.5	-0.195		-0.621	-1.688	-2.450	-2.908	-3.060	-2.907	-2.450	-1.688	-0.621	0.752	2.429
3	1.5	0.75	0.194	0.537	-12.5	-16.875	-0.180			-0.734	-1.838	-2.50	-2.720	-2.50	-1.838	-0.734	0.810	2.796	5.224
4	2	0.889	0.139	0.519	-16.875	-20	-0.168				-0.650	-1.452	-1.720	-1.452	-0.650	0.688	2.559	4.966	7.907
5	2.5	0.972	0.083	0.507	-20	-21.875	-0.161					-0.438	-0.734	-0.438	0.451	1.933	4.007	6.674	9.933
6	3	1	0.028	0.501	-21.875	-22.5	-0.157						-0.154	0.156	1.086	2.637	4.807	7.598	11.009
7	3.5	0.972	-0.028	0.501	-22.5	-21.875	-0.157							0.156	1.086	2.637	4.807	7.598	11.009
8	4	0.889	-0.083	0.507	-21.875	-20	-0.161								0.451	1.933	4.007	6.674	9.933
9	4.5	0.75	-0.139	0.519	-20	-16.875	-0.168									0.687	2.559	4.966	7.907
10	5	0.556	-0.194	0.537	-16.875	-12.5	-0.180										0.810	2.796	5.224
11	5.5	0.306	-0.25	0.559	-12.5	-6.875	-0.195											0.752	2.429
12	6	0	-0.306	0.586	-6.875	0	-0.215												0.423
						$\varphi_0 y_j =$		14.357	26.104	35.240	41.766	45.682	46.987	45.682	41.766	35.240	26.104	14.357	0	
						$\Delta_{jH} = \varphi_0 y_j + \Delta_{jH}^k =$		14.139	24.741	31.668	35.387	36.768	36.924	37.080	38.461	42.181	49.107	59.709	73.848	

234

Ⅱ.1.3 桁架结点位移计算表

桁架结点数量多，用几何法公式（4-18）计算结点位移时，宜采用 Excel 表，在表顶列出各项位移计算式，如表Ⅱ-5所示。

表Ⅱ-5 桁架结点位移计算表

结点	杆件		支点 x 值		支点 y 值	倾角正弦		倾角余弦		$\sin(\alpha-\beta)$	轴向变形		折变		Δ_{kx}	Δ_{ky}
															$S_1 = S_a + a_x\cos\alpha + a_y\sin\alpha$ →	$S_2 = S_b + b_x\cos\beta + b_y\sin\beta$ →	$\Delta_{kx} = (-S_1\sin\beta + S_2\sin\alpha)/\sin(\alpha-\beta)$	$\Delta_{ky} = (S_1\cos\beta - S_2\cos\alpha)/\sin(\alpha-\beta)$
C	BC	a_x	0	a_y	0	$\sin\alpha$	0	$\cos\alpha$	1	0.6	S_a	-288	S_1	-288	-288	-992
	AC	b_x	0	b_y	-108	$\sin\beta$	-0.6	$\cos\beta$	0.8		S_b	300	S_2	364.8		
D	CD	a_x	-288	a_y	-992	$\sin\alpha$	1	$\cos\alpha$	0	1	S_a	-54	S_1	-1046	96	-1046
	AD	b_x	0	b_y	-108	$\sin\beta$	0	$\cos\beta$	1		S_b	96	S_2	96		
E	CE	a_x	-288	a_y	-992	$\sin\alpha$	0.6	$\cos\alpha$	0.8	0.6	S_a	-150	S_1	-975.6	192	-1882
	DE	b_x	96	b_y	-1046	$\sin\beta$	0	$\cos\beta$	1		S_b	96	S_2	192		

说明：表中除三角函数外，各值乘以 $1/EA$。

Ⅱ.2 矩阵位移法 Excel 计算模板

Ⅱ.2.1 单元刚度矩阵计算模板

结构坐标系下一般单元、自由梁式单元、桁架单元三种形式的单元刚度矩阵计算模板，依次如表Ⅱ-6、表Ⅱ-7、表Ⅱ-8所示。各表中，s 表示 $\sin\alpha$，c 表示 $\cos\alpha$。计算某种形式单元刚度矩阵时，需要将相应的模板复制，并修改计算参数 EI、EA、l_i 及 s、c 等。

表Ⅱ-6 一般单元刚度矩阵计算模板

EI	EA	l_i	s	s^2	$s\times c$	c	c^2
1	1	1	0	0	0	1	1
设 EI、EA、l_i、s、c、s^2、c^2、$s\times c$ 为以上值，得到 k^e 如下							
1	0	0	-1	0	0		
0	12	6	0	-12	6		
0	6	4	0	-6	2		
-1	0	0	1	0	0		
0	-12	-6	0	12	-6		
0	6	2	0	-6	4		

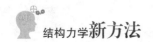

表Ⅱ-7　自由梁式单元刚度矩阵计算模板

EI	l_i	s	s^2	$s \times c$	c	c^2
60000	5	1	1	0	0	0
设 EI、l_i、s、c、s^2、c^2、$s \times c$ 为以上值，得到 k^e 如下						
5760	0	-14400	-5760	0	-14400	
0	0	0	0	0	0	
-14400	0	48000	14400	0	24000	
-5760	0	14400	5760	0	14400	
0	0	0	0	0	0	
-14400	0	24000	14400	0	48000	

表Ⅱ-8　桁架单元刚度矩阵计算模板

EA	l_i	s^2	c^2	$s \times c$
1	10	0.36	0.64	-0.48
设单元 EA、l_i、s^2、c^2、$s \times c$ 为以上值，得到 k^e 如下				
0.064	-0.048	-0.064	0.048	
-0.048	0.036	0.048	-0.036	
-0.064	0.048	0.064	-0.048	
0.048	-0.036	-0.048	0.036	

Ⅱ.2.2　单元坐标转换矩阵 T 计算模板

一般单元、自由梁式单元坐标转换矩阵 T^e，如表Ⅱ-9所示，计算时只需复制表Ⅱ-9并填入单元 e 的 $\sin\alpha$、$\cos\alpha$ 值即可。将表中第3、6行与列删除，即得桁架单元坐标转换矩阵 T^e。

表Ⅱ-9　单元坐标转换矩阵 T 计算模板

$\cos\alpha$	$\sin\alpha$	0	0	0	0
$-\sin\alpha$	$\cos\alpha$	0	0	0	0
0	0	1	0	0	0
0	0	0	$\cos\alpha$	$\sin\alpha$	0
0	0	0	$-\sin\alpha$	$\cos\alpha$	0
0	0	0	0	0	1

Ⅱ.3　Excel **应用函数**

求解超静定结构，需要用 Excel 进行一些矩阵运算，现将矩阵转置、矩阵加减、矩阵相乘、矩阵求逆和矩阵相除收集如下，以方便使用。

1. 用 Excel 将矩阵转置

要求矩阵 A 的转置矩阵 A^T，则选中 A 的全部单元格，点击右键、复制，再任选一个单元格作为 A^T 的第一行第一列单元格，点击右键→选择性粘贴→勾选"转置"→确定即可。例如，求表Ⅱ-10 矩阵 A（$1\ \ 4$，$2\ \ 5$，$3\ \ 6$）的转置矩阵 A^T，操作如下：

打开 Excel，任选一个连续的区域 A（3，2），输入 A 的元素；用鼠标选中 A 的全部单元格，点击右键→复制；再任选一个单元格，点击右键→选择性粘贴→勾选"转置"→确定，即得 A^T（$1\ \ 2\ \ 3$，$4\ \ 5\ \ 6$）。

表Ⅱ-10

A		A^T		
1	4	1	2	3
2	5	4	5	6
3	6			

如果需要在多个矩阵中相互调用数据，例如把表Ⅱ-11 中矩阵 A（3，2）的第一列和矩阵 B（3，2）的第二列转置，组成矩阵 C（2，3）。此时，可用 Excel 内部功能解决，操作如下：

用鼠标选中 A 的第 1 列，点击右键、复制，再任选一个单元格点击右键→选择性粘贴→勾选"转置"→确定得到矩阵 C 的第 1 行（$3\ \ 6\ \ 9$）；再用鼠标选中 B 的第 2 列，点击右键、复制，选中矩阵 C 的 3 下面的单元格，点击右键→选择性粘贴→勾选"转置"→确定，得矩阵 C 的第 2 行（$4\ \ 5\ \ 6$）。

表Ⅱ-11

A		B		C		
3	1	1	4	3	6	9
6	4	2	5	4	5	6
9	7	3	6			

2. 用 Excel 进行矩阵加减

两个或两个以上的矩阵加减可以用 Excel 完成，参与运算的各矩阵行、列数必须相

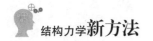

同。例如，求表Ⅱ－12矩阵 A （2.5　－4.5，0　3）与 B （1/5　－1/2，3/2　－3/4）之和，操作如下：

打开 Excel，任选两个连续的区域 A （2，2）、B （2，2），输入 A、B 的元素；选定计算结果的矩阵区域 C （2，2），在公式输入栏输入"$=(A_{11}:A_{22}+B_{11}:B_{22})$"，按"Ctrl + Shift + Enter"组合键，即得矩阵 C （2.7　－5，1.5　2.25）。

表Ⅱ－12

A		B		C	
2.5	－4.5	1/5	－1/2	2.7	－5
0	3	3/2	－3/4	1.5	2.25

3. 用 Excel 进行矩阵相乘

矩阵 A （m，l）与 B （l，n）相乘，乘积为 C （m，n），即 $A \cdot B = C$ （注意，$A \cdot B$ 不能写成 $B \cdot A$）。用 Excel 矩阵函数运算时，在 Excel 表任选两个连续的单元格区域输入 A （m，l）、B （l，n）；再任选一个单元格区域 C （m，n），存放 $A \cdot B$；在公式输入栏输入"$=$ MMULT （$A_{11}:A_{ml}$，$B_{11}:B_{ln}$）"；按"Ctrl + Shift + Enter"组合键，即得矩阵 $C(m$，n）。这里 A_{11}、A_{ml} 和 B_{11}、B_{ln} 分别是矩阵 A、B 第一个元素和最后一个元素的单元格，可用鼠标点击输入。

例如求表Ⅱ－13矩阵 A （1　3　2，2　4　5）与 B （2　4，3　1，5　3）的乘积 C，操作如下：

打开 Excel，任选两个连续的单元格区域 A （2，3）、B （3，2），输入 A、B 的元素；再任选区域 C，只能是2行2列，存放 $A \cdot B$；在公式输入栏输入"$=$ MMULT （$A_{11}:A_{23}$，$B_{11}:B_{32}$）"；按"Ctrl + Shift + Enter"组合键，即得矩阵 C （21　13，41　27）。

表Ⅱ－13

A			B		C	
1	3	2	2	4	21	13
2	4	5	3	1	41	27
			5	3		

矩阵 A （m，l）、B （l，k）、C （k，n）相乘，乘积为 D （m，n），即 $A \cdot B \cdot C = (A \cdot B) C = A (B \cdot C) = D$。如表Ⅱ－14矩阵 A （1　3　2，2　4　5）与 B （3　2　1）^{T} 与 $C(5$　4）的乘积为 D，操作如下：

打开 Excel，任选三个连续的区域 A （2，3）、B （3，1）、C （1，2），输入 A、B、C 的元素，任选区域 E （2，1），在公式输入栏输入"$=$ MMULT （$A_{11}:A_{23}$，$B_{11}:B_{31}$）"，

按"Ctrl + Shift + Enter"组合键；即得 $E = A \cdot B$，为 2 行 1 列的矩阵；最后选区域 D（2，2），在公式输入栏输入"= MMULT（E_{11}：E_{21}，C_{11}：C_{12}）"，按"Ctrl + Shift + Enter"组合键，即得 $D = E \cdot C = A \cdot B \cdot C$，为 2 行 2 列的矩阵。

表Ⅱ - 14

	A		B		C	$E = A \cdot B$	$D = E \cdot C = A \cdot B \cdot C$	
1	3	2	3	5	4	11	55	44
2	4	5	2			19	95	76
			1					

4. 用 Excel 进行矩阵求逆和矩阵相除

（1）用 Excel 矩阵求逆的计算是："= MINVERSE（A_{11}：A_{mn}）"与"Ctrl + Shift + Enter"组合键。这里 A_{11}、A_{mn}分别是矩阵 A 第一个和最后一个元素的单元格，用鼠标点击输入。例如，求表Ⅱ - 15 矩阵 A（1　3，2　4）的逆矩阵 A^{-1}，可操作如下：

打开 Excel，任选连续的 2 行 2 列单元格区域，输入 A 的元素；再任选连续区域（2，2），存放 A^{-1}；在公式输入栏输入"= MINVERSE（A_{11}：A_{22}）"；按"Ctrl + Shift + Enter"组合键，即得逆矩阵 A^{-1}（-2　1.5，1　-0.5）。

表Ⅱ - 15

	A		A^{-1}
1	3	-2	1.5
2	4	1	-0.5

（2）在矩阵运算中，A/B 表示矩阵 A 除以矩阵 B，就是矩阵 B 的逆矩阵 B^{-1}左乘矩阵 A，记为 $B^{-1} \cdot A$。用 Excel 矩阵相除的计算是在公式输入栏输入："= MMULT（MINVERSE（B_{11}：B_{mn}），A_{11}：A_{mn}）"与"Ctrl + Shift + Enter"组合键。

需要说明的是，矩阵相乘时，左乘与右乘所得结果不同。"= MMULT（A_{11}：A_{mn}，MINVERSE（B_{11}：B_{mn}））"表示的是 $A \cdot B^{-1}$，而不是 $B^{-1} \cdot A$。

例如，求表Ⅱ - 16 矩阵 A（5　6，7　8）除以矩阵 B（1　2，3　4），即 $B^{-1} \cdot A$，正确的操作是：

打开 Eexel，任选两个连续区域，输入矩阵 A、B 的元素；再任选一个连续区域（2，2），存放计算结果 $C = B^{-1} \cdot A$；在公式输入栏输入"= MMULT（MINVERSE（B_{11}：B_{22}），A_{11}：A_{22}）"，按"Ctrl + Shift + Enter"组合键，即得 C（-3　-4，4　5）。

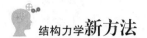

表Ⅱ-16

A		C		B	
5	6	1	2	-3	-4
7	8	3	4	4	5

如果在公式输入栏输入" = MMULT（A_{11}：A_{22}，MINVERSE（B_{11}：B_{22}））"，再按"Ctrl + Shift + Enter"组合键，得到的是 $C = A \cdot B^{-1}$，结果为 C（ -1　2，-2　3），如表Ⅱ-17 所示。

表Ⅱ-17

A		B		C	
5	6	1	2	-1	2
7	8	3	4	-2	3

参考文献

[1] 郭仁俊. 结构位移计算的新方法 [J]. 太原理工大学学报, 2017, 48 (1): 67-72.

[2] 郭仁俊. 结构位移计算的几何法 [M]. 广州: 广东科技出版社, 2018.

[3] 杨弗康, 李家宝. 结构力学: 上、下册 [M]. 4版. 北京: 高等教育出版社, 2002.

[4] 李廉锟. 结构力学: 上、下册 [M]. 4版. 北京: 高等教育出版社, 2004.

[5] 郭仁俊. 结构力学 [M]. 2版. 北京: 中国建筑工业出版社, 2012.

[6] 苏翼林. 材料力学: 上、下册 [M]. 北京: 高等教育出版社, 1980.

[7] 季顺迎. 材料力学 [M]. 北京: 科学出版社, 2013.

[8] 钟朋. 结构力学解题指导及习题集 [M]. 2版. 北京: 高等教育出版社, 1987.

[9] 戴贤扬, 江素华, 赵如骥, 等. 结构力学解题指导 [M]. 北京: 高等教育出版社, 1997.

[10] 樊映川. 高等数学讲义: 上册 [M]. 北京: 人民教育出版社, 1964.

[11] 郭仁俊. 高层建筑框架—剪力墙结构设计 [M]. 北京: 中国建筑工业出版社, 2004.

[12] 华中理工大学数学系. 计算方法 [M]. 北京: 高等教育出版社, 1999.

[13] 黄小涛. 用Excel矩阵函数求解结构力学问题 [J]. 中小企业管理与科技 (上旬刊), 2010 (5): 250-251.

[14] 王莺歌.《结构力学》中矩阵位移法的程序实现 [J]. 安康师专学报, 2004 (6): 114-118.

[15] 詹世革, 张攀峰. 国家自然科学基金力学学科发展现状和"十三五"发展战略 [J]. 力学学报, 2017, 49 (2): 478-483.

[16] 郑立飞, 解小莉, 王洁. 关于定积分近似计算中矩形法的误差估计 [J]. 高等数学研究, 2011 (1): 5-6.

[17] 芬尼, 韦尔, 吉尔当诺. 托马斯微积分 [M]. 10版. 北京: 高等教育出版社, 2004.